浙江省高职院校"十四五"重点立项建设教材

高职高专土建专业"互联网+"创新规划教材

钢结构制作与安装

主　编◎汪　洋　苏英强
参　编◎谢恩普　吕燕霞
　　　　项　伟　徐建坤
　　　　仝书敬　姜　鑫

内容简介

本书结合钢结构职业岗位核心能力要求，改革课程教学内容，共分三个学习情境。学习情境一：认识钢结构，包括对钢结构基础知识、钢结构连接计算、钢结构构件计算的认识与学习。学习情境二：典型钢构件制作与安装，主要介绍钢梁、钢柱两种典型构件的图纸识读、加工制作、现场安装、方案编制。学习情境三：典型钢结构安装，主要介绍单层门式刚架结构和多层钢框架结构两种典型钢结构的安装实训操作，并简单介绍围护结构安装。

本书可作为建筑工程技术、建设工程管理、市政工程技术、智能建造技术专业教材使用，也可以作为钢结构技术人员的自学和参考材料。

图书在版编目（CIP）数据

钢结构制作与安装 / 汪洋，苏英强主编. -- 北京 : 北京大学出版社, 2025.1. -- (高职高专土建专业"互联网+"创新规划教材). -- ISBN 978-7-301-35801-6

Ⅰ. TU391；TU758.11

中国国家版本馆 CIP 数据核字第 20247TM757 号

书　　　名	钢结构制作与安装	
	GANGJIEGOU ZHIZUO YU ANZHUANG	
著作责任者	汪　洋　苏英强　主编	
策划编辑	刘健军　杨星璐	
责任编辑	曹圣洁	
数字编辑	蒙俞材	
标准书号	ISBN 978-7-301-35801-6	
出版发行	北京大学出版社	
地　　　址	北京市海淀区成府路 205 号　100871	
网　　　址	http://www.pup.cn　新浪微博：@北京大学出版社	
电子邮箱	编辑部 pup6@pup.cn　总编室 pupz@pnp.cn	
电　　　话	邮购部 010-62752015　发行部 010-62750672　编辑部 010-62750667	
印　刷　者	北京溢漾印刷有限公司	
经　销　者	新华书店	
	787 毫米×1092 毫米　16 开本　21.5 印张　516 千字	
	2025 年 1 月第 1 版　2025 年 1 月第 1 次印刷	
定　　　价	59.50 元	

未经许可，不得以任何方式复制或抄袭本书之部分或全部内容。

版权所有，侵权必究

举报电话：010-62752024　电子邮箱：fd@pup.cn

图书如有印装质量问题，请与出版部联系，电话：010-62756370

前言

钢结构是一种绿色建筑结构形式,具有节省人力、节约资源、提高生产效率、确保品质功能的优势。"钢结构制作与安装"是土建类专业的核心课程,本书依据现行国家标准规范编写,立足于钢结构建筑现状与发展趋势,介绍钢结构建筑施工经验,服务于当前我国对钢结构制作安装的人才需求和高职院校土建类专业的人才培养目标。

本书为浙江省高职院校"十四五"重点立项建设教材,结合钢结构职业岗位能力要求,改革课程教学内容,对教学项目进行升级,打造课堂实践教学项目。针对学习过程中的重点和难点,本书配套了丰富的动画、图纸、微课和虚拟仿真安装视频等数字资源,对重要任务设计了工作手册(含工作任务卡和实训任务单),可扫描书中二维码查看,以期为读者提供更直观、精确的学习方式。项目前设置知识目标、能力目标、素质目标,任务中聚焦职业素养培育和思政意识提升,将党的二十大精神更好地融入思政课程,真正实现知识、能力、价值"三位一体"。

本书建议学时为 64 学时,各项目学时分配见下表(供参考)。

项 目	项目1	项目2	项目3	项目4	项目5	项目6	项目7	项目8
学 时	4	4	6	10	10	12	12	6

本书由湖州职业技术学院汪洋、苏英强主编,湖州职业技术学院谢恩普、浙江工业职业技术学院吕燕霞、台州职业技术学院项伟、湖州职业技术学院徐建坤、浙江天和建筑设计有限公司仝书敬、广州中望龙腾软件股份有限公司姜鑫参编。具体编写分工为:项目 1 由汪洋编写,项目 2 由汪洋、徐建坤编写,项目 3 由徐建坤编写,项目 4 和项目 5 由苏英强、谢恩普编写,项目 6 由汪洋、苏英强、谢恩普、仝书敬、姜鑫编写,项目 7 由谢恩普、吕燕霞、姜鑫编写,项目 8 由项伟编写。本书的虚拟仿真部分得到了广州中望龙腾软件股份有限公司的大力支持,编写过程得到了北京大学出版社的帮助和指导,谨此一并表示感谢!

由于编者水平有限,书中难免存在疏漏之处,恳请读者批评和指正。

编 者

2024 年 8 月

资源索引

工作手册

目 录

学习情境一 认识钢结构

项目 1 钢结构基础知识 ········ 002
- 任务 1.1 钢结构认知建立 ········ 003
  - 总结与提高 ········ 009
  - 课后练习 ········ 010
- 任务 1.2 建筑钢材选用 ········ 011
  - 总结与提高 ········ 022
  - 课后练习 ········ 022

项目 2 钢结构连接计算 ········ 024
- 任务 2.1 焊缝连接计算 ········ 025
  - 总结与提高 ········ 039
  - 课后练习 ········ 039
- 任务 2.2 螺栓连接计算 ········ 041
  - 总结与提高 ········ 050
  - 课后练习 ········ 051

项目 3 钢结构构件计算 ········ 053
- 任务 3.1 受弯构件计算 ········ 054
  - 总结与提高 ········ 064
  - 课后练习 ········ 064
- 任务 3.2 轴心受力构件计算 ········ 065
  - 总结与提高 ········ 075
  - 课后练习 ········ 075
- 任务 3.3 压弯与拉弯构件计算 ········ 077
  - 总结与提高 ········ 082
  - 课后练习 ········ 082

学习情境二　典型钢构件制作与安装

项目 4　钢梁制作与安装 ······ **086**

任务 4.1　钢梁结构施工图识读 ······ 087
　　工作任务 ······ 090
　　总结与提高 ······ 090
　　课后练习 ······ 091

任务 4.2　钢梁深化图识读 ······ 093
　　工作任务 ······ 099
　　总结与提高 ······ 099
　　课后练习 ······ 099

任务 4.3　钢梁加工制作 ······ 101
　　工作任务 ······ 106
　　总结与提高 ······ 106
　　课后练习 ······ 106

任务 4.4　钢梁现场安装 ······ 107
　　总结与提高 ······ 117
　　课后练习 ······ 117

任务 4.5　钢梁制作安装方案编制 ······ 118
　　实训任务 ······ 120

项目 5　钢柱制作与安装 ······ **122**

任务 5.1　钢柱结构施工图识读 ······ 123
　　工作任务 ······ 131
　　总结与提高 ······ 131
　　课后练习 ······ 131

任务 5.2　钢柱深化图识读 ······ 135
　　工作任务 ······ 139
　　总结与提高 ······ 140
　　课后练习 ······ 140

任务 5.3　钢柱加工制作 ······ 144
　　工作任务 ······ 148
　　总结与提高 ······ 148
　　课后练习 ······ 148

任务 5.4　钢柱现场安装 ······ 149
　　总结与提高 ······ 154

课后练习 ·· 155
任务 5.5　钢柱制作安装方案编制 ··· 155
　　实训任务 ·· 156

学习情境三　典型钢结构安装

项目 6　单层门式刚架结构安装　　　　　　　　　　　　　　　　158

任务 6.1　单层门式刚架结构施工图识读 ··· 159
　　工作任务 ·· 166
　　总结与提高 ··· 166
　　课后练习 ·· 167
任务 6.2　单层门式刚架结构深化设计 ··· 169
　　工作任务 ·· 185
　　总结与提高 ··· 185
　　课后练习 ·· 186
任务 6.3　单层门式刚架结构现场安装 ··· 186
　　总结与提高 ··· 194
　　课后练习 ·· 194
任务 6.4　单层门式刚架结构涂装施工 ··· 195
　　总结与提高 ··· 199
　　课后练习 ·· 199
任务 6.5　单层门式刚架结构虚拟仿真安装 ·· 200
　　实训任务 ·· 206
任务 6.6　单层门式刚架结构施工方案编制 ··· 206
　　实训任务 ·· 208
任务 6.7　单层门式刚架结构施工方案会审 ··· 209
　　实训任务 ·· 210

项目 7　多层钢框架结构安装　　　　　　　　　　　　　　　　　211

任务 7.1　多层钢框架结构施工图识读 ··· 212
　　工作任务 ·· 230
　　总结与提高 ··· 230
　　课后练习 ·· 230
任务 7.2　多层钢框架结构深化设计 ·· 231
　　工作任务 ·· 238
　　总结与提高 ··· 239
　　课后练习 ·· 239

任务 7.3　多层钢框架结构现场安装 ··· 240
　　　　总结与提高 ··· 254
　　　　课后练习 ·· 254
　　任务 7.4　多层钢框架结构虚拟仿真安装 ······································ 255
　　　　实训任务 ·· 256
　　任务 7.5　多层钢框架结构施工方案编制 ······································ 257
　　　　实训任务 ·· 257
　　任务 7.6　多层钢框架结构施工方案会审 ······································ 259
　　　　实训任务 ·· 259

项目 8　钢结构围护结构安装 ··· **260**

　　任务 8.1　围护结构材料选用 ·· 261
　　　　总结与提高 ··· 266
　　　　课后练习 ·· 267
　　任务 8.2　围护结构施工图识读 ·· 267
　　　　总结与提高 ··· 270
　　　　课后练习 ·· 270
　　任务 8.3　围护结构现场安装 ·· 270
　　　　总结与提高 ··· 277
　　　　课后练习 ·· 277

参考文献 ··· **278**

附录 1　某中学实验楼钢框架结构施工图

附录 2　屋面钢梁和钢柱深化图

附录 3　某中学实验楼钢框架施工平面布置图及吊装分析图

附录 4　方舱医院门式刚架结构施工图

附录 5　某仓库门式刚架结构施工图

附录 6　某仓库门式刚架施工平面布置图及吊装分析图

学习情境一

认识钢结构

项目 1　钢结构基础知识

知识目标：
- 了解钢结构的特点、应用领域及发展趋势
- 掌握钢结构的基本类型及结构组成
- 了解钢材的力学性能、工艺性能及其影响因素
- 了解常见钢材的种类及规格

能力目标：
- 能够正确理解钢结构的基础知识及钢材的各项力学特性
- 能够识别钢材性能的影响因素
- 能够根据具体条件和要求，正确选用建筑钢材

素质目标：
- 通过对钢结构基础知识的学习，产生浓厚的学习兴趣，拓展专业思维
- 通过对钢结构优缺点的把握，辩证地看待事物和分析问题
- 通过钢材力学性能试验，提出具体问题，培养科学思维，增强实践能力
- 通过钢材选用练习，提高思维判断能力

项目 1 钢结构基础知识

任务 1.1 钢结构认知建立

引导问题

1. 什么是钢结构？现实生活中有哪些地方运用了钢结构？
2. 钢结构与传统结构相比有什么特点？
3. 钢结构有哪些类型？各类型分别有什么特点？

知识解答

1.1.1 钢结构的概念与特点

钢（steel）是铁碳合金，人类使用钢结构与炼铁、炼钢技术的发展是密不可分的。我国炼铁术历史悠久，北魏郦道元的《水经注·河水》中有记载："释氏西域记曰：屈茨北二百里有山，夜则火光，昼日但烟，人取此山石炭，冶此山铁，恒充三十六国用。"

钢结构是用热轧型钢、钢板、冷加工成型的薄壁型钢制成基本构件（梁、板、柱架等），根据使用要求，按照一定的规律，通过焊接、螺栓连接或铆钉连接形成的承载结构，与钢筋混凝土结构、砌体结构、木结构等都属于按材料划分的工程结构的不同分支。中华人民共和国成立后，钢结构曾在经济建设发展过程中起到重要作用，如第一个五年计划期间，建设了一大批钢结构厂房、桥梁。

自 1996 年年产量超过 1 亿吨以来，我国一直位列世界钢产量的首位，逐步改变着钢材供不应求的局面。随着我国技术政策对钢结构的推广应用，以及市场经济的不断完善，钢结构制作和安装企业像雨后春笋般在全国各地涌现，外国著名钢结构厂商也纷纷加入中国市场。近年来，装配式钢结构建筑得到大力推广。在多年工程实践和科学研究的基础之上，我国制定并发布了《钢结构设计标准》（GB 50017—2017）、《钢结构工程施工质量验收标准》（GB 50205—2020）、《装配式钢结构住宅建筑技术标准》（JGJ/T 469—2019）等国家和行业标准规范，为钢结构的应用与快速发展创造了条件，钢结构得以在建筑领域充分发挥其潜力。

钢结构与钢筋混凝土结构、砌体结构、木结构相比，具有以下特点。

（1）建筑钢材强度高，塑性、韧性好。钢材强度高，适用于建造跨度大、高度高、承载重的结构。钢材塑形、韧性好，适宜在动力荷载作用下工作，在地震多发区采用钢结构较为有利。

（2）钢结构质量轻。以相同跨度承受相同荷载，钢屋架的质量最多为钢筋混凝土屋架的 1/4～1/3，冷弯薄壁型钢屋架甚至仅为钢筋混凝土屋架的 1/10。质量轻，可减轻基础的负荷，降低地基、基础部分的造价，同时方便运输和吊装。

（3）材质均匀，结构计算结果可靠。钢材由于冶炼和轧制过程的科学控制，其组织比较均匀，接近各向同性，为理想的弹-塑性体。因此，钢结构实际受力情况和工程力学计算结果比较符合，在计算中较少采用经验公式，从而在结构计算上的不确定性较小，计算结果可靠。

（4）钢结构制作简便，施工工期短。钢材已预先轧制成各种型材，加工简易而迅速。钢结构构件一般在金属结构厂制作，施工机械化、程控化，准确度和精密度较高。钢构件质量较轻、连接简单、安装方便，施工周期短。小型钢结构和轻钢结构尚可在现场制作，吊装简易。

（5）钢结构密闭性较好。钢结构钢材连接（如焊接）的水密性和气密性较好，适于做要求密闭的板壳结构，如高压容器、油库、气罐、管道等。

（6）拆迁方便，节能环保。钢结构强度高，质量轻，其连接特性还使其便于加固、改建、拆迁。废旧钢材还可以回炉后重复使用，节能环保。

（7）钢结构耐腐蚀性差。钢材容易锈蚀，因此处于较强腐蚀性介质内的建筑物不宜采用钢结构。钢结构必须注意防护，特别是薄壁构件，在涂油漆以前应彻底除锈，油漆质量和涂层厚度均应符合要求。在设计中应避免使结构受潮、雨淋，构造上应尽量避免存在难以检查、维修的死角。

（8）钢结构耐热但不耐火。钢材受热温度在200℃以内时，其主要性能（屈服强度和弹性模量）下降不多；温度超过200℃后，材质变化较大，不仅强度逐渐降低，而且有蓝脆和徐变现象；温度达600℃时，钢材进入塑性状态而不能承载。因此，设计规定钢结构表面温度超过150℃即需加隔热防护，对有防火要求者，还需按相应规定采取隔热保护措施。

（9）钢结构在低温和其他条件下容易发生脆性断裂。当温度在0℃以下时，随温度降低，钢材强度略有提高，而塑性、韧性降低，脆性增大。尤其当温度下降到某一温度区间时，钢材的冲击韧性急剧下降，出现低温脆断。通常又把钢结构在低温下的脆性破坏称为"低温冷脆现象"，产生的裂纹称为"冷裂纹"。因此，在低温下工作的钢结构，特别是受动力荷载作用的钢结构，钢材应具有负温冲击韧性的合格保证，以提高抗低温脆断的能力。

1.1.2 钢结构的应用与发展

1. 钢结构的应用

钢结构发展现状及应用前景

随着我国国民经济的不断发展和科学技术的进步，钢结构在我国的应用范围也在不断扩大。目前钢结构应用范围大致如下。

（1）大跨度结构。结构跨度越大，自重在荷载中所占的比例就越大，减轻结构的自重会带来明显的经济效益。钢材强度高、结构质量轻的优势正好适合于大跨度结构，因此钢结构在大跨空间结构和大跨桥梁结构中得到了广泛的应用，如图1-1所示。所采用的结构形式有空间桁架、网架、网壳、悬索（包括斜拉体系）、张弦梁、实腹式或格构式拱架和框架等。

（a）外观效果　　　　　　　　　　　（b）内部钢结构构造

图 1-1　上海南站

（2）工业厂房。吊车起重量较大或者其工作较繁重的车间的主要承重骨架多采用钢结构。另外，有强烈热辐射的车间也经常采用钢结构。工业厂房的结构形式多为由钢屋架和阶形柱组成的门式刚架或排架，也有用网架作屋盖的结构形式。

近年来，随着压型钢板等轻型屋面材料的应用，轻钢结构厂房得到了迅速的发展，如图 1-2 所示。其结构形式主要为实腹式变截面门式刚架。

（3）受动力荷载作用的结构。由于钢材具有良好的韧性，设有较大锻锤或产生动力作用的其他设备的厂房，即使屋架跨度不大，也往往采用钢结构。对于抗震能力要求高的建筑，采用钢结构也是比较适宜的。

（4）多层和高层建筑。由于综合效益指标优良，近年来钢结构在多高层民用建筑中也得到了广泛的应用，如图 1-3 所示。其结构形式主要有多层框架、框架-支撑、框筒、悬挂、巨型框架等。

图 1-2　轻钢结构厂房　　　　　　　图 1-3　中央电视台总部大楼

（5）高耸结构。高耸结构包括塔架和桅杆结构，如高压输电线路的塔架，广播、通信和电视发射用的塔架和桅杆，火箭（卫星）发射塔架等，如图 1-4 和图 1-5 所示。

(6)可拆卸的结构。钢结构具有拆迁方便的特点,因此非常适用于可拆卸的结构,如建筑工地、油田中和需野外作业的生产和生活用房的骨架等。钢筋混凝土结构施工用的模板和支架,以及建筑施工用的脚手架等也大量采用钢材制作。

(7)容器和其他构筑物。冶金、石油、化工企业大量采用钢板做成的容器结构,包括储油罐、煤气罐、高炉、热风炉等,如图 1-6 所示。此外,经常使用钢结构的还有皮带通廊栈桥、管道支架、锅炉支架等其他构筑物,海上采油平台也大多采用钢结构。

图 1-4　郑州中原福塔

图 1-5　法国埃菲尔铁塔

图 1-6　储油罐

(8)轻钢结构。钢结构质量轻不仅对大跨度结构有利,对屋面活荷载特别轻的小跨度结构也有其优越性。这是因为当屋面活荷载特别轻时,小跨度结构的自重则成为荷载的主要来源。冷弯薄壁型钢屋架在一定条件下的用钢量可比钢筋混凝土屋架的用钢量更少。轻钢结构的结构形式有实腹式变截面门式刚架、冷弯薄壁型钢结构(包括金属拱形波纹屋盖)以及钢管结构等,如图 1-7 所示。

(a)轻钢结构住宅钢屋架

(b)轻钢结构住宅整体效果

图 1-7　轻钢结构住宅

（9）钢和混凝土组合结构。钢构件和板件受压时必须满足稳定性要求，往往不能充分发挥它高强度的特性，而混凝土则最适于受压，不适于受拉，将钢材和混凝土并用，使两种材料都充分发挥长处，从而组合成一种很合理的结构，如图1-8所示。近年来这种结构在我国获得了长足的发展，广泛应用于高层建筑（如深圳赛格广场）、大跨桥梁、工业厂房和地铁站台柱等。其主要构件形式有钢和混凝土组合梁及钢管混凝土柱等。

图 1-8　钢和混凝土组合结构

2. 钢结构的发展

钢结构的发展，主要体现在所用材料、连接方式、结构体系及绿色建筑等方面。

从所用材料看，早期的金属结构主要采用铸铁、锻铁，后来发展到以普通碳素钢和低合金钢为承重结构材料，近年来又逐步发展制造出铝合金、高强度低合金钢材。现行国家标准《低合金高强度结构钢》（GB/T 1591—2018）在推荐传统 Q235 钢、Q355 钢、Q390 钢和 Q420 钢的基础上，又增加推荐了 Q460 钢。钢的品种也有所增加，如 Q355GJ 高性能钢，其性能明显好于同牌号的普通低合金钢。

从钢结构连接方式看，在生铁和熟铁时代主要采用的是销钉连接，19 世纪初发展为铆钉连接，20 世纪初有了焊接，现代则发展为高强度螺栓连接。

从结构体系看，早期钢结构主要用于桥梁、铁塔、储气库等，后来逐步发展到工业与民用建筑、水工结构及板壳结构中。在房屋建筑中，超高层和大跨度成为钢结构的主要发展方向。我国超高层钢结构自 20 世纪 80 年代末、90 年代初从北京、上海、深圳等地起步，陆续兴建了一批超高层建筑，如深圳发展中心大厦、北京京广中心、上海金茂大厦、上海环球金融中心、深圳平安国际金融中心等，这些超高层钢结构建筑的建成，表明了我国建筑发展的新趋势。

结构体系的革新也是今后钢结构研究的方向，如钢结构在空间结构、网壳结构、悬索结构、膜结构等方面的运用。钢和混凝土组合结构也是结构体系革新的一个方向。近年来，组合梁、组合楼板、钢管混凝土及型钢混凝土等组合结构体系在各类建筑中也得到了广泛应用。

钢结构建筑还是绿色建筑的主要代表。钢结构本身具有高度的可回收性和可再利用性，在钢结构建筑设计和施工过程中可以实现资源的高效利用，减少建筑废料的产生，达到节约资源和保护环境的目的，有效推动了建筑行业向绿色发展的方向转变。党的二十大报告进一步强调要加快发展方式绿色转型，具体到推进各类资源节约集约利用、加快构建废弃物循环利用体系、发展绿色低碳产业等多个方面。在此背景下，钢结构的应用范围将更加广泛，应用场景将更加多样化。

1.1.3 钢结构的类型与组成

钢结构的体系及特点

随着钢结构的应用越来越广，由于不同结构的使用功能及结构组成方式不同，钢结构种类繁多，形式各异。下面介绍几种主要的钢结构类型与组成。

（1）平面结构体系。平面结构体系由承重体系和附加构件两部分组成，其中承重体系是一系列相互平行的平面结构，结构平面内的垂直和横向荷载由它承担，并在该结构平面内传递到基础。附加构件的作用是将各个平面结构连成整体，同时也承受结构平面外的纵向水平力。

图 1-9（a）所示为一个单层房屋钢结构的承重体系，图中屋架和柱组成一系列的平面结构。这些平面结构用附加构件，如图 1-9（b）所示的上弦横向支撑、垂直支撑、柱间支撑、横向受弯构件等连成一个空间整体，保证整个结构在空间各个方向上都为几何不变体系。

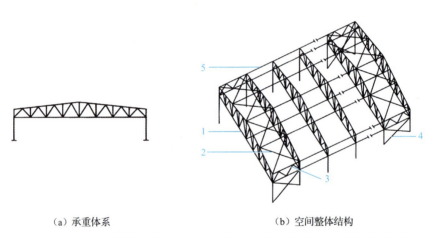

（a）承重体系　　　　　　　　（b）空间整体结构

1—屋架；2—上弦横向支撑；3—垂直支撑；4—柱间支撑；5—横向受弯构件

图 1-9　单层房屋钢结构组成

（2）空间结构体系。当建筑物的长度和宽度尺寸接近，或平面呈圆形时，用承重体系自身组成空间几何不变体系，从而省去附加构件，受力更为合理。如图 1-10 所示，平板网架屋盖结构由倒置的四角锥体组成，锥底的四边为网架的上弦杆，锥棱为腹杆，连接各锥顶的杆件为下弦杆。屋架的荷载沿两个方向传到四角的柱上，再传至基础，形成一种空间传力体系，因此这种结构称为空间结构体系。在这个平板网架中，所有的构件都是承重体系的部件，没有附加构件，内力分布合理，并能节省钢材。

（3）多层房屋结构体系。多层房屋建筑除承受由重力引起的竖向荷载外，更重要的是承受由风或地震引起的水平荷载。提高结构抵抗水平荷载的能力，控制水平位移不要过大，是这类房屋结构设计的主要问题。一般多层房屋结构体系主要有：框架结构体系

（图 1-11）、带刚性加强层结构体系（在两列柱之间设置斜支撑，形成竖向悬臂桁架，以便承受更大的水平荷载，如图 1-12 所示）、筒体结构体系（沿框架四周用密集排列的柱与斜撑和梁组成空间架，使房屋四周形成刚度很大的空间架-支撑筒）。

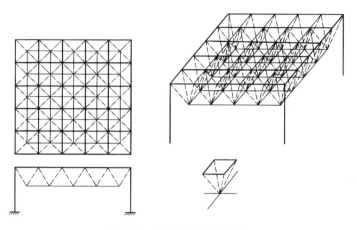

图 1-10　平板网架屋盖结构

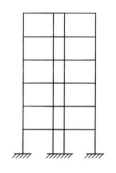

图 1-11　框架结构体系

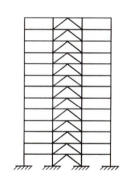

图 1-12　带刚性加强层结构体系

综上所述，钢结构的组成应满足结构使用功能的要求，结构应形成空间整体（几何不变体系），才能有效而经济地承受荷载，同时还要考虑材料供应条件及施工方便等因素。随着工程技术的不断发展，以及对结构组成规律更深入地研究，未来还将创造和开发出更多的新型结构体系。

总结与提高

1. 钢结构是以钢材制作的结构。其特点是钢材强度高，塑性、韧性好；质量轻；材质均匀，结构计算结果可靠；制作简便，施工工期短；密闭性较好；拆迁方便，节能环保；耐腐蚀性差；耐热不耐火；低温下容易发生脆性断裂。

2. 钢结构在我国的合理应用范围为：（1）大跨度结构；（2）工业厂房；（3）受动力荷

载作用的结构；（4）多层和高层建筑；（5）高耸结构；（6）可拆卸的结构；（7）容器和其他构筑物；（8）轻钢结构；（9）钢和混凝土组合结构。

3．钢结构的主要类型为：（1）平面结构体系；（2）空间结构体系；（3）多层房屋结构体系。

课后练习

一、单项选择题

1．关于建筑钢材的特点，下列说法中错误的是（　　）。
    A．钢材具有良好的塑性，达到拉伸极限而破坏时，应变可达 20%～30%
    B．钢材具有良好的焊接性能，采用焊接方法可以使钢结构连接大为简化
    C．钢材的耐腐蚀性很好，适合在各种恶劣环境中使用
    D．钢材的耐热性很好，但耐火性很差

2．钢结构的最主要缺点是（　　）。
    A．结构重量大　　　　　　　　　　B．造价高
    C．施工困难多　　　　　　　　　　D．易腐蚀、不耐火

3．钢结构具有良好的抗震性能是因为（　　）。
    A．钢材的强度高
    B．钢材良好的耗能能力和延性
    C．钢结构的质量轻
    D．钢结构的材质均匀

4．关于钢结构的特点，下列说法错误的是（　　）。
    A．钢结构具有良好的耐热性和防火性
    B．钢结构的耐腐蚀性很差
    C．建筑钢材的塑性和韧性好
    D．钢结构更适合于建造高层和大跨度结构

5．当钢结构表面可能在短时间内受到火焰作用时，不适合采用的措施是（　　）。
    A．使用高强钢材　　　　　　　　　B．使用耐火耐候钢材
    C．表面覆盖隔热层　　　　　　　　D．使用防火涂料

6．钢结构更适合于建造大跨度结构，这是由于（　　）。
    A．钢材具有良好的耐热性
    B．钢材具有良好的焊接性
    C．钢结构自重轻而承载力高
    D．钢结构的实际受力性能和力学计算结果最符合

7．下列结构类型中，最适合强震区的是（　　）。
    A．砌体结构　　　　　　　　　　　B．砖混结构
    C．混凝土结构　　　　　　　　　　D．钢结构

8. 下列均为大跨度结构体系的一组是（　　）。
   A．油罐、燃气罐、管道
   B．网壳结构、悬索结构、索膜结构
   C．移动式起重机械、军用桥、施工脚手架
   D．微波塔、输电线塔、发射桅杆
9. 在大量厂房、高层建筑、大跨度网架结构、悬索结构中，（　　）有着广泛的应用。
   A．木结构　　　　　　　　　　B．钢结构
   C．钢筋混凝土结构　　　　　　D．砌体结构
10．（　　）由倒置的四角锥体组成，锥底的四边为网架的上弦杆，锥棱为腹杆，连接各锥顶的杆件为下弦杆。
   A．三铰拱　　　　　　　　　　B．平板网架
   C．门式刚架　　　　　　　　　D．钢框架

二、简答题
1．钢结构的主要类型有哪些？
2．钢结构的主要特点有哪些？

任务 1.2　建筑钢材选用

引导问题

1．钢结构材料的力学性能有哪些？
2．影响钢材主要性能的因素有哪些？
3．常见的钢材类型有哪些？它们应如何表示？
4．如何正确选用建筑钢材？

知识解答

1.2.1　建筑钢材的主要性能

钢是以铁和碳为主要成分的合金，其中铁是最基本的元素，碳和其他元素所占比例甚少，但却左右着钢材的物理和化学性能。钢材的种类繁多，性能差别很大，适用于钢结构的钢材只是其中的一小部分。《钢结构设计标准》（GB 50017—2017）要求：承重结构所用的钢材应具有屈服强度、抗拉强度、断后伸长率和硫、磷含量的合格保证，对焊接结构尚应具有碳当量的合格保证。焊接承重结构以及重要的非焊接承重结构采用的钢材应具有冷弯试验的合格保证；对直接承受动力荷载或需验算疲劳的构件所用钢材尚应具有冲击韧性的合格保证。

钢材的技术性能

党的二十大报告提出，积极稳妥推进碳达峰碳中和。"双碳"目标的实现，不仅需要摆

脱传统工业文明发展惯性,也需要绿色技术革命。钢材的性能决定了其在"双碳"进程中的重要作用。钢材是建筑和基础设施的主要材料之一,在建筑中采用更高强、更轻质的钢材,可以优化建筑结构,减少材料使用,从而减轻建筑负荷,提高能源利用效率;在风力发电设备和太阳能设备中应用钢材,其稳定耐用性可以确保清洁能源设施的正常运行,推进工业、建筑领域清洁低碳转型。

1. 强度

材料在外力作用下抵抗变形和断裂的能力称为强度。钢材的强度主要用屈服强度 f_y 和抗拉强度 f_u 这两项指标表示。在静载、常温条件下,对钢材标准试件作单向拉伸试验,可得到反映钢材强度的机械性能指标。

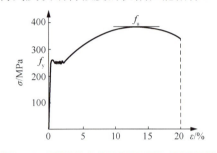

图 1-13 钢材单向拉伸时的应力-应变曲线

钢材单向拉伸时的应力-应变曲线如图 1-13 所示。钢材的屈服强度 f_y 是衡量结构的承载能力和确定强度设计值的指标。虽然钢材在应力达到抗拉强度时才发生断裂,但结构强度设计却以屈服强度为确定钢材强度设计值的依据,这是因为钢材的应力在达到屈服强度后应变急剧增长,从而使结构的变形迅速增加,以致不能继续使用。常见钢材的强度设计值见表 1-1。

表 1-1 常用钢材的强度设计值　　　　　　　　　　单位:MPa

钢材		抗拉、抗压和抗弯 f	抗剪 f_v	断面承压（刨平顶紧）f_{ce}	屈服强度 f_y	抗拉强度 f_u
牌号	厚度或直径/mm					
Q235 钢	≤16	215	125	320	235	370
	16～40	205	120		225	
	40～100	200	115		215	
Q355 钢	≤16	305	175	400	355	470
	16～40	295	170		345	
	40～63	290	165		335	
	63～80	280	160		325	
	80～100	270	155		315	
Q390 钢	≤16	345	200	415	390	490
	16～40	330	190		380	
	40～63	310	180		360	
	63～100	295	170		340	

抗拉强度 f_u 可直接反映钢材内部组织的优劣,是抵抗塑性破坏的重要指标。此外,工程上还对钢材的屈强比有要求。屈强比是屈服强度与抗拉强度的比值,是衡量钢材强度储

备的一个系数,屈强比越低,钢材强度储备越大。屈强比过小时,钢材强度的利用率太低,不够经济;屈强比过大时,钢材强度储备太小,不够安全。

2. 塑性

塑性是指钢材破坏前产生塑性变形的能力。塑性可用由静力拉伸试验得到的伸长率 δ 来衡量。伸长率等于标准试件拉断后与原始标距间的塑性变形(即伸长值)和原始标距的比值,以百分数表示,计算公式为

$$\delta = \frac{l_1 - l_0}{l_0} \times 100\% \tag{1-1}$$

式中　l_0——试件原始标距长度(mm);
　　　l_1——试件拉断后的标距长度(mm)。

$l_0=5d_0$ 和 $l_0=10d_0$(d_0 为钢材直径)对应的伸长率记为 δ_5 和 δ_{10},同一种钢材的 $\delta_5 > \delta_{10}$。常用 δ_5 作为钢材的塑性指标。

钢材的塑性还可以用断面收缩率 φ 表示,计算公式为

$$\varphi = \frac{A_0 - A_1}{A_0} \times 100\% \tag{1-2}$$

式中　A_0——试件原截面面积(mm^2);
　　　A_1——试件拉断后在断裂处的截面面积(mm^2)。

3. 冲击韧性

韧性是指材料的抗冲击性能。冲击韧性也称缺口韧性,表示钢材在冲击载荷作用下抵抗变形和断裂的能力,是评定带有缺口的钢材在冲击荷载作用下抵抗脆性破坏能力的指标。

钢材的冲击韧性通常采用在材料试验机上对标准试件进行冲击试验来测定,如图 1-14 所示。常用的标准试件的形式有梅氏 U 形缺口和夏比 V 形缺口两种。U 形缺口试件的冲击韧性用冲击荷载下试件断裂所吸收或消耗的冲击功除以横截面面积的量值来表示,V 形缺口试件的冲击韧性用试件断裂所吸收或消耗的冲击功来表示。由于 V 形缺口试件对冲击尤为敏感,更能反映结构裂纹性缺陷的影响,我国规定钢材的冲击韧性用 V 形缺口试件冲击功 C_{kv} 或 A_{kv} 表示,单位为 J。

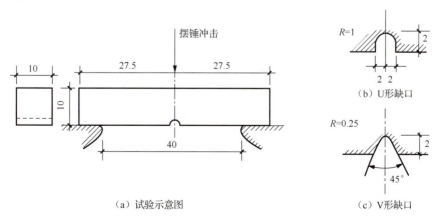

图 1-14　冲击试验

4．冷弯性能

冷弯性能是衡量钢材在常温下进行弯曲加工产生塑性变形时，抵抗裂纹能力的一项指标。冷弯性能用冷弯试验测定。根据试样厚度，按规定的弯心直径将试样弯曲180°，其表面及侧面无裂纹、裂缝或裂断则为冷弯试验合格，如图1-15所示。冷弯性能一般用弯曲角度或弯心直径与材料厚度的比值来表示，弯曲角度越大或弯心直径与材料厚度的比值越小，表示材料的冷弯性能越好。

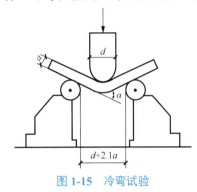

图1-15　冷弯试验

冷弯试验不仅能检验钢材承受规定的弯曲变形能力的大小，还能显示其内部的冶金缺陷，因此是判断钢材塑性变形能力和冶金质量的综合指标。焊接承重结构以及重要的非焊接承重结构采用的钢材应具有冷弯试验的合格保证。

强度、塑性、冲击韧性和冷弯性能，是建筑钢材主要的力学性能。

5．良好的工艺性能（冷加工、热加工和可焊性）

良好的工艺性能，是指钢材不仅易于加工成各种形式的结构，而且不致因加工而对材料的强度、塑性、韧性等造成较大的不利影响。冷弯性能就表示了钢材受冷加工时的性能表现。

可焊性是一项重要的工艺性能指标，可分为施工上的可焊性和使用上的可焊性。施工上的可焊性好是指在一定的焊接工艺下，焊缝金属及其附近金属均不产生裂纹；使用上的可焊性好是指焊接构件在施焊后的力学性能不低于母材的力学性能。

此外，根据结构的具体工作条件，有时还要求钢材具有适应低温、高温和腐蚀性环境的能力。

6．塑性破坏与脆性破坏

由于钢材所处的工作环境不同，会出现两种截然不同的破坏形式，即塑性破坏和脆性破坏。钢结构中所用的钢材虽然具有较高的塑性和韧性，但在特定的条件亦可能出现脆性破坏。

（1）塑性破坏。建筑钢材超过屈服强度f_y，即产生明显的塑性变形，达到抗拉强度f_u后，钢材在很大变形的情况下断裂，这是钢材的塑性破坏，也称延性破坏。塑性破坏的断口常为环形，且因晶体在受剪切作用下相互滑移而呈纤维状。

（2）脆性破坏。塑性破坏前，结构有很明显的变形，将有较长的变形持续时间，可便于发现和补救。与此相反，没有塑性变形或只有很小塑性变形即发生的破坏，是钢材的脆性破坏。其断口平直，且因各晶粒往往在一个面断裂而呈光泽的晶粒状。脆性破坏发生突然，无预兆，危险性大，因此除选用塑性好的钢材外，在钢结构设计、制造和使用时，还应采取措施防止钢材发生脆性破坏。

1.2.2 影响钢材主要性能的因素

1. 化学成分

钢是由各种化学成分组成的，化学成分及其含量对钢的性能，特别是力学性能有着重要的影响。

铁（Fe）是钢的基本元素，其他元素包括碳（C）、硅（Si）、锰（Mn）、硫（S）、磷（P）、氮（N）、氧（O）等。钢结构用钢中纯铁约占99%，碳和其他元素仅占1%，但对钢材的力学性能却有着决定性的作用。在低合金钢中还含有少量（低于3%）合金元素，如铜（Cu）、钒（V）、钛（Ti）、铌（Nb）、铬（Cr）等。

碳（C）在碳素结构钢中，是除铁以外最主要的元素。碳是形成钢材强度的主要成分。随着含碳量的提高，钢材强度逐渐升高，而塑性和韧性下降，冷弯性能、可焊性和抗锈蚀性能等也变差。按碳的含量区分，小于0.25%的为低碳钢，0.25%~0.6%的为中碳钢，大于0.6%的为高碳钢。钢结构用钢材的含碳量一般不大于0.22%，对于焊接结构，为了获得良好的可焊性，含碳量以不大于0.2%为好。所以，建筑钢材基本上是低碳钢。

硅（Si）和锰（Mn）是钢中的有益元素，它们都是炼钢的脱氧剂，可提高钢材的强度，含量适当时对塑性和韧性无显著的不良影响。在碳素结构钢中，硅的含量不大于0.3%，锰的含量为0.3%~0.8%。对于低合金高强度结构钢，硅的含量可达0.55%，锰的含量可达1.0%~1.6%。

硫（S）和磷（P）是钢中的有害成分，它们会降低钢材的塑性、韧性、可焊性和疲劳强度。在高温时，硫使钢变脆，即热脆，一般钢材硫的含量不应超过0.045%。在低温时，磷使钢变脆，即冷脆，一般钢材磷的含量不应超过0.045%。但是，磷可提高钢材的强度和抗锈蚀性。高磷钢中磷的含量可达0.12%，这时应减少钢材中的含碳量，以保持一定的塑性和韧性。

氮（N）和氧（O）都是钢中的有害杂质。氮的作用和磷类似，使钢冷脆；氧的作用和硫类似，使钢热脆。由于氮、氧容易在冶炼过程中逸出，一般不会超过极限含量，故通常不要求做含量分析。

为改善钢材的性能，还可以掺入一定数量的其他元素。如钒（V）和钛（Ti），它们是钢中的合金元素，能提高钢的强度和抗腐蚀性能，又不显著降低钢的塑性；铜（Cu）可以显著提高钢的抗腐蚀性能，也可以提高钢的强度，但对可焊性有不利影响。

2. 钢材硬化

钢材的硬化有三种：时效硬化、冷作硬化（应变硬化）和应变时效硬化。

时效硬化是指在高温作用下，铁中的少量氮和碳随着时间的增长逐渐从固溶体中析出，生成氮化物和碳化物，散存在铁素体晶粒的滑动界面上，对晶粒的塑性滑移起到遏制作用，从而使钢材的强度提高，塑性和韧性下降，这种现象称为时效硬化，俗称老化。产生时效硬化的过程一般较长，但在振动荷载、反复荷载及温度变化等情况下会加速发展。

冷作硬化（应变硬化）是指在冷加工（冷拉、冷弯、冲孔、机械剪切等）使钢材产生较大的塑性变形的情况下，荷后再重新加载，钢材的屈服强度提高，塑性和韧性降低的现象。

在钢材产生一定的塑性变形后，铁素体中的固溶氮和碳将更容易析出，从而使已经冷作硬化的钢材又发生时效硬化，这种现象称为应变时效硬化。

3. 冶金缺陷

钢的轧制是在高温（1200～1300℃）和压力作用下将钢热轧成钢板或型钢。轧制使钢锭中的小气孔、裂纹等焊合，金属组织致密，消除了显微组织缺陷，从而改善了钢材的力学性能。一般轧制的钢材越小（越薄），其强度越高，塑性和冲击韧性也越好。热轧的钢材由于不均匀冷却会产生残余应力，一般在冷却较慢处产生拉应力，冷却较快处产生压应力，从而造成冶金缺陷。

常见的冶金缺陷有偏析、非金属夹杂、气孔、裂纹及分层等。偏析是钢材中化学成分不均匀，特别是硫、磷偏析会使钢材性能严重恶化；非金属夹杂是钢材中含有硫化物与氧化物等杂质，在轧制后会造成钢材的分层，使钢材沿厚度方向受拉性能大大降低；气孔是浇铸钢锭时，氧化铁与碳作用所生成的一氧化碳气体不能充分逸出而形成的。这些缺陷都将影响钢材的力学性能。

4. 温度

钢材的性能受温度的影响十分明显，其总趋势是：温度升高，钢材强度降低，塑性增加；温度降低，钢材强度提高，塑性、韧性降低，脆性增加，在图 1-16 中给出了温度对钢材机械性能的影响情况。

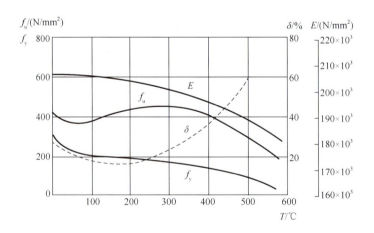

图 1-16　温度对钢材机械性能的影响

当温度在 150℃ 以下时，钢材性能与常温时变化不大；当温度在 250℃ 左右时，钢材抗拉强度有局部性提高，塑性、韧性变差，钢材变脆，出现蓝脆现象（钢材表面氧化膜呈蓝色）；当温度超过 300℃ 时，强度和弹性模量开始显著下降，塑性显著上升，钢材产生徐变；

当温度达到 600℃时，强度几乎降为零，塑性急剧上升，钢材处于热塑性状态。钢材虽具有一定的抗热性能，但不耐火，一旦温度超过 600℃，钢结构就会在瞬间因热塑而倒塌。因此，受高温作用的钢结构，应根据不同情况采取防护措施。

温度从常温开始下降时，特别是在负温范围内时，钢材的强度虽有提高，但塑性、韧性降低，脆性增加，称为钢材的低温冷脆。实际工程中，由于低温对钢材的脆性破坏有显著影响，为了避免钢结构发生低温冷脆现象，在寒冷地区建造的钢结构不但要求钢材具有常温（20℃）冲击韧性指标，还要求具有负温（0℃、－20℃或－40℃）冲击韧性指标，特别是承受动力荷载的结构，以保证结构具有足够的抵抗脆性破坏的能力。

5. 应力集中

标准拉伸试件是机械加工的，表面光滑平整，截面上的应力分布比较均匀，处于单向受拉应力状态。但工程中的钢构件不可避免地存在孔洞、缺口、槽口、裂缝、厚度和宽度的变化以及钢材内部缺陷等，此时截面中的应力分布不再保持均匀，同时主应力线在绕过孔口等缺陷时发生弯转，不仅会在孔口边缘处产生沿力作用方向的应力高峰，而且会在孔口附近产生垂直于力作用方向的横向应力，甚至会产生三向拉应力，如图 1-17 所示。应力集中会使钢材变脆，受动力荷载时容易形成裂纹。应力集中的严重程度用应力集中系数 K 表示，计算公式为

$$K = \frac{\sigma_{\max}}{\sigma_0} \tag{1-3}$$

式中 $\sigma_{\max}$——缺口边缘沿受力方向的最大应力；

σ_0——净截面的平均应力，$\sigma_0 = N/A_n$（A_n 为净截面面积）。

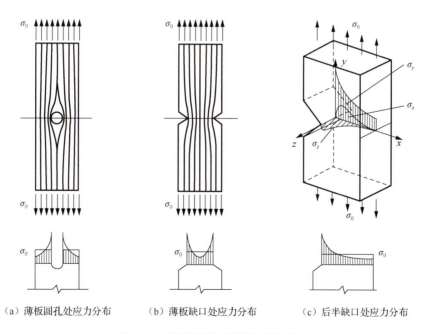

(a) 薄板圆孔处应力分布　　(b) 薄板缺口处应力分布　　(c) 后半缺口处应力分布

图 1-17　板件在孔口处的应力集中

在图 1-18 中，试件 1 为标准试件，试件 2、3、4 为不同应力集中程度的对比试件。从图中可以看出，截面变化越急剧的试件，其应力集中现象就越严重，引起钢材脆性破坏的危险性就越大。其中试件 4 已无明显屈服点，表现出高强钢的脆性破坏特征。

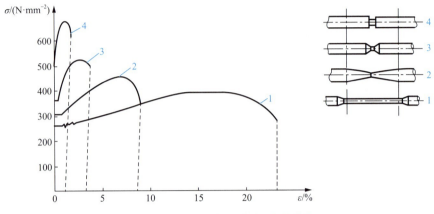

图 1-18 带槽口试件的应力-应变曲线

应力集中现象还可能由内应力产生。内应力的特点是力系在钢材内自相平衡，而与外力无关。其在浇铸、轧制和焊接加工过程中，因不同部位钢材的冷却速度不同，或因不均匀加热和冷却而产生。其中焊接残余应力的量值往往很高，在焊缝附近的残余拉应力常达到屈服点，且在焊缝交叉处经常出现双向甚至三向残余拉应力场，使钢材局部变脆。当外力引起的应力与内应力处于不利组合时，会引发脆性破坏。

因此，在进行钢结构设计时，应尽量使构件和连接节点的形状和构造合理，避免截面突然改变。在进行钢结构的焊接构造设计和施工时，应尽量减少焊接残余应力。

6. 反复荷载作用（疲劳破坏）

在反复荷载作用下，钢结构的抗力及性能都会发生重大变化，钢材的强度将低于一次静载作用下的拉伸试验的极限强度，这一现象称为钢材的疲劳。疲劳破坏是累积损伤的结果。在反复荷载作用下，钢材中原有的缺陷处发生塑性变形和硬化而形成一些微裂痕，之后微裂痕逐渐发展为宏观裂纹，截面被削弱，因而在裂纹根部出现应力集中现象，使材料处于三向拉应力状态，塑性变形受到限制，当反复荷载达到一定循环次数时，材料被破坏，表现为突然的脆性断裂，即发生疲劳破坏。

7. 复杂应力状态

构件大多处在平面应力或空间应力状态下工作，通称为构件的复杂应力状态，如图 1-19 所示。在复杂应力状态下，钢材的强度和塑性会发生变化，此时钢材的屈服条件不能以某一轴向应力达到屈服强度来判别，而应按能量强度理论计算折算应力，通过折算应力与钢材在单向应力下的屈服强度之比来判别。

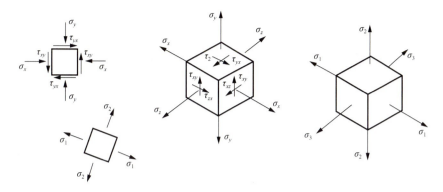

图 1-19　复杂应力状态

1.2.3　钢材的种类、规格及选择

钢材的品种繁多，性能各异。在工程中常用的钢材主要有碳素结构钢和低合金高强度结构钢，优质碳素结构钢在冷拔高强度钢丝和连接用紧固件中也有应用。另外，厚度方向性能钢板、焊接结构用耐候钢、铸钢等在某些情况下也有应用。

我国现行的《钢结构设计标准》（GB 50017—2017）推荐承重结构的钢材宜采用碳素结构钢中的 Q235 钢，以及低合金高强度结构钢中的 Q355、Q390、Q420、Q460 钢。

1. 钢材的种类及表示方法

（1）碳素结构钢。碳素结构钢是一种以碳为主要合金元素（含碳量为 0.12%～2.0%）的铁碳合金，通过向铁中添加碳来制备。碳素结构钢通常具有良好的可加工性和强度，因此在机械制造、建筑和其他工业领域中得到广泛应用，在工程中比较常见。

根据国家标准《碳素结构钢》（GB/T 700—2006），碳素结构钢的牌号由代表屈服强度的字母 Q、屈服强度数值（单位 MPa）、质量等级符号（A、B、C、D）、脱氧方法符号（F、Z、TZ）四个部分按顺序组成。

钢的质量等级分为 A、B、C、D 四级，由 A 到 D 表示质量由低到高。其中，A 级钢只保证抗拉强度、屈服强度、伸长率，化学成分碳、锰含量可不作为交货条件。B、C、D 级钢均保证抗拉强度、屈服强度、伸长率、冷弯性能和冲击韧性（分别为+20℃、0℃、-20℃）等力学性能。

脱氧方法符号 F 代表沸腾钢，Z 和 TZ 分别代表镇静钢和特殊镇静钢。在具体标注时，Z 和 TZ 可以省略。对于常用的 Q235 钢，A、B 级钢可以是 Z、F，C 级钢只能是 Z，D 级钢只能是 TZ。

例如，Q235AF 表示屈服强度为 235MPa 的 A 级沸腾钢；Q235CZ 表示屈服强度为 235MPa 的 C 级镇静钢；Q235TZ 表示屈服强度为 235MPa 的 D 级特殊镇静钢。

（2）低合金高强度结构钢。低合金高强度结构钢是在钢的冶炼过程中添加少量几种合金元素（含碳量均为 0.02%，合金元素总量不超过 0.05%），使钢的强度明显提高，故称低合金高强度结构钢。

国家标准《低合金高强度结构钢》(GB/T 1591—2018) 规定，钢的牌号由代表屈服强度的字母 Q、规定的最小上屈服强度数值（单位 MPa）、交货状态代号（AR、WAR、N）、质量等级符号（B、C、D、E、F）四个部分组成。

(3) 优质碳素结构钢。优质碳素结构钢是碳素结构钢经过热处理得到的优质钢，具有较好的综合性能。由于优质碳素结构钢价格较高，钢结构中使用较少，仅用经热处理的优质碳素结构钢冷拔高强度钢丝或制作高强度螺栓、自攻螺钉等。

2. 钢材的规格

各类钢种可供应的钢材规格分为型材、板材、管材及金属制品四大类，建筑钢材使用最多的是型材和板材。

钢结构所用钢材主要为热轧成型的钢板和型钢，以及冷加工成型的冷轧薄钢板和冷弯薄壁型钢等。为了减少制作工作量和降低造价，钢结构设计和施工人员应对钢材的规格有较全面的了解。

(1) 钢板。钢板有薄钢板（厚度 0.35～4mm）、厚钢板（厚度 4～60mm）、特厚钢板（板厚>60mm）和扁钢（厚度 4～60mm，宽度小，为 30～200mm）之分。钢板的表示方法为在符号"—"后加注"宽度×厚度×长度"或者"宽度×厚度"（单位 mm）。

(2) 型钢。常用的型钢有角钢、工字钢、H 型钢、T 型钢、槽钢、钢管等，如图 1-20 所示。

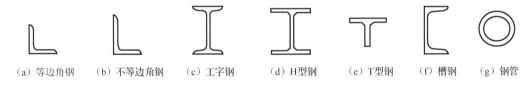

(a) 等边角钢　(b) 不等边角钢　(c) 工字钢　(d) H 型钢　(e) T 型钢　(f) 槽钢　(g) 钢管

图 1-20　型钢截面

常见的钢材

① 角钢。角钢分为等边（也叫等肢）和不等边（也叫不等肢）两种，主要用来制作桁架等格构式结构的杆件和支撑等连接件。

角钢型号用符号"∟"后加注"长边宽×短边宽×厚度"（单位 mm）表示，如∟100×80×8，等边角钢可只加注"边长×厚度"，如∟125×8。

② 工字钢。工字钢有普通工字钢和轻型工字钢。普通工字钢和轻型工字钢的两个主轴方向的惯性矩相差较大，不宜单独用作受压构件，而宜用作腹板平面内的受弯构件，或由工字钢和其他型钢组成组合构件或格构式构件。

普通工字钢型号用字母"I"后加注截面高度（单位 cm）表示。截面高 200mm 以上的工字钢又按腹板厚度不同分为 a、b、c 等类别，如 I20a 表示高度为 200mm、腹板厚度为 a 类的工字钢。轻型工字钢的翼缘要比普通工字钢的翼缘宽而薄，回转半径较大。

③ H 型钢和 T 型钢。H 型钢与普通工字钢相比，其翼缘的内外表面平行，便于与其他构件连接。H 型钢的基本类型可分为宽翼缘（HW）、中翼缘（HM）及窄翼缘（HN）三类。H 型钢还可剖分成 T 型钢，代号相应为 TW、TM、TN。

H 型钢和 T 型钢型号用代号后加注"高度（H）×宽度（B）×腹板厚度（t_1）×翼缘厚度（t_2）"（单位 mm）表示。如 HW400×400×13×21，TW200×400×13×21。

④ 槽钢。槽钢有普通槽钢和轻型槽钢两种。

槽钢型号与工字钢相似，用符号"["后加注截面高度（单位 cm）表示，如［30a 表示高度为 300mm、腹板较薄的槽钢。

⑤ 钢管。钢管有无缝钢管和焊接钢管两种。由于回转半径较大，钢管常用作桁架、网架、网壳等平面和空间格构式结构的杆件。

钢管型号用符号"ϕ"后加注"外径×壁厚"（单位 mm）表示，如$\phi180×8$。

(3) 冷弯薄壁型钢。冷弯薄壁型钢采用 2~6mm 厚的钢板经冷弯成型，在国外其厚度有加大的趋势。冷弯薄壁型钢能充分利用钢材的强度以节约钢材，因而在轻钢结构中得到广泛应用。常用的截面形式有等边角钢、卷边等边角钢、Z 型钢、卷边 Z 型钢、槽钢、卷边槽钢（C 型钢）、圆形钢管、方形钢管等，如图 1-21 所示。

冷弯薄壁型钢的表示方法为在截面形式符号前加字母 B，后注明"长边宽×短边宽×卷边宽×壁厚"（单位 mm）。

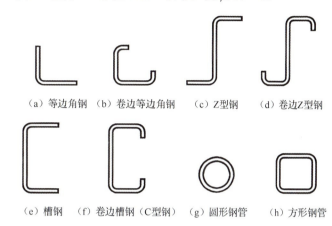

图 1-21　冷弯薄壁型钢截面

3. 钢材的选择

钢材的选择在钢结构设计中非常重要，为达到结构安全可靠、满足使用要求及经济合理的目的，选择钢材牌号和规格时应综合考虑以下因素。

(1) 结构的重要性。结构和构件按其用途、部位和破坏后果的严重性可分为重要、一般和次要三类。不同类别的结构或构件应选用不同的钢材，对重型工业建筑结构、大跨度结构、高层或超高层的民用建筑结构或构筑物等重要结构，应考虑选用质量好的钢材；对一般工业与民用建筑结构，可按工作性质选用普通质量的钢材。

(2) 荷载情况。荷载可分为静力荷载和动力荷载两种。直接承受动力荷载的结构和强烈地震区的结构，应选用综合性能好的钢材；承受静力荷载的一般结构则可选用价格较低的 Q235 钢等。

(3) 连接方法。由于在焊接过程中，会产生焊接变形、焊接应力及其他焊接缺陷，如咬肉、气孔、裂纹、夹渣等，有导致结构产生裂缝或脆性断裂的危险。因此，焊接结构对材质的要求应严格一些。例如，在化学成分方面，焊接结构必须严格控制碳、硫、磷的极限含量，而非焊接结构对含碳量可适当降低要求。

(4) 结构所处的温度和环境。由于钢材的低温冷脆特性，在低温条件下工作的结构，尤其是焊接结构，应选用具有良好抗低温脆断性能的镇静钢。此外，露天结构的钢材容易发生时效硬化，有害介质作用的钢材容易腐蚀、疲劳和断裂，在这些环境下也应加以区别地选择不同材质。

（5）钢材厚度。厚度大的钢材不但强度小，而且塑性、冲击韧性和可焊性也较差。因此，厚度大的焊接结构应采用材质好的钢材。

总结与提高

1. 钢是以铁和碳为主要成分的合金，主要的力学性能有强度、塑性、冲击韧性、冷弯性能，此外还需具备良好的工艺性能（冷加工、热加工和可焊性）。
2. 影响钢材主要性能的因素有化学成分、钢材硬化、冶金缺陷、温度、应力集中、反复荷载作用（疲劳破坏）、复杂应力状态。
3. 常用的建筑钢材主要有碳素结构钢、低合金高强度结构钢和优质碳素结构钢。
4. 常用的钢材规格包括钢板（薄钢板、厚钢板、特厚钢板、扁钢）、型钢（角钢、工字钢、H 型钢、T 型钢、槽钢、钢管）、冷弯薄壁型钢。
5. 钢材的选用要依据钢结构的重要性、荷载情况、连接方法、工作环境、钢材厚度等因素，选择不同的品种和规格的钢材。

课后练习

一、单项选择题

1. 在构件发生断裂破坏前有明显先兆的是（　　）的典型特征。
   A．脆性破坏　　　　　　　　　　　　B．塑性破坏
   C．强度破坏　　　　　　　　　　　　D．失稳破坏
2. 构件发生脆性破坏时，其特点是（　　）。
   A．变形大　　　　　　　　　　　　　B．持续时间长
   C．有裂缝出现　　　　　　　　　　　D．变形小或无变形
3. 在钢结构设计中，钢材屈服强度是构件可以达到的（　　）。
   A．最大应力　　　　　　　　　　　　B．设计应力
   C．疲劳应力　　　　　　　　　　　　D．稳定临界应力
4. 钢结构用钢的含碳量一般不大于（　　）。
   A．0.6%　　　　B．0.25%　　　　C．0.22%　　　　D．0.2%
5. 型钢中的 H 型钢与工字钢相比，（　　）。
   A．两者所用的钢材不同
   B．前者翼缘相对较宽
   C．前者的强度相对较高
   D．两者的翼缘都有较大的斜度
6. 钢材的设计强度是根据（　　）确定的。
   A．比例极限　　　　　　　　　　　　B．弹性极限
   C．屈服强度　　　　　　　　　　　　D．极限强度

项目 1 钢结构基础知识

7. 建筑钢材的伸长率与（　　）标准拉伸试件与原始标距间长度的伸长值有关。
   A．到达屈服应力时　　　　　　　B．到达极限应力时
   C．产生塑性变形后　　　　　　　D．断裂后

8. ∟125×80×10 表示（　　）。
   A．等肢角钢　　　　　　　　　　B．不等肢角钢
   C．钢板　　　　　　　　　　　　D．槽钢

9. 某构件发生了脆性破坏，经检查发现在破坏时构件内存在下列问题，但可以肯定（　　）对该破坏无直接影响。
   A．钢材的屈服强度不够高
   B．构件的荷载增加速度过快
   C．存在冷加工硬化
   D．构件存在由内力引起的应力集中

10. 北方严寒地区（温度低于-20℃）的露天仓库中，起重量大于 50t 的工作制为 A4 级的吊车梁，其钢材应选择（　　）钢。
    A．Q235A　　　B．Q235B　　　C．Q235C　　　D．Q235D

11. 在碳素结构钢中，除（　　）钢的冲击韧性不作为要求条件外，其余质量等级都要求保证冲击韧性合格。
    A．A 级　　　　B．B 级　　　　C．C 级　　　　D．D 级

12. 钢材中碳元素含量提高对钢材性能的影响是（　　）。
    A．可提高钢材的强度　　　　　　B．可提高钢材的塑性
    C．可提高钢材的韧性　　　　　　D．可提高钢材的耐腐蚀性

13. Q235 钢的质量等级按（　　）划分。
    A．强度　　　　　　　　　　　　B．厚度
    C．化学成分和力学性能　　　　　D．磷硫含量

14. 抗拉强度与屈服强度之比可表示钢材的（　　）。
    A．变形能力　　　　　　　　　　B．极限承载能力
    C．抵抗分层能力　　　　　　　　D．承载力储备

二、填空题

1. 建筑钢材的主要力学性能有强度、塑性、_____和_____。
2. 常用的四种钢材 Q235、Q355、Q390 和 Q420 中，_____属于碳素结构钢，Q420 属于低_____高强度结构钢。
3. 钢材的硬化有_____、_____和_____三种。

三、判断题

1. 有些钢材没有明显的屈服现象，则以材料产生 0.2%塑性变形时的应力作为屈服强度。（　　）
2. 工厂加工过程中，钢材的下料切割必须通过冲剪或切削来完成。（　　）
3. 建筑钢材化学成分中的氧和氮都是有害杂质。（　　）

项目 2　钢结构连接计算

知识目标：
- 了解钢结构连接的种类及特点
- 了解焊接方法和焊缝形式
- 了解普通螺栓、高强度螺栓连接的构造类型及特点
- 了解紧固方法和摩擦面处理方法

能力目标：
- 能够根据工程实际合理选择结构连接形式
- 能够熟练识别焊缝形式及构造
- 能够识读螺栓图例，进行螺栓群排布，预防螺栓抗剪破坏
- 能够熟练进行焊缝和普通螺栓计算验证

素质目标：
- 通过钢结构连接计算，总结验算步骤，锻炼逻辑思维
- 通过螺栓群强度分析，总结验算方法，提高自主探究能力

项目 2 钢结构连接计算

钢结构是由各种型钢或板材通过一定的连接方法而组成的，连接方法及其质量的优劣直接影响钢结构的工作性能。钢结构的连接必须符合安全可靠、传力明确、构造简单、制造方便和节约钢材的原则，其连接方法如图 2-1 所示。

 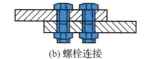 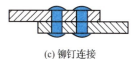

(a) 焊缝连接　　　　　(b) 螺栓连接　　　　　(c) 铆钉连接

图 2-1 钢结构的连接方法

1. 焊缝连接

焊缝连接（简称焊接）通过电弧产生热量，使焊条和焊件局部熔化，然后冷却凝结形成焊缝，从而将焊件连成一体。焊接是目前最主要的钢结构连接方法。其优点是：构造简单，方便施工，节约钢材，连接密闭性好，结构刚度大，制作加工方便，可实现自动化操作。其缺点是：施焊时的高温作用导致的焊接残余应力和残余变形容易使局部材料变脆，结构的抗疲劳强度降低；另外，焊接结构对裂纹很敏感，局部发生的裂纹容易扩展到整体，低温冷脆问题较为突出。

2. 螺栓连接

螺栓连接是通过螺栓这种紧固件把被连接件连接成为一体，是钢结构的重要连接方式之一。其优点是：施工工艺简单、安装方便，特别适用于工地安装连接，工程进度和质量易得到保证。螺栓连接分为普通螺栓连接和高强度螺栓连接两种。

3. 铆钉连接

铆钉连接由于结构复杂、用钢量多、费时费工，现已很少采用，本章不再对其作详细介绍。但是铆钉连接的塑性和韧性较好，传力可靠，质量易于检查，在一些重型和直接承受动力荷载的结构中有时仍然采用。

任务 2.1 焊缝连接计算

引导问题

1. 焊接方法有哪些？又有怎样的连接形式？
2. 焊缝的构造要求有哪些？
3. 对接焊缝和角焊缝分别有哪些计算内容？

钢结构连接：焊缝连接

知识解答

2.1.1 焊接方法和焊缝形式

1. 焊接方法

焊接的方法有很多，钢结构中通常采用电弧焊。电弧焊有焊条电弧焊、自动或半自动埋弧焊及气体保护焊等。

（1）焊条电弧焊。焊条电弧焊的主要设备和材料有焊机（交流焊机、直流焊机或交直流焊机）、焊钳和焊条。焊条电弧焊的原理如图 2-2 所示。焊条通过焊钳作为一个电极与焊机相连，焊件作为另一个电极与焊机相连，通电后，在涂有药皮的焊条与焊件之间产生电弧。在高温作用下，电弧周围的金属熔化形成熔池，同时焊条中的焊丝熔化形成熔滴，滴入熔池中，与焊件的熔融金属相互结合，冷却后即形成焊缝。焊条药皮则在焊接过程中产生气体，保护电弧和熔融金属，并形成熔渣覆盖在焊缝上，防止空气中氧、氮等气体与熔融金属接触而形成易脆的化合物。

焊条电弧焊设备简单，操作灵活方便，适合任意空间位置的焊接，特别适合焊接短焊缝。但其生产效率低，劳动强度大，焊接质量取决于焊工的技术水平。

焊条电弧焊所用焊条应与焊接钢材相适应：Q235 钢采用 E43 型焊条（E4300～E4328）；Q355 钢采用 E50 型焊条（E5000～E5048）；Q390 钢和 Q420 钢采用 E55 型焊条（E5500～E5518）。不同钢种的钢材相焊接时，宜采用与低强度钢材相适应的焊条，如 Q235 钢与 Q355 钢相焊接，可采用 E43 型焊条。

焊条型号中，字母 E 表示焊条；前两位数字表示焊缝熔融金属或对接焊缝的抗拉强度，其最小值分别为 420N/mm^2、490N/mm^2 和 540N/mm^2；第三位数字表示适宜的焊接位置，其中"0"和"1"表示适合全位置焊接（平焊、横焊、立焊、仰焊），"2"表示适合平焊及水平角焊，"4"表示适合向下立焊；第三位与第四位数字组合起来表示焊接电流（交流、直流或交直流）和药皮类型，当不同强度的钢材连接时，可采用与低强度钢材相适应的焊接设备和材料。

（2）埋弧焊。埋弧焊是电弧在焊药覆盖层下燃烧的一种电弧焊方法，分为自动与半自动两种。埋弧焊的原理如图 2-3 所示。其特点是焊丝成卷装置在焊丝转盘上，焊丝外表裸露不涂药皮，焊药呈散状颗粒装置在焊药漏斗中。通电引弧后，当电弧下的焊丝和附近焊件金属熔化时，焊药也不断从漏斗流下，将熔融的焊缝金属覆盖，部分焊药形成熔渣浮在熔融的焊缝金属表面。由于有覆盖层，焊接时看不见强烈的电弧光，故称为埋弧焊。

H 型钢埋弧焊

当埋弧焊的全部装备固定在小车上，由小车按规定速度沿轨道前进进行焊接时，这种方法称为自动埋弧焊。如果焊机的移动是由人工操作的，则称为半自动埋弧焊。埋弧焊由于采用了自动或半自动操作，焊接时的工艺条件稳定，焊缝的化学成分均匀，故形成的焊缝质量好，焊件变形小，高焊速也减少了热影响区的范围。但埋弧焊对焊件边缘的装配精度（如间隙）要求比焊条电弧焊高。埋弧焊所用焊丝和焊药应与主体金属强度相适应，即要求焊缝与主体金属等强。

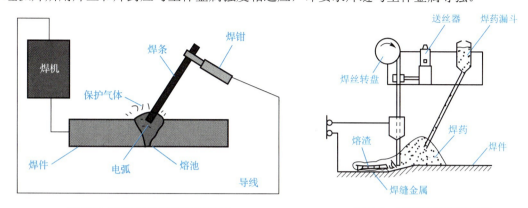

图 2-2　焊条电弧焊的原理示意　　　　图 2-3　埋弧焊的原理示意

（3）气体保护焊。气体保护焊是利用二氧化碳气体或其他惰性气体作为保护介质的一种电弧焊方法。它直接依靠保护气体在电弧周围造成局部的保护层，防止有害气体的侵入，并保证了焊接过程中的稳定性。

气体保护焊的焊缝熔化区没有熔渣，焊工能够清楚地看到焊缝成形的过程；由于保护气体是喷射的，有助于熔滴的过渡；电弧热量集中、焊接速度快、焊件熔深大，故所形成的焊缝强度比焊条电弧焊高，塑性和抗腐蚀性好。气体电弧焊适用于全位置的焊接，但不适合在野外或有风的地方施焊。

2. 焊缝的连接形式

焊缝的连接形式按被连接钢材的相互位置，可分为对接连接、搭接连接、T 形连接和角部连接四种，如图 2-4 所示。

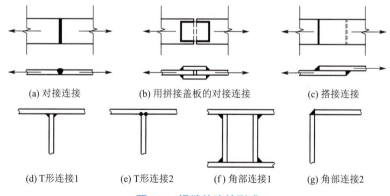

图 2-4　焊缝的连接形式

按施焊位置又可分为平焊（俯焊）、横焊、立焊、仰焊，如图 2-5 所示。用焊接符号表示为 F（平焊）、H（横焊）、V（立焊）、O（仰焊）。

以上连接形式所采用的焊缝主要为对接焊缝和角焊缝。

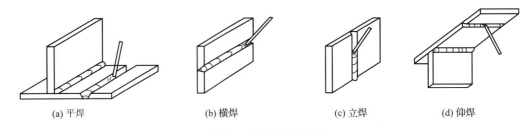

图 2-5 焊缝施焊位置

3. 焊缝代号及标注方法

焊缝代号由指引线、基本符号（焊缝符号和辅助符号）和焊缝尺寸三部分组成。指引线由基准线和带箭头的斜线组成，箭头指到图形上的相应焊缝处，基准线的上面和下面用来标注基本符号和焊缝尺寸。当指引线的箭头指向焊缝所在的一面时，应将基本符号和焊缝尺寸标注在基准线的上面；当箭头指向焊缝所在面的另一面时，则应将基本符号和焊缝尺寸标注在基准线的下面，如图 2-6 所示。必要时，可在基准线的末端加一尾部符号作其他说明之用。基本符号用来表示焊缝的基本形式，如用"V"表示 V 形坡口的对接焊缝。常见的焊缝图示与标注方法见表 2-1。

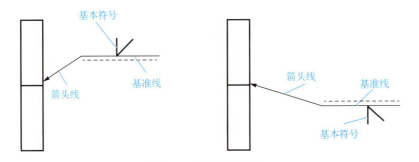

图 2-6 指引线的画法

表 2-1 常见的焊缝图示与标注方法

项目	角焊缝				对接焊缝	塞焊缝	三面围焊
	单面焊缝	双面焊缝	安装焊缝	相同焊缝			
焊缝图示							
标注方法							注：E50 为焊条的辅助说明

4. 焊缝质量等级与缺陷

焊缝的质量等级，按《钢结构工程施工质量验收标准》（GB 50205—2020）的规定分为三级。一般一级焊缝适用于动载受拉等强的对接焊缝，二级焊缝适用于静载受拉、受压的等强焊缝，都是结构的关键连接部位。在焊缝质量检验时，三级焊缝只要求对全部焊缝做外观检查；二级焊缝除要对全部焊缝做外观检查外，还须对部分焊缝做超声波等无损探伤检查；一级焊缝要求对全部焊缝做外观检查及无损探伤检查。这些检查都应符合各自的检验质量标准。

焊缝连接的缺陷是指在焊接过程中，产生于焊缝金属或附近热影响区钢材表面或内部的缺陷。最常见的缺陷有裂纹、焊瘤、烧穿、弧坑、气孔、夹渣、咬边、未熔合、未焊透（规定部分不焊透者除外）及焊缝外形尺寸不符合要求、焊缝成型不良等。它们将直接影响焊缝质量和连接强度，削减焊缝受力面积，且在缺陷处引起应力集中，导致产生裂纹，裂纹扩展进而引起断裂。

2.1.2　对接焊缝的构造与计算

1. 对接焊缝的构造

对接焊缝按受力方向分为正对接焊缝和斜对接焊缝，如图 2-7 所示。对接焊缝的优点为用料经济、传力均匀、无明显的应力集中，利于承受动力荷载；其缺点为需剖口，焊件长度要精确。

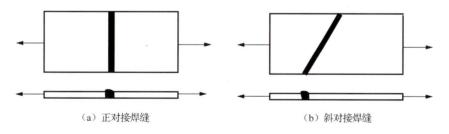

（a）正对接焊缝　　　　　　　　（b）斜对接焊缝

图 2-7　对接焊缝的形式

为了保证焊透，对接焊缝的焊件常需做出坡口，其中斜坡口和根部间隙 b 共同组成一个焊条能够运转的施焊空间，使焊缝易于焊透；钝边 p 有托住熔融金属的作用。仅当焊件厚度 t 较小（手工焊时 $t \leqslant 6mm$，埋弧焊时 $t \leqslant 10mm$）时，可用直边缝。

采用坡口的对接焊缝，其坡口形式与焊件厚度有关。当焊件厚度 $t \leqslant 20mm$ 时，可采用具有斜坡口的单边 V 形或 V 形坡口；对于较厚的焊件（$t > 20mm$），则通常采用 U 形、K 形和 X 形坡口，如图 2-8 所示。采用 V 形坡口和 U 形坡口时，须对焊缝根部进行补焊。对接焊缝坡口形式的选用，可根据焊件厚度和施工条件参照《钢结构焊接规范》（GB 50661—2011）的要求进行。

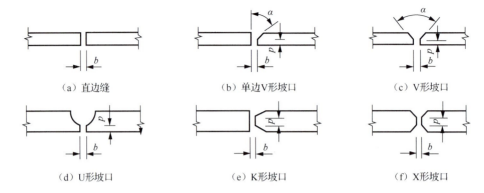

图 2-8 对接焊缝的坡口形式

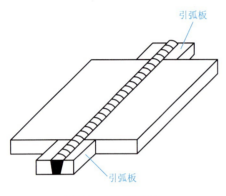

图 2-9 引弧板焊接

在焊缝的起灭弧处，常会出现弧坑等缺陷，这种缺陷处极易产生应力集中和裂纹，对承受动力荷载尤为不利。故在焊接时，对直接承受动力荷载的对接焊缝，必须采用引弧板，焊后再将它割除，如图 2-9 所示。对承受静力荷载的结构设置引弧板有困难时，允许不设引弧板，但要以每条焊缝的引弧及灭弧端各减去 t（t 为较薄焊件厚度）作为焊缝的计算长度。

当对接焊缝拼接处的焊件宽度不同或厚度在一侧相差 4mm 以上时，应分别在宽度方向或厚度方向从一侧或两侧做成坡度不大于 1∶2.5 的斜坡，使截面过渡缓和，减小应力集中。如果两焊件厚度相差不超过 4mm，可不做斜坡，直接用焊缝表面斜坡来找坡，焊缝的计算厚度等于较薄焊件的厚度，如图 2-10 所示。

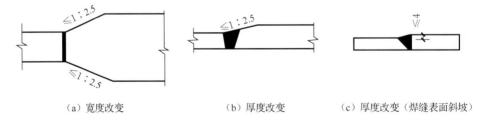

图 2-10 变截面钢板拼接

2. 对接焊缝的计算

对接焊缝的截面与被焊构件截面相同，焊缝中的应力情况与被焊构件原来的情况基本相同，故对接焊缝连接的强度计算方法与构件的强度计算方法相似。

（1）轴心受力对接焊缝计算。在对接连接和 T 形连接中，轴心受力的对接焊缝或对接焊缝与角焊缝组合焊缝采用正对接焊缝，如图 2-11（a）所示，可按式（2-1）计算。

$$\sigma = \frac{N}{l_w t} \leqslant f_t^w \text{ 或 } f_c^w \tag{2-1}$$

式中　　σ——焊缝的正应力（MPa）；

N——轴心拉力或压力（N）；

l_w——焊缝的计算长度（mm），当未采用引弧板时，取实际长度减去 $2t$；

t——在对接连接中为连接件的较小厚度（mm），在 T 形连接中为腹板厚度；

f_t^w——对接焊缝的抗拉强度设计值（MPa），取值见表 2-2；

f_c^w——对接焊缝的抗压强度设计值（MPa），取值见表 2-2。

表 2-2　焊缝强度设计值　　　　　　　　　　　　　　　　　　　　　　单位：MPa

焊接方法和焊条型号	构件钢材		对接焊缝				角焊缝
	牌号	厚度或直径/mm	抗压 f_c^w	抗拉 f_t^w（焊缝质量为下列等级时）		抗剪 f_v^w	抗拉、抗压和抗剪 f_f^w
				一、二级	三级		
自动焊、半自动焊和 E43 型焊条的手工焊	Q235 钢	≤16	215	215	185	125	160
		>16，≤40	205	205	175	120	
		>40，≤100	200	200	170	115	
自动焊、半自动焊和 E50、E55 型焊条的手工焊	Q355 钢	≤16	305	305	260	175	200
		>16，≤40	295	295	250	170	
		>40，≤63	290	290	245	165	
		>63，≤80	280	280	240	160	
		>80，≤100	270	270	230	155	
	Q390 钢	≤16	345	345	295	200	200（E50）220（E55）
		>16，≤40	330	330	280	190	
		>40，≤63	310	310	265	180	
		>63，≤100	295	295	250	170	
自动焊、半自动焊和 E55、E60 型焊条的手工焊	Q420 钢	≤16	375	375	320	215	220（E55）240（E60）
		>16，≤40	355	355	300	205	
		>40，≤63	320	320	270	185	
		>63，≤100	305	305	260	175	

当正对接焊缝的计算强度低于焊件强度时，为了提高焊缝的承载能力，可改用斜对接焊缝，如图 2-11（b）所示，但焊件较费材料。当斜对接焊缝和作用力间夹角 θ 满足 $\tan\theta \leqslant 1.5$（$\theta \leqslant 56°$）时，可不计算焊缝强度。斜对接斜缝按式（2-2）和式（2-3）计算。

$$\sigma = \frac{N\sin\theta}{l_w t} \leqslant f_t^w \tag{2-2}$$

$$\tau = \frac{N\cos\theta}{l_w t} \leqslant f_v^w \tag{2-3}$$

式中　　τ——焊缝的切应力（MPa）；

f_v^w——对接焊缝的抗剪强度设计值（MPa），取值见表 2-2；

其余符号意义同前。

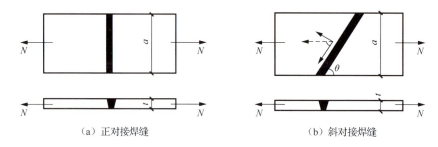

(a) 正对接焊缝　　　　　　　　　　(b) 斜对接焊缝

图 2-11　对接焊缝的轴心受力情况

【例 2-1】试验算图 2-11 所示钢板对接焊缝的强度，图中 $a=540\text{mm}$，$t=22\text{mm}$，轴心力的设计值 $N=2150\text{kN}$。钢材为 Q235B，手工焊，焊条为 E43 型，三级质量焊缝，施焊时加引弧板。

解：若采用正对接焊缝，其计算长度 $l_w=540\text{mm}$，焊缝的正应力为

$$\sigma = \frac{N}{l_w t} = \frac{2150 \times 10^3}{540 \times 22} \approx 181(\text{MPa}) > f_t^w = 175\text{MPa}$$

不满足要求，改用斜对接焊缝，取截割斜度为 1.5:1，即 $\theta=56°$，焊缝计算长度为

$$l_w = \frac{a}{\sin\theta} = \frac{540}{\sin 56°} \approx 650(\text{mm})$$

故此时焊缝的正应力为

$$\sigma = \frac{N\sin\theta}{l_w t} = \frac{2150 \times 10^3 \times \sin 56°}{650 \times 22} \approx 125(\text{MPa}) < f_t^w = 175\text{MPa}$$

剪应力为

$$\tau = \frac{N\cos\theta}{l_w t} = \frac{2150 \times 10^3 \times \cos 56°}{650 \times 22} \approx 84(\text{MPa}) < f_v^w = 120\text{MPa}$$

焊缝强度满足要求。

(2) 受弯矩和剪力作用的对接焊缝计算。在对接连接和 T 形连接中，当对接焊缝受弯矩 M 和剪力 V 的共同作用时，如图 2-12 所示，由于焊缝截面是矩形，正应力与切应力图形分别为三角形与抛物线形，其最大值应分别满足式（2-4）和式（2-5）计算的强度条件。

$$\sigma_{\max} = \frac{M}{W_w} = \frac{6M}{l_w^2 t} \leqslant f_t^w \tag{2-4}$$

$$\tau_{\max} = \frac{VS_w}{I_w t} = \frac{3}{2} \cdot \frac{V}{l_w t} \leqslant f_v^w \tag{2-5}$$

式中　W_w——焊缝截面抵抗矩（mm^3）；

S_w——受拉部分截面到中和轴的面积矩（mm^3）；

I_w——焊缝截面惯性矩（mm⁴）；

其余符号意义同前。

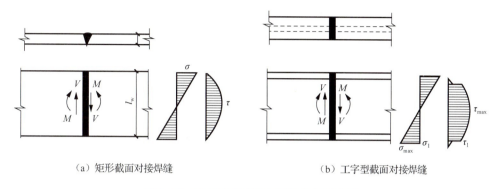

图 2-12 对接焊缝受弯矩和剪力共同作用

受弯矩和剪力共同作用的对接焊缝或对接焊缝与角焊缝组合焊缝，其正应力和剪应力应分别进行计算，但在同时受有较大正应力和剪应力处（如梁腹板横向对接焊缝的端部），应按式（2-6）计算折算应力。

$$\sqrt{\sigma^2+3\tau^2}\leqslant 1.1f_t^w \qquad (2\text{-}6)$$

2.1.3 角焊缝的构造与计算

1. 角焊缝的构造

角焊缝按其与作用力的关系，可分为其长度垂直于力作用方向的正面角焊缝，以及其长度平行于力作用方向的侧面角焊缝，按其截面形式可分为直角角焊缝和斜角角焊缝。角焊缝截面两焊脚边的夹角 α 为 90°的是直角角焊缝，如图 2-13 所示；夹角 α 大于 120°或小于 60°的是斜角角焊缝，如图 2-14 所示。除钢管结构外，斜角角焊缝不宜用作受力焊缝。

直角角焊缝通常做成表面微凸的等腰直角形截面[图 2-13（a）]，在直接承受动力荷载的结构中，为了减缓应力集中，直角角焊缝表面应做成接近直线形[图 2-13（b）]或凹形[图 2-13（c）]。焊缝直角边的比例，对正面角焊缝宜为 1∶1.5，侧面角焊缝可为 1∶1（等腰直角焊缝）。下面仅介绍等腰直角焊缝的构造。

（1）最小焊脚尺寸。角焊缝的直角边边长称为角焊缝的焊脚尺寸。各种角焊缝的焊脚尺寸 h_f 如图 2-13～图 2-15 所示，其中不等腰直角焊缝以较短边边长为 h_f。板件厚度较大而焊脚尺寸过小，会使焊接过程中焊缝冷却过快，可能会引起焊缝附近主体金属产生裂缝，因此规定：

$$h_f \geqslant 1.5\sqrt{t_{max}} \qquad (2\text{-}7)$$

式中 t_{max}——较厚焊件厚度（mm）。

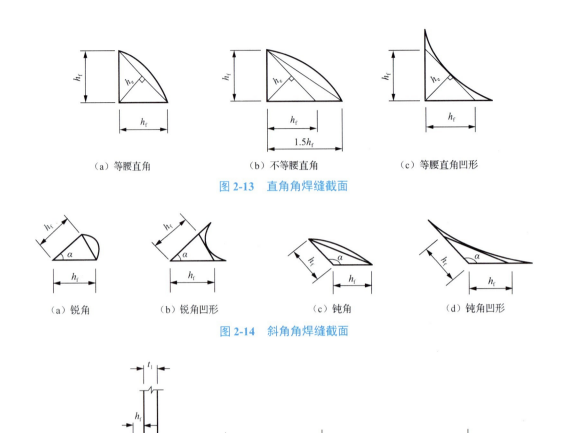

(a) 等腰直角　　　　(b) 不等腰直角　　　　(c) 等腰直角凹形

图 2-13　直角角焊缝截面

(a) 锐角　　　(b) 锐角凹形　　　(c) 钝角　　　(d) 钝角凹形

图 2-14　斜角角焊缝截面

(a) T形连接　　　　　　　　　(b) 搭接连接

图 2-15　T 形连接和搭接连接的角焊缝焊脚尺寸

对自动焊，最小焊脚尺寸为 $(1.5\sqrt{t_{max}}-1)$ mm；对 T 形连接的单面角焊缝，最小焊脚尺寸为 $(1.5\sqrt{t_{max}}+1)$ mm；当焊件厚度小于 4mm 时，最小焊脚尺寸取焊件厚度值。角焊缝最小焊脚尺寸见表 2-3。

表 2-3　角焊缝最小焊脚尺寸　　　　　　　　　　　　　　　　　　　　　　单位：mm

母材厚度 t	角焊缝最小焊脚尺寸 $h_{f,min}$
$t \leqslant 6$	3
$6 < t \leqslant 12$	5
$12 < t \leqslant 20$	6
$t > 20$	8

注：1. 采用不预热的非低氢焊接方法进行焊接时，t 等于焊缝连接部位中较厚件厚度，宜采用单道焊缝；采用预热的非低氢焊接方法或低氢焊接方法进行焊接时，t 等于焊缝连接部位中较薄件厚度。
　　2. 焊脚尺寸 h_f 不要求超过焊缝连接部位中较薄件厚度的情况除外。

（2）最大焊脚尺寸。角焊缝的焊脚尺寸如果太大，则焊缝收缩时将产生较大的焊接变形，且热影响区扩大，容易产生脆断，较薄焊件还容易烧穿，因此规定：角焊缝的焊脚尺寸不宜大于较薄焊件厚度的 1.2 倍（钢管结构除外）。对板件（厚度为 t）的边缘焊缝的焊脚尺寸 h_f，还应符合下列要求：

当 $t \leq 6mm$ 时，$h_f \leq t$；

当 $t > 6mm$ 时，$h_f \leq t-(1\sim 2)mm$。

当两焊件厚度相差悬殊，用等焊脚尺寸无法满足最大、最小焊脚尺寸要求时，可采用不等焊脚尺寸。

（3）角焊缝的计算长度 l_w。角焊缝的长度也有最大和最小的限制，焊缝厚度大而长度过小时，会使焊件局部加热严重，且起落弧坑相距太近，加上一些可能产生的缺陷，会使焊缝不够可靠，因此规定：角焊缝的计算长度 l_w 不得小于 $8h_f$ 和 40mm 中的较小值。

（4）侧面角焊缝的计算长度 l_u。由于侧面角焊缝沿长度方向的剪应力很不均匀，当焊缝过长时，其两端应力可能达到极限，而中间焊缝却未充分发挥其承载力，因此规定：侧面角焊缝的计算长度 $l_u \leq 60h_f$。

（5）搭接连接的构造要求。在搭接连接中，传递轴向力的板件，其搭接长度不应小于较薄焊件厚度的 5 倍，也不应小于 25mm，并应施焊纵向或横向双角焊缝，如图 2-16（a）所示。当板件的端部仅有两条侧面角焊缝连接时，每条侧面角焊缝的长度不宜小于两侧面角焊缝之间的距离，同时两侧面角焊缝之间的距离不宜大于 $16t$（$t>12mm$）或 190mm（$t \leq 12mm$），t 为较薄焊件的厚度。

单独用纵向角焊缝（施焊方向为纵向的角焊缝）连接型钢杆件端部时，型钢杆件的宽度 W 应不大于 200mm；当宽度 W 大于 200mm 时，需加横向角焊或中间塞焊；型钢杆件每一侧纵向角焊缝的长度 L 应不小于 W，如图 2-16（b）所示。

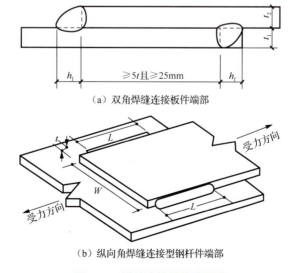

图 2-16 搭接连接的构造要求

（6）杆件与节点板一般采用两面侧焊，也可采用三面围焊，对角钢杆件也可用 L 形围焊，所有围焊的转角处必须连续施焊，如图 2-17 所示。当角焊缝的端部在构件转角处时，可连续地进行长度为 $2h_f$ 的绕角焊，以免起落弧处焊口缺陷发生在应力集中较大的转角处，从而改善连接工作，如图 2-18 所示。

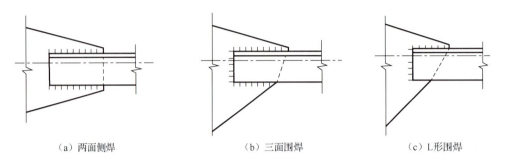

图 2-17 杆件与节点板的焊接

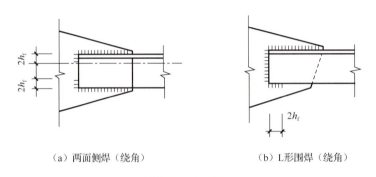

图 2-18 绕角焊

2. 角焊缝的计算

（1）轴心受力角焊缝计算。角焊缝受轴力 N（拉力、压力或剪力）作用时，正面角焊缝（作用力垂直于焊缝长度方向）的应力：

$$\sigma_f = \frac{N}{h_e l_w} \leqslant \beta_f f_f^w \tag{2-8}$$

侧面角焊缝（作用力平行于焊缝长度方向）的应力：

$$\tau_f = \frac{N}{h_e l_w} \leqslant f_f^w \tag{2-9}$$

在各种力综合作用下，σ_f 和 τ_f 共同作用处的应力：

$$\sqrt{\left(\frac{\sigma_f}{\beta_f}\right)^2 + \tau_f^2} \leqslant f_f^w \tag{2-10}$$

式中 σ_f——按焊缝有效截面（$h_e l_w$）计算，垂直于焊缝长度方向的应力（MPa）；

τ_f——按焊缝有效截面计算，平行于焊缝长度方向的剪应力（MPa）；

h_e——角焊缝的计算厚度（mm），当两焊件间隙 $b \leqslant 1.5$mm 时，$h_e = 0.7h_f$，当 1.5mm $< b \leqslant 5$mm 时，$h_e = 0.7(h_f - b)$；

l_w——角焊缝的计算长度（mm），对每条焊缝取其实际长度减去 $2h_f$；

f_f^w——角焊缝的强度设计值（MPa），取值见表 2-2；

β_f——正面角焊缝的强度设计值增大系数，对承受静力荷载和间接承受动力荷载的结构，$\beta_f = 1.22$，对直接承受动力荷载的结构，$\beta_f = 1.0$。

（2）角钢连接角焊缝计算。

① 角钢用两面侧焊与节点板连接的焊缝计算。如图 2-19（a）所示，角钢与钢板两面侧焊时，由于角钢截面重心到肢背和肢尖的距离不相等，相应焊缝承受的力也应不相同，由力的平衡条件可以求得，肢背分配的力较大，肢尖分配的力较小。当受到力 N 作用时，肢背承受的力

$$N_1 = \frac{e_2}{e_1 + e_2} N = K_1 N \tag{2-11}$$

肢尖承受的力

$$N_2 = \frac{e_1}{e_1 + e_2} N = K_2 N \tag{2-12}$$

代入式（2-8）和式（2-9），可得肢背、肢尖所需焊缝长度分别为

$$l_{w1} \geqslant \frac{N_1}{h_e f_f^w} \tag{2-13}$$

$$l_{w2} \geqslant \frac{N_2}{h_e f_f^w} \tag{2-14}$$

式中 N_1、N_2——角钢肢背、肢尖上的侧面角焊缝所分担的轴力（N）；

e_1、e_2——角钢肢背、肢尖的形心距（mm）；

l_{w1}、l_{w2}——角钢肢背、肢尖的焊缝计算长度（mm）；

K_1、K_2——角钢肢背、肢尖的焊缝内力分配系数，见表 2-4；

其余符号意义同前。

表 2-4 角钢两面侧焊内力分配系数表

角钢类型	内力分配系数	
	K_1	K_2
等肢角钢	0.7	0.3
不等肢角钢（短肢相连）	0.75	0.25
不等肢角钢（长肢相连）	0.65	0.35

② 角钢用三面围焊与节点板连接的焊缝计算。如图 2-19（b）所示，当采用三面围焊

时，先计算出正面角焊缝承担的力（l_{w3} 为端缝长度），由 N_1、N_2、N_3 三力的平衡关系可求得，肢背、肢尖所需焊缝长度与式（2-13）、式（2-14）相同，肢背、肢尖承受的力分别为

$$N_1 = K_1 N - \frac{N_3}{2} \tag{2-15}$$

$$N_3 = \beta_f h_e l_{w3} f_t^w \quad N_2 = K_2 N - \frac{N_3}{2} \tag{2-16}$$

③ 角钢用 L 形围焊与节点板连接的焊缝计算。如图 2-19（c）所示，当采用 L 形围焊时，令 $N_2=0$，已知 N_3 后即可求得 $N_1 = N - N_3$。

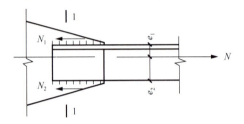
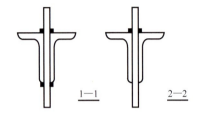

（a）两面侧焊

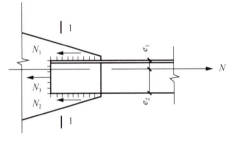

（b）三面围焊

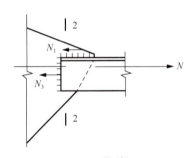

（c）L 形围焊

图 2-19　角钢与钢板焊接

（3）弯矩、剪力、轴力共同作用下的角焊缝计算。如图 2-20 所示，在弯矩 M、剪力 V、轴力 N 共同作用下的角焊缝，计算时可先分别计算出在 M、V、N 作用下所产生的应力，求出可能最危险点的应力分量，再将同类应力分量代数相加。

在弯矩 M 作用下，x 方向的最大应力

$$\sigma_{fx}^M = \frac{6M}{2h_e l_w^2} \tag{2-17}$$

在剪力 V 作用下，y 方向的应力

$$\tau_{fy}^V = \frac{V}{2h_e l_w} \tag{2-18}$$

在轴力 N 作用下，x 方向的应力

$$\sigma_{fx}^N = \frac{N}{2h_e l_w} \tag{2-19}$$

在 M、V、N 共同作用下，用式（2-20）验算焊缝上端或下端最危险点的强度。

$$\sqrt{\left(\frac{\sigma_\text{f}}{\beta_\text{f}}\right)^2+\tau_\text{f}^2}\leqslant f_\text{f}^\text{w} \qquad (2\text{-}20)$$

式中　　$\sigma_\text{f}=\sigma_\text{fx}^M+\sigma_\text{fx}^N$。

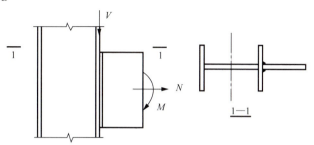

图 2-20　受弯矩、剪力、轴力共同作用的角焊缝

1．钢结构的连接方法可分为焊缝连接、螺栓连接、铆钉连接。

2．钢结构中通常采用的焊接方法是电弧焊。电弧焊有焊条电弧焊、自动或半自动埋弧焊及气体保护焊等。

3．焊缝代号主要由引出线、焊缝符号和辅助符号组成，必要时可注明焊缝尺寸，或加一尾部符号作其他说明之用。

4．对接焊缝按受力方向分为正对接焊缝和斜对接焊缝。对接焊缝的计算内容：（1）轴心受力对接焊缝计算；（2）受弯矩和剪力作用的对接焊缝计算。

5．角焊缝按不同方式可分为正面角焊缝、侧面角焊缝，直角角焊缝、斜角角焊缝，连续角焊缝、间断角焊缝等。

6．角焊缝的构造要求：（1）最小焊脚尺寸 $h_{\text{f,min}}=1.5\sqrt{t_{\max}}$；（2）最大焊脚尺寸 $h_{\text{f,max}}=1.2t$；（3）角焊缝的计算长度 $l_\text{w}\geqslant 8h_\text{f}$ 和 40mm；（4）侧面角焊缝的计算长度 $l_\text{u}\leqslant 60h_\text{f}$；（5）仅有两条侧面角焊缝的搭接连接，搭接长度 $b\leqslant 16t$（$t>12$mm）或 190mm（$t\leqslant 12$mm）；仅有两条正面角焊缝的搭接连接，搭接长度 $b\geqslant 5t$ 和 25mm；（6）绕角焊转角加焊 $2h_\text{f}$。

7．角焊缝的计算内容：（1）轴心受力角焊缝计算（正面角焊缝、侧面角焊缝）；（2）角钢连接角焊缝计算（两面侧焊、三面围焊、L 形围焊）；（3）弯矩、剪力、轴力共同作用下的角焊缝计算。

一、单项选择题

1．对于焊缝质量的检查，下列说法正确的是（　　）。

　　A．质量检查标准分为三级

　　B．三级要求在外观检查的基础上通过无损检查

C．三级只要求通过外观检查

D．三级要求用超声波检查每条焊缝的 50%长度

2．在搭接连接中，为了减小焊接残余应力，其搭接长度不得小于较薄焊件厚度的（　　）。

  A．5 倍   B．10 倍   C．15 倍   D．20 倍

3．钢结构中最主要的连接方法是（　　）。

  A．焊缝连接   B．普通螺栓连接

  C．铆钉连接   D．高强度螺栓连接

4．斜角角焊缝主要用于（　　）。

  A．钢板梁   B．角钢桁架   C．钢管结构   D．薄壁型钢结构

5．承受静力荷载的构件，当所用钢材具有良好的塑性时，焊接参与应力并不影响构件的（　　）。

  A．静力强度   B．刚度   C．稳定承载力   D．疲劳强度

二、填空题

1．钢结构的连接方式有_____、_____、_____。

2．焊接形式主要有_____和_____。

3．承受轴心力的板件用斜对接焊缝连接时，焊缝长度方向与外力方向的夹角 θ 符合_____时，可不验算其强度。

4．承受动力荷载的角焊缝连接中，焊缝表面应做成_____形和_____形。

5．选用焊条型号应满足焊缝金属与主体金属的强度要求，如 Q235 钢应采用_____型焊条。

三、简答题

简述焊缝连接的优缺点。

四、计算题

1．图 2-21 所示钢板对接焊缝，a=500mm，t=20mm，轴力设计值 N=2100kN。钢材为 Q235B，手工焊，E43 型焊条，三级焊缝，受拉强度设计值 f_t^w=175MPa，受剪强度设计值 f_v^w=120MPa，施焊时加引弧板。试验算对接焊缝的强度。

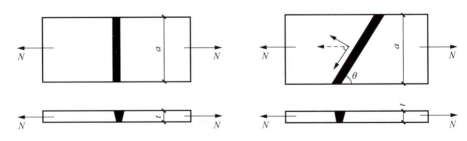

图 2-21　计算题 1 图

2．图 2-22 所示角钢和节点板采用三面围焊连接。角钢为 2∟140×10，节点板厚度 t=12mm，承受动力荷载设计值 N=1000kN，钢材为 Q235，E43 型焊条，手工焊。已知焊脚尺寸为 8mm，角焊缝强度设计值 f_t^w=160 MPa，求角钢两侧所需焊缝长度。

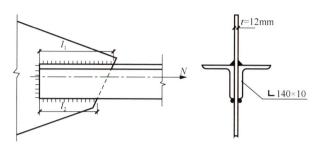

图 2-22 计算题 2 图

任务 2.2 螺栓连接计算

引导问题

1. 螺栓连接有哪几种类型？各自的特点是什么？
2. 螺栓的排列方式有哪几种？在构造上有哪些要求？
3. 普通螺栓连接的破坏形式有哪些？计算内容有哪些？
4. 高强度螺栓连接的计算内容有哪些？

钢结构连接：
螺栓连接

知识解答

2.2.1 螺栓连接的分类与排列

1. 螺栓连接的类型与特点

螺栓连接分为普通螺栓连接和高强度螺栓连接两种。

（1）普通螺栓连接。按加工精度，普通螺栓分为精制螺栓（A、B 级）和粗制螺栓（C 级）两种。

A、B 级螺栓性能等级为 5.6 级或 8.8 级。小数点前的数字表示螺栓成品的抗拉强度最低值，小数点及小数点后的数字表示其屈强比。A、B 级螺栓由毛坯在车床上经过切削加工精制而成，表面光滑，尺寸准确，螺杆直径与螺栓孔径相同，但螺杆直径仅允许负公差，螺栓孔径仅允许正公差，对成孔质量要求高。由于有较高的精度，A、B 级螺栓抗剪性能好。但因制作和安装复杂，价格较高，在钢结构中很少采用。

C 级螺栓性能等级为 4.6 级或 4.8 级，表示螺栓成品的抗拉强度不低于 400MPa，屈强比为 0.6 或 0.8。C 级螺栓由未经加工的圆钢轧制而成，螺栓表面粗糙，一般采用在单个零件上一次冲成或不用钻模钻成的孔（Ⅱ类孔），螺栓孔径比螺杆直径大 1.5~2mm。C 级螺栓由于螺杆与螺孔之间有较大的间隙，受剪力作用时将会产生较大的剪切滑移，连接的变形大。但其安装方便，且能有效地传递拉力，故一般可用于沿螺杆轴线受拉的连接中，以及次要结构的抗剪连接或安装时的临时固定。

（2）高强度螺栓连接。高强度螺栓连接有两种类型：一种是用摩擦型高强度螺栓，由被连接板件间的摩擦力传力，以剪力不超过接触面摩擦力为设计准则进行的连接，称为摩擦型连接；另一种是用承压型高强度螺栓，由被连接板件间的摩擦力及螺杆共同传力，允许接触面滑移，以螺杆被剪坏或被压坏为承载力的极限进行的连接，称为承压型连接。

摩擦型连接的剪切变形小，弹性性能好，施工较简单，可拆卸，耐疲劳，特别适用于承受动力荷载的结构。承压型连接的承载力高于摩擦型连接，连接紧凑，但剪切变形大，故不得用于承受动力荷载的结构。

高强度螺栓一般采用 45 号钢、40B 钢和 20MnTiB 钢加工制作，性能等级为 8.8 级或 10.9 级，分别表示螺栓成品抗拉强度不低于 800MPa 或 1000MPa，屈强比为 0.8 或 0.9。

2. 螺栓的规格与图例

钢结构采用的普通螺栓形式为大六角头型，其规格用字母 M 和螺栓公称直径的毫米数表示。为制造方便，一般情况下，同一结构中宜尽可能采用一种栓径和孔径的螺栓，需要时也可采用 2～3 种螺栓直径。

螺栓规格根据整个结构及其主要连接的尺寸和受力情况选定，受力螺栓一般采用 M16 以上，建筑工程中常用 M16、M20、M24 等。

在钢结构施工图上需将螺栓及螺孔的施工要求用图形表示，以免引起混淆。螺栓制图符号如图 2-23 所示，详细表示方法参见《建筑结构制图标准》（GB/T 50105—2010）。

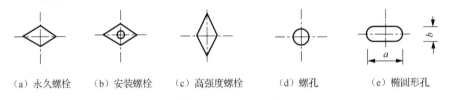

（a）永久螺栓　（b）安装螺栓　（c）高强度螺栓　（d）螺孔　（e）椭圆形孔

图 2-23　螺栓制图符号

3. 螺栓的排列与构造

螺栓的排列方式有并列式和错列式两种，如图 2-24 所示。排列时应考虑下列要求。

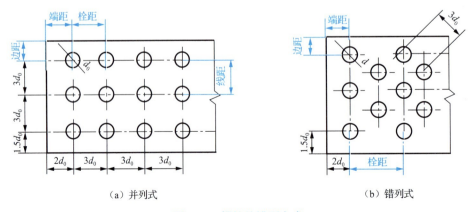

（a）并列式　　　　　　　　　　（b）错列式

图 2-24　螺栓的排列方式

（1）受力要求：为避免钢板端部被剪断，螺栓的边距和端距不宜过小；为避免螺栓周围应力集中过大和对钢板的截面削弱过多，各排螺栓的栓距和线距也不宜过小。在型钢中，螺栓还应排列在型钢准线上。

螺栓连接施工现场

（2）构造要求：螺栓的间距也不宜过大，尤其是受压板件，当栓距过大时，容易发生鼓曲现象。板件和刚性构件（槽钢、角钢）连接时，栓距过大不利于连接紧密，潮气易于侵入缝隙而锈蚀钢材。

（3）施工要求：螺栓应有足够距离，以便于转动扳手，拧紧螺母。

根据以上要求，规范规定的螺栓最大和最小容许间距见表2-5。

表2-5 螺栓的栓距、线距、边距和端距容许值

名称	位置和方向			最大容许间距（取两者的较小值）	最小容许间距
栓距、线距	外排（垂直内力方向或顺内力方向）			$8d_0$ 或 $12t$	$3d_0$
	中间排	垂直内力方向		$16d_0$ 或 $24t$	
		顺内力方向	构件受压力	$12d_0$ 或 $18t$	
			构件受拉力	$16d_0$ 或 $24t$	
	沿对角线方向			—	
边距、端距	顺内力方向			$4d_0$ 或 $8t$	$2d_0$
	垂直内力方向	剪切边或手工切割边			$1.5d_0$
		轧制边、自动气割或锯割边	高强度螺栓		
			普通螺栓		$1.2d_0$

注：1. d_0 为螺栓孔径，对槽孔为短向尺寸，t 为外层较薄板件的厚度。
2. 钢板边缘与刚性构件（如角钢、槽钢等）相连的高强度螺栓的最大间距，可按中间排的数值采用。
3. 计算螺孔引起的截面削弱时，可取 $d+4mm$ 和 d_0 的较大者。

2.2.2 普通螺栓连接计算

普通螺栓连接按其传力方式可分为外力与螺杆垂直的抗剪螺栓连接，外力与螺杆平行的抗拉螺栓连接，以及同时抗剪和抗拉的螺栓连接。

1. 抗剪螺栓连接计算

（1）抗剪螺栓连接的破坏形式。抗剪螺栓连接在受力以后，首先由板件间的摩擦力抵抗外力，但摩擦力很小，板件间很快出现滑移，螺杆和螺孔壁发生接触，使螺杆受剪，同时螺杆和孔壁间互相接触挤压，连接的承载力随之增加，连接变形迅速增大，直至连接达到极限状态而破坏。抗剪螺栓连接的破坏形式有以下五种。

① 螺杆被剪断。当螺杆较细、板件较厚时，螺杆可能被剪断。

② 板件孔壁被挤压破坏。当螺杆较粗、板件相对较薄时，板件孔壁可能先被挤压而破坏。

③ 板件被拉断。当螺孔对板件的削弱过多时，板件可能在削弱处被拉断。

④ 板件端部被剪断。若螺栓排列端距太小，板端可能受冲剪而破坏。
⑤ 螺杆弯曲破坏。若螺杆细长，螺杆可能发生过大的弯曲变形而破坏。

抗剪螺栓连接以螺杆最后被剪断，或板件被拉断或孔壁被挤压破坏时的承载力为极限承载力，要对其进行计算。而对于板件端部被剪断和螺杆弯曲破坏两种形式，可以通过规定端距的最小容许距离、限制板叠厚度等措施防止。

（2）单个抗剪螺栓承载力计算。单个螺栓的抗剪承载力设计值：

$$N_v^b = n_v \frac{\pi d^2}{4} f_v^b \tag{2-21}$$

单个螺栓的承压承载力设计值：

$$N_c^b = d \sum t f_c^b \tag{2-22}$$

单个抗剪螺栓承载力设计值取两者中较小值：

$$N^b = \min\left(N_v^b, N_c^b\right) \tag{2-23}$$

式中 N_v^b、N_c^b——单个螺栓的抗剪、承压承载力设计值（N）；
N^b——单个抗剪螺栓承载力设计值（N）；
n_v——受剪面数目；
d——螺杆直径（mm）；
$\sum t$——在不同受力方向中一个受力方向承压构件总厚度的较小值（mm）；
f_v^b、f_c^b——螺栓的抗剪、承压强度设计值（MPa），f_v^b取值见表2-6。

表2-6 螺栓强度设计值 单位：MPa

强度设计值	C级螺栓	A、B级螺栓		锚栓	
	4.6级、4.8级	5.6级	8.8级	Q235钢	Q355钢
抗拉 f_t^b	170	210	400	140	180
抗剪 f_v^b	140	190	320	—	—

（3）普通螺栓群抗剪连接计算。试验证明，螺栓群抗剪连接承受轴心力时，螺栓群在长度方向受力不均匀，两端受力大，中间受力小。

① 当连接长度 $l_1 \leq 15d_0$（d_0 为螺孔直径）时，由于连接工作进入弹塑性阶段后，内力发生重分布，螺栓群中各螺栓受力逐渐接近，故可认为轴心力 N 由每个螺栓平均承担，则连接一侧所需螺栓数 n 用式（2-24）计算。

$$n = N / N_{\min}^b \tag{2-24}$$

式中 N——作用于螺栓的轴心力的设计值（N）；
$N_{\min}^b$——单个抗剪螺栓承载力最小设计值（N）。

由于螺孔削弱了板件截面，为防止板件在净截面上被拉断，需要验算净截面的强度，验算公式为

$$\sigma = N / A_n \leq f \tag{2-25}$$

式中 A_n——净截面面积（mm²）。

② 当连接长度 $l_1>15d_0$ 时，由于连接工作进入弹塑性阶段后，各螺杆所受内力不均匀，端部螺栓首先达到极限强度而破坏，随后由外向里依次破坏，此时连接一侧所需抗剪螺栓数 n 为

$$n = \frac{N}{\beta N_{\min}^{b}} \tag{2-26}$$

式中　β——折减系数，当 $15d_0<l_1\leq60d_0$ 时，$\beta = 1.1 - \dfrac{l_1}{150d_0}$；当 $l_1>60d_0$ 时，$\beta=0.7$。

如图 2-25 所示，板件左边截面 1—1、2—2、3—3 的净截面面积均相等。根据传力情况，截面 1—1 受力为 N，截面 2—2 受力为 $N - \dfrac{n_1}{n}N$，截面 3—3 受力为 $N - \dfrac{n_1 + n_2}{n}N$，以截面 1—1 受力为最大，其净截面面积为

$$A_n = t(b - n_1 d_0) \tag{2-27}$$

式中　t——板件厚度（mm）；
　　　b——板件宽度（mm）；
　　　d_0——螺孔直径（mm）。

板件所承担的力 N，通过左边螺栓传至两块拼接板，再由两块拼接板通过右边螺栓传至右边板件，这样使左右板件内力平衡。对于拼接板来说，以截面 3—3 受力为最大，其净截面面积为

$$A_n = 2t_1(b - n_3 d_0) \tag{2-28}$$

式中　t_1——拼接板厚度（mm）；
　　　n_1、n_2、n_3——截面 1—1、2—2、3—3 上的螺栓数。

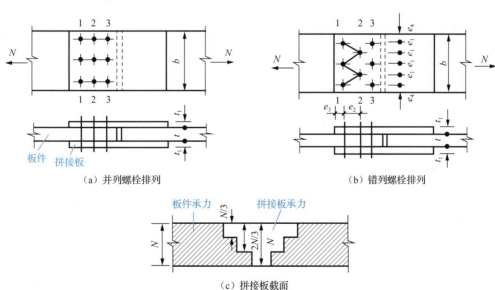

图 2-25　螺栓群中力的传递及净截面面积计算

【例 2-2】如图 2-26 所示，用 C 级螺栓和双盖板拼接，承受轴心拉力设计值 $N=900\text{kN}$，

钢板截面 400mm×14mm，钢材为 Q235，螺栓直径 d=20mm，孔径 d_0=21.5mm。计算连接一侧螺栓个数并验算构件截面强度。

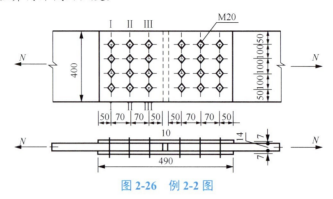

图 2-26　例 2-2 图

解：（1）确定连接盖板截面。采用双盖板拼接，选盖板截面尺寸为 400mm×7mm，与被连接钢板截面面积相等，钢材为 Q235。

（2）确定螺栓数目和螺栓排列布置。一个螺栓的抗剪承载力设计值：

$$N_v^b = n_v \frac{\pi d^2}{4} f_v^b = 2 \times \frac{\pi \times 20^2}{4} \times 140 = 87964(\text{N})$$

一个螺栓的承压承载力设计值：

$$N_c^b = d \sum t f_c^b = 20 \times 14 \times 305 = 85400(\text{N})$$

则

$$N_{min}^b = 85400\text{N}$$

连接一边所需螺栓数：

$$n = N / N_{min}^b = 900000 / 85400 \approx 10.5(\text{个})$$

取 12 个，采用并列式排列，按规定排列距离。

（3）验算连接板件净截面强度。板件净截面面积：

$$A_n = A - n_1 d_0 t = 400 \times 14 - 4 \times 21.5 \times 14 = 4396(\text{mm}^2)$$

式中 n_1=4，为第一列螺栓数目。

板件净截面强度验算：

$$\sigma = N / A_n = 900000 / 4396 \approx 205(\text{MPa}) < 215\text{MPa}$$

2. 抗拉螺栓连接计算

当外力作用于抗拉螺栓连接时，构件间有相互分离的趋势，使螺栓受拉。受拉螺栓的破坏形式是螺杆被拉断，被拉断的部位通常在螺纹削弱的截面处。

（1）单个抗拉螺栓承载力计算。单个抗拉螺栓的承载力设计值按式（2-29）计算。

$$N_t^b = \frac{\pi d_e^2}{4} f_t^b \tag{2-29}$$

式中　d_e——普通螺栓或锚栓螺纹处的有效直径（mm），其取值见表 2-7；

　　　f_t^b——普通螺栓或锚栓的抗拉强度设计值（MPa），其取值见表 2-6。

表 2-7 螺栓的有效直径

螺栓直径 d/mm	螺距 p/mm	螺栓有效直径 d_e/mm	螺栓有效截面面积 A_e/mm²	螺栓直径 d/mm	螺距 p/mm	螺栓有效直径 d_e/mm	螺栓有效截面面积 A_e/mm²
16	2.0	14.1236	156.7	45	4.5	40.7781	1306
18	2.5	15.6545	192.5	48	5.0	43.3090	1473
20	2.5	17.6545	244.8	52	5.0	47.3090	1758
22	2.5	19.6545	303.4	56	5.5	50.8399	2030
24	3.0	21.1854	352.5	60	5.5	54.8399	2362
27	3.0	24.1854	459.4	64	6.0	58.3708	2676
30	3.5	26.7163	560.6	68	6.0	62.3708	3055
33	3.5	29.7163	693.5	72	6.0	66.3708	3460
36	4.0	32.2472	816.7	76	6.0	70.3708	3889
42	4.5	37.7781	1121	80	6.0	74.3708	4344

（2）螺栓群抗拉连接计算。螺栓群在轴心力作用下的抗拉连接，通常假定每个螺栓平均受力，则连接一侧所需螺栓数 n 按式（2-30）计算。

$$n = \frac{N}{N_t^b} \tag{2-30}$$

3. 同时抗剪和抗拉的螺栓连接计算

同时抗剪和抗拉的螺栓连接计算本节不做详细介绍，可参见《钢结构设计标准》（GB 50017—2017）。

2.2.3 高强度螺栓连接的性能与计算

1. 高强度螺栓的连接性能

（1）高强度螺栓的抗剪连接。高强度螺栓的抗剪连接与普通螺栓的主要区别是：普通螺栓抗剪连接依靠杆身承压和螺栓抗剪来传递剪力，在扭紧螺帽时螺栓产生的预拉力很小，其影响可以忽略；高强度螺栓连接除其材料强度高外，还给螺栓施加了很大的预拉力，使被连接构件的接触面之间产生挤压力，在垂直螺杆方向上有很大的摩擦力。这种挤压力和摩擦力对外力的传递有很大影响。为了产生更大的摩擦阻力，高强度螺栓应采用强度高的材料。

摩擦型连接单纯依靠被连接构件间的摩擦力传递剪力，以摩擦阻力刚被克服，连接构件间即将产生相对滑移为承载能力的极限状态。承压型连接的传力特征是剪力超过摩擦力时，被连接构件间发生相互滑移，螺杆与孔壁接触，螺杆受剪，孔壁承压，最终随外力的增大，以螺栓被剪断或构件孔壁被挤压破坏为承载能力的极限状态，其破坏形式和普通螺栓连接相同。高强度螺栓连接还应以不出现滑移为正常使用的极限状态。

（2）高强度螺栓的抗拉连接。由于预拉力作用，构件间在承受荷载前已经有较大的挤压力，拉力作用首先要抵消这种挤压力；至构件完全被拉开后，高强度螺栓的受拉情况就与普通螺栓抗拉连接一样了，不过高强度螺栓抗拉连接的变形要小得多。当拉力小于挤压力时，构件未被拉开，可以减小锈蚀危害，改善连接的疲劳性能。预拉力抗滑移系数和钢材种类都直接影响到高强度螺栓连接的承载力。预拉力值 P 与螺栓的材料强度和有效截面面积等因素有关，按式（2-31）计算。

$$P = \frac{0.9 \times 0.9 \times 0.9 f_u A_e}{1.2} = 0.6075 f_u A_e \quad (2\text{-}31)$$

式中　f_u——螺栓材料经热处理后的最低抗拉强度（MPa）；

　　　A_e——螺栓螺纹处的有效截面面积（mm^2）；

　　　0.9——3 个 0.9 系数分别考虑了材料的不均匀性，补偿螺栓紧固后有一定松弛而引起的预拉力损失，以及为安全起见而引入的附加安全系数；

　　　1.2——该系数考虑了拧紧螺栓时力矩对螺杆的不利影响。

高强度螺栓的预拉力设计值也可直接查表 2-8。

表 2-8　高强度螺栓的预拉力设计值 P　　　　　　　　　　单位：kN

螺栓的性能等级	螺栓公称直径/mm					
	M16	M20	M22	M24	M27	M30
8.8 级	80	125	150	175	230	280
10.9 级	100	155	190	225	290	355

摩擦型连接完全依靠被连接构件间的摩擦阻力传力，而摩擦阻力的大小与螺栓的预拉力和连接件间摩擦面的抗滑移系数 μ 有关，抗滑移系数的取值见表 2-9。

表 2-9　摩擦面的抗滑移系数 μ

在连接处构件接触面的处理方法	构件的钢号		
	Q235 钢	Q355 钢或 Q390 钢	Q420 钢或 Q460 钢
喷硬质石英砂或铸钢棱角砂	0.45	0.45	0.45
抛丸（喷砂）	0.40	0.40	0.40
钢丝刷清除浮锈或未经处理的干净轧制面	0.30	0.35	—

注：当连接构件采用不同钢号时，μ 值应按相应的较低值取用。

高强度螺栓的预拉力是在安装螺栓时通过紧固螺帽来实现的，为确保其数值准确，施工时应严格控制螺帽的紧固程度。高强度螺栓的形式，我国现有大六角头型和扭剪型两种，通常采用的紧固方法有转角法、力矩法和扭掉螺栓尾部梅花卡头三种，大六角头型采用前两种方法，扭剪型采用第三种方法。

2. 高强度螺栓连接的计算

（1）摩擦型连接抗剪承载力计算。摩擦型连接承受剪力时的设计准则是剪力不得超过最大摩擦阻力。单个螺栓的最大摩擦阻力为 $n_f \mu P$，但是考虑到在整个连接中各个螺栓受力未必均匀，故乘以系数 0.9，即

$$N_v^b = 0.9 k n_f \mu P \tag{2-32}$$

式中 N_v^b——单个摩擦型高强度螺栓的抗剪承载力设计值（N）；

k——孔型系数，标准孔取 1.0，大圆孔取 0.85，内力与槽孔长向垂直时取 0.7，内力与槽孔长向平行时取 0.6；

n_f——传力摩擦面数目；

μ——摩擦面的抗滑移系数，其取值见表 2-9；

P——单个摩擦型高强度螺栓的预拉力设计值（N），其取值见表 2-8。

对摩擦型连接的构件净截面强度验算，要考虑由于摩擦阻力作用，一部分剪力由孔前接触面传递。按照规范规定，孔前传力占螺栓传力的 50%。净截面传力 N' 按式（2-33）计算。

$$N' = N\left(1 - \frac{0.5 n_1}{n}\right) \tag{2-33}$$

式中 n_1——计算截面上的螺栓数；

n——连接一侧的螺栓总数。

求出 N' 后，按照式（2-34）计算构件净截面强度。

$$\sigma = N'/A_n \leqslant 0.7 f_u \tag{2-34}$$

（2）承压型连接抗剪承载力计算。承压型连接受剪时，极限承载力由螺杆抗剪能力和孔壁承压能力决定，摩擦阻力仅起延缓滑移的作用，因此其计算和普通螺栓相同。

单个承压型高强度螺栓的抗剪承载力设计值按式（2-35）和式（2-36）计算，取二者的较小值 N_{min}^b。

$$N_v^b = n_v \frac{\pi d^2}{4} f_v^b \tag{2-35}$$

$$N_c^b = d \sum t f_c^b \tag{2-36}$$

式中 f_v^b、f_c^b——承压型高强度螺栓的抗剪、承压强度设计值（MPa），取值见表 2-6。

高强度螺栓群抗剪连接所需螺栓数目 n 由式（2-37）确定。

$$n \geqslant \frac{N}{N_{min}^b} \tag{2-37}$$

（3）高强度螺栓群抗拉承载力计算。单个摩擦型高强度螺栓的抗拉承载力设计值：

$$N_t^b = 0.8 P \tag{2-38}$$

单个承压型高强度螺栓的抗拉承载力设计值：

$$N_t^b = \frac{\pi d_e^2}{4} f_t^b \tag{2-39}$$

在轴心力作用时，高强度螺栓群抗拉连接所需螺栓数目 n 由式（2-40）确定。

$$n \geqslant \frac{N}{N_t^b} \tag{2-40}$$

式中 N_t^b——单个高强度螺栓的抗拉承载力设计值（N）；

f_t^b——高强度螺栓的抗拉强度设计值（MPa），取值见表 2-6。

【例 2-3】 如图 2-27 所示，用高强度螺栓连接的双拼接板拼接，承受轴心力设计值 N=600kN，钢板截面 340mm×12mm，钢材为 Q235，螺栓直径 d=20mm，孔径 d_0=21.5mm。采用 10.9 级的 M22 高强度螺栓，连接处构件接触面用钢丝刷清理浮锈。计算连接一侧所需螺栓个数，并验算构件截面强度。

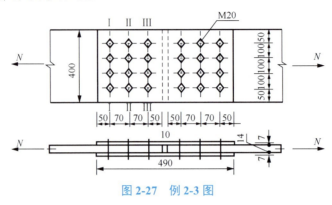

图 2-27 例 2-3 图

解：（1）采用摩擦型高强度螺栓，计算单个螺栓的抗剪承载力设计值。

$$N_v^b = 0.9 n_f \mu P = 0.9 \times 2 \times 0.3 \times 190 = 102.6 \text{(kN)}$$

连接一侧所需螺栓数

$$n = N / N_v^b = 600 / 102.6 \approx 5.84 \text{(个)}$$

取 n=6 个。

（2）构件净截面强度验算。

$$N' = N\left(1 - \frac{0.5 n_1}{n}\right) = 600 \times \left(1 - 0.5 \times \frac{3}{6}\right) = 450 \text{(kN)}$$

$$\sigma = \frac{N'}{A_n} = \frac{450000}{340 \times 12 - 3 \times 23.5 \times 12} \approx 139.1 \text{(MPa)} < 215 \text{MPa}$$

钢板第一列螺栓孔处的截面最危险。

总结与提高

1. 螺栓连接分为普通螺栓连接和高强度螺栓连接。普通螺栓常用 C 级螺栓，其受力形式为受拉和受剪，受剪时设计承载力取抗剪承载力和抗压承载力中的较小值，并验算构件净截面强度。高强度螺栓连接分为摩擦型连接和承压型连接，各自的受力工作性能和形式不同。

2. 螺栓的排列方式有并列式和错列式两种，排列时应考虑受力要求、构造要求及施工要求。普通螺栓和承压型高强度螺栓以螺栓最后被剪断或板件孔壁被挤压破坏时的承载力为极限承载力，摩擦型高强度螺栓以板件间摩擦力被克服而产生相对滑移时的承载力为极限承载力。

3. 普通螺栓连接破坏有五种形式：螺杆被剪断、板件孔壁被挤压破坏、板件被拉断、板件端部被剪断、螺杆弯曲破坏。

4. 在普通螺栓连接计算中，对于螺杆被剪断、板件被拉断或板件孔壁被挤压破坏三种形式，要进行计算；而对于板件端部被剪断、螺杆弯曲破坏两种形式，可以通过规定端距的最小容许距离、限制板叠厚度等措施防止。

5. 在高强度螺栓连接计算中，预拉力、抗滑移系数和钢材种类都直接影响到高强度螺栓连接的承载力。

课后练习

一、单项选择题

1. 承压型连接比摩擦型连接（　　）。
   A. 承载力低，变形大　　　　　　　B. 承载力高，变形大
   C. 承载力低，变形小　　　　　　　D. 承载力高，变形小

2. 承压型高强度螺栓的预拉力 P 应与摩擦型高强度螺栓（　　）。
   A. 不相同，高强度螺栓承压型连接不应用于直接承受动力荷载的结构
   B. 相同，高强度螺栓承压型连接可应用于直接承受动力荷载的结构
   C. 相同，高强度螺栓承压型连接不应用于直接承受动力荷载的结构
   D. 不相同，高强度螺栓承压型连接可应用于直接承受动力荷载的结构

3. 对于直接承受动力荷载的结构，宜采用（　　）。
   A. 焊缝连接　　　　　　　　　　　B. 普通螺栓连接
   C. 摩擦型连接　　　　　　　　　　D. 承压型连接

4. 摩擦型高强度螺栓抗剪时依靠（　　）承载。
   A. 螺栓预应力　　　　　　　　　　B. 螺杆的抗剪
   C. 孔壁承压　　　　　　　　　　　D. 板件间摩阻力

5. 普通螺栓用于需要拆装的连接时，宜选用（　　）。
   A. A级螺栓　　B. B级螺栓　　C. C级螺栓　　D. D级螺栓

6. 对于普通螺栓连接，限制端距 $e \geq 2d_0$ 的目的是避免（　　）。
   A. 螺杆受剪破坏　　　　　　　　　B. 螺杆受弯破坏
   C. 板件受挤压破坏　　　　　　　　D. 板件端部冲剪破坏

7. 下列关于螺栓排列方式的说法，错误的一项是（　　）。
   A. 螺栓的排列方式分并列和错列两种基本形式
   B. 并列较简单，但栓孔对截面削弱较多
   C. 错列较紧凑，但排列较繁杂
   D. 并列布置看起来较杂乱，栓孔削弱较少

8. 采用普通螺栓中的（　　）时，由于螺杆和螺孔之间有较大的间隙，受剪力时会产生较大的剪切滑移。
   A. A级螺栓　　B. B级螺栓　　C. C级螺栓　　D. D级螺栓

9．大六角头高强度螺栓连接施工时，先用普通扳手按施工力矩的50%进行初拧，再用力矩扳手进行终拧的紧固方法是（　　）。

  A．转角法　　　　B．力矩法　　　　C．初拧法　　　　D．终拧法

10．摩擦型连接主要依靠（　　）来传递连接的内力。

  A．螺杆抗剪和承压　　　　　　　B．螺杆抗剪

  C．螺杆承压　　　　　　　　　　D．连接板件的摩擦阻力

二、判断题

1．螺栓连接是钢结构最主要的连接方法，任何形式的构件都可以直接采用螺栓相连。（　　）

2．承压型连接在受剪时允许摩擦阻力被克服并发生相对滑移，之后外力可继续增加，以螺杆抗剪或板件孔壁承压的最终破坏为极限状态。（　　）

3．高强度螺栓按照受力特征分为扭剪型和大六角头型两类。（　　）

4．某螺栓性能等级为10.9级，则此螺栓为高强度螺栓。（　　）

项目3 钢结构构件计算

知识目标：
- 了解受弯构件的定义与形式
- 了解轴心受力构件的应用
- 了解压弯构件和拉弯构件的特点与应用

能力目标：
- 能够掌握受弯构件的基本计算方法
- 能够掌握轴心受力构件的计算内容
- 能够合理选择轴心受力构件的截面形式
- 能够掌握压弯与拉弯构件的破坏形式与计算内容

素质目标：
- 通过构件性能分析，提高自主分析和计算能力，培养严谨细致的工作态度
- 通过构件选型，培养勤于思考、勇于探究的意识，提高思维判断能力

任务 3.1　受弯构件计算

引导问题

1. 什么是受弯构件？
2. 受弯构件的类型有哪些？在生活中各有哪些应用？
3. 受弯构件需要满足哪些条件？
4. 受弯构件的计算内容有哪些？

知识解答

3.1.1　受弯构件的形式与应用

受弯构件：梁

建筑结构中，承受横向荷载的构件称为受弯构件，其形式有实腹式和格构式两个系列。

1. 实腹式受弯构件——梁

钢结构中的实腹式受弯构件为梁。在建筑工程中，常用的钢梁有工作平台梁、楼盖梁、吊车梁等。钢梁按截面形式可分为型钢梁和组合梁两大类，如图 3-1 所示。

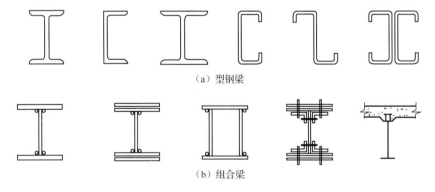

（a）型钢梁

（b）组合梁

图 3-1　钢梁的截面形式

型钢梁由各种截面形式的型钢制成。组合梁在荷载和跨度较大时采用，常用的组合梁为焊接工字形截面梁或箱形截面梁。此外，还有异种钢组合梁和钢与混凝土组合梁。异种钢组合梁是指同一根梁在受力较大处采用强度较高的钢材，在受力较小处采用强度较低的钢材。钢与混凝土组合梁是利用混凝土受压和钢材受拉的特点组合而成的。

根据梁的支承情况，钢梁可分为简支梁、连续梁、悬臂梁、伸臂梁等。其中，简支梁虽用钢量较多，但制造、安装、修理、拆换较方便，而且不受温度变化和支座沉陷的不利影响，因而使用最为广泛。

根据荷载受力情况，钢梁又分为仅在一个主平面内受弯的单向受弯梁和在两个主平面内受弯的双向受弯梁。双向受弯梁也称斜弯曲梁。

2. 格构式受弯构件——桁架

格构式受弯构件又称桁架。与梁相比，其特点是以弦杆代替翼缘，以腹杆代替腹板，而在各节点将腹杆与弦杆连接。这样，桁架整体受弯时，弯矩表现为上、下弦杆的轴心压力和拉力，剪力则表现为各腹杆的轴心压力或拉力。

钢桁架可以根据不同使用要求制成所需的外形。对跨度和高度较大的构件，其用钢量比钢梁有所减少，而刚度却有所增加。但桁架的杆件和节点较多，构造较复杂，制造较为费工。

平面钢桁架在土木工程中应用广泛，例如，建筑工程中的屋架、托架、吊车桁架（桁架式吊车梁），桥梁工程中的桁架桥，还有其他领域如起重机臂架、水工闸门和海洋平台的主要受弯构件等。大跨度屋盖结构中采用的钢网架，以及各种类型的塔桅结构，则属于空间钢桁架。

钢桁架的结构类型及应用如下。

（1）简支梁式。简支梁式钢桁架受力明确，杆件内力不受支座沉陷的影响，施工方便，使用最广。

（2）钢架横梁式。钢架横梁式钢桁架端部上、下弦与钢柱相连，组成单跨或多跨钢架，可提高其水平刚度，常用于单层厂房结构。

（3）连续式。连续式钢桁架可增加刚度并节约材料，常用作跨度较大的桥架。

（4）伸臂式。伸臂式钢桁架既有连续式节约材料的优点，又有简支梁式不受支座沉陷影响的优点，但铰接处的构造较复杂。

（5）悬臂式。悬臂式钢桁架常用作塔架等，主要承受风荷载引起的弯矩。

3.1.2 受弯构件的计算

本节主要介绍梁的计算。为了确保使用安全、经济合理，钢梁在设计时必须同时考虑承载力极限状态和正常使用极限状态。钢梁作为受弯构件，在荷载作用下承受弯矩与剪力。对于吊车梁，在动力荷载作用下受弯、受剪，还存在集中轮压的局部承压及吊车横向荷载引起的扭矩。对于一般有翼缘的组合工字形截面梁，应进行梁的强度、刚度、整体稳定和局部稳定计算。

1. 梁的强度计算

（1）抗弯强度。对承受静力荷载或间接承受动力荷载的受弯构件，应考虑截面部分发展塑性变形。为此引入截面塑性发展系数γ_x和γ_y来控制截面的塑性发展深度不至于过大。

在主平面内受弯的梁，其抗弯强度按式（3-1）计算，双向弯曲按式（3-2）计算。

$$\frac{M_x}{\gamma_x W_{nx}} \leqslant f \tag{3-1}$$

$$\frac{M_x}{\gamma_x W_{nx}} + \frac{M_y}{\gamma_y W_{ny}} \leqslant f \tag{3-2}$$

式中　M_x、M_y——同一截面处绕 x 轴和 y 轴的弯矩（N·mm），对工字形截面，x 轴为强轴，y 轴为弱轴；

　　　W_{nx}、W_{ny}——对 x 轴和 y 轴的净截面模量（mm³）；

　　　γ_x、γ_y——对 x 轴和 y 轴的截面塑性发展系数；

　　　f——钢材的抗弯强度设计值（MPa），取值见表 1-1。

对工字形和箱形截面，当截面板件宽厚比等级为 S4 级或 S5 级时，截面塑性发展系数均取 1.0。当截面板件宽厚比等级为 S1 级、S2 级及 S3 级时，截面塑性发展系数 γ_x 和 γ_y 应按下列规定取值：对工字形截面，$\gamma_x=1.05$，$\gamma_y=1.20$；对箱形截面，$\gamma_x=\gamma_y=1.05$；对其他截面，取值见表 3-1。直接承受动力荷载的梁，不考虑截面塑性发展，按弹性设计，取 $\gamma_x=\gamma_y=1.0$。

表 3-1　截面塑性发展系数 γ_x 和 γ_y

项次	截面形式	γ_x	γ_y
1	（工字形截面示意图）	1.05	1.20
2	（工字形及箱形截面示意图）	1.05	1.05
3	（槽形截面示意图）	$\gamma_{x1}=1.05$ $\gamma_{x2}=1.20$	1.20
4	（槽形截面示意图）	$\gamma_{x1}=1.05$ $\gamma_{x2}=1.20$	1.05
5	（十字形及圆形截面示意图）	1.20	1.20

续表

项次	截面形式	γ_x	γ_y
6	⊕ (圆形)	1.15	1.15
7	方形截面	1.00	1.05
8	方形/三角形截面	1.00	1.00

（2）抗剪强度。在主平面内受弯的梁，其抗剪强度按式（3-3）计算。

$$\tau = \frac{VS}{It_w} \leqslant f_v \qquad (3\text{-}3)$$

式中　V——计算截面沿腹板平面作用的剪力（N）；

　　　S——计算剪应力处以上毛截面对中和轴的面积矩（mm^3）；

　　　I——毛截面惯性矩（mm^4）；

　　　t_w——腹板厚度（mm）；

　　　f_v——钢材的抗剪强度设计值（MPa），取值见表 1-1。

（3）局部承压强度。当梁的翼缘受沿腹板平面作用的固定集中荷载（包括支座反力），且该荷载处又未设置支撑加劲肋时，或受移动集中荷载（如吊车的轮压）时，应验算腹板计算高度边缘的局部承压强度。如图 3-2 所示，假定集中荷载从作用处以 1∶2.5（在 h_y 高度范围内）和 1∶1（在 h_R 高度范围内）扩散，均匀分布于腹板计算高度边缘。

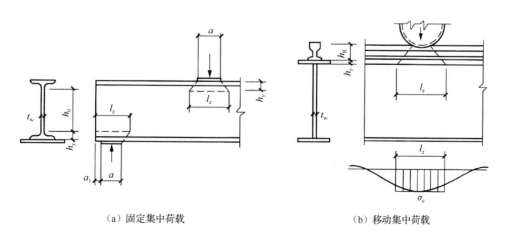

（a）固定集中荷载　　　（b）移动集中荷载

图 3-2　局部压应力

假定计算的均布压应力 σ_c 与理论的局部压应力的最大值十分接近，则梁的局部承压强度可按式（3-4）计算。

$$\sigma_c = \frac{\psi F}{t_w l_z} \leqslant f \tag{3-4}$$

式中　F——集中荷载，对动力荷载应考虑动力系数（N）；

　　　ψ——集中荷载增大系数，对重级工作制吊车梁，$\psi=1.35$，对其他荷载，$\psi=1.0$；

　　　l_z——集中荷载在腹板计算高度边缘上的假定分布长度（mm），对跨中集中荷载，$l_z=a+5h_y+2h_R$；对梁端支反力，$l_z=a+5h_y+a_1$；

　　　a——集中荷载沿梁跨度方向的支承长度（mm），对钢轨上的轮压可取为 50mm；

　　　h_y——自梁顶面至腹板计算高度边缘上的距离（mm）；

　　　h_R——轨道的高度（mm），对梁顶无轨道的梁，取 $h_R=0$；

　　　a_1——梁端到支座板外边缘的距离（mm），按实取，但不得大于 $2.5h_y$；

　　　f——钢材的抗压强度设计值，取值见表 1-1。

（4）复杂应力作用下的强度。在组合梁的腹板计算高度边缘处，当同时受有较大的正应力、剪应力和局部压应力时，或同时受有较大的正应力和剪应力时（如连续梁的支座处或梁的翼缘截面改变处），应按式（3-5）验算该处的折算应力。

$$\sqrt{\sigma^2 + \sigma_c^2 - \sigma\sigma_c + 3\tau^2} \leqslant \beta_1 f \tag{3-5}$$

式中　σ——验算点处的弯曲正应力（MPa），以拉应力为正值，压应力为负值，$\sigma=\frac{M}{I_n}y_1$；

　　　M——验算截面的弯矩（N·mm）；

　　　I_n——净截面惯性矩（mm^4）；

　　　y_1——验算点至中和轴的距离（mm）；

　　　σ_c——计算点处的局部压应力（MPa），以拉应力为正值，压应力为负值；

　　　τ——验算点处的剪应力（MPa），按抗剪强度计算公式（3-3）计算，σ、τ、σ_c 为腹板计算高度边缘同一点上同时产生的正应力、剪应力和局部压应力；

　　　β_1——折算应力的强度设计值增大系数，当 σ 和 σ_c 异号时，取 $\beta_1=1.2$，当 σ 和 σ_c 同号或 $\sigma_c=0$ 时，取 $\beta_1=1.1$。

2. 梁的刚度计算

梁的刚度计算即梁的挠度计算，在荷载标准值作用下的最大挠度值应小于或等于挠度容许值 $[v_T]$ 和 $[v_Q]$。$[v_T]$ 为永久和可变荷载标准值产生的挠度（如有起拱应减去拱度）的容许值，$[v_Q]$ 为可变荷载标准值产生的挠度的容许值，见表 3-2。

表 3-2　梁的挠度容许值

项次	构件类别		挠度容许值	
			$[\nu_T]$	$[\nu_Q]$
1	吊车梁和吊车桁架（按自重和起重量最大的一台吊车计算挠度）	手动起重机和单梁起重机（含悬挂起重机）	$l/500$	—
		轻级工作制桥式起重机	$l/750$	—
		中级工作制桥式起重机	$l/900$	—
		重级工作制桥式起重机	$l/1000$	—
2		手动或电动葫芦的轨道梁	$l/400$	—
3	工作平台梁	有重轨（质量≥38kg/m）轨道的工作平台梁	$l/600$	—
		有轻轨（质量≤24kg/m）轨道的工作平台梁	$l/400$	—
4	楼（屋）盖梁或桁架、工作平台梁（第3项除外）和平台板	主梁或桁架（包括设有悬挂起重设备的梁和桁架）	$l/400$	$l/500$
		仅支承压型金属板屋面和冷弯型钢檩条	$l/180$	—
		除支承压型金属板屋面和冷弯型钢檩条外尚有吊顶	$l/240$	—
		抹灰顶棚的次梁	$l/250$	$l/350$
		除上述4项外的其他梁（包括楼梯梁）	$l/250$	$l/300$
		屋盖檩条　支承压型金属板屋面的屋盖檩条	$l/150$	—
		屋盖檩条　支承其他屋面材料的屋盖檩条	$l/200$	—
		屋盖檩条　有吊顶的屋盖檩条	$l/240$	—
		平台板	$l/150$	—
5	墙架构件（风荷载不考虑阵风系数）	支柱（水平方向）	—	$l/400$
		抗风桁架（作为连续支柱的支承时，水平位移）	—	$l/1000$
		砌体墙的横梁（水平方向）	—	$l/300$
		支承压型金属板的横梁（水平方向）	—	$l/100$
		支承其他墙面材料的横梁（水平方向）	—	$l/200$
		带有玻璃窗的横梁（竖直和水平方向）	$l/200$	$l/200$

注：1. l 为受弯构件的跨度（对悬臂梁和伸臂梁为悬臂长度的2倍）。
　　2. 当吊车梁或吊车桁架跨度大于12m时，其挠度容许值$[\nu_T]$应乘以0.9的系数。

3. 梁的整体稳定计算

在梁的最大刚度平面内受有垂直荷载作用时，如梁的侧面未设支承点或支承点很少，在荷载作用下，梁将发生侧向弯曲（绕弱轴弯曲）和扭转，并丧失继续承载的能力，这种现象称为梁的弯曲扭转屈曲（弯扭屈曲）或梁丧失整体稳定。为防止梁丧失整体稳定，常采取铺板或支撑等构造措施。

在最大刚度主平面内受弯的梁，其整体稳定应按式（3-6）计算。

$$\frac{M_x}{\varphi_b W_x} \leqslant f \tag{3-6}$$

式中　M_x——绕强轴作用的最大弯矩设计值（N·mm）；

W_x——按受压最大纤维确定的毛截面模量（mm³），当截面板件宽厚比等级为 Sl 级、S2 级、S3 级或 S4 级时，应取全截面模量；当截面板件宽厚比等级为 S5 时，应取有效截面模量，均匀受压翼缘有效外伸宽度可取 $15\varepsilon_k$，腹板有效截面可按《钢结构设计标准》（GB 50017—2017）的规定采用；

φ_b——梁的整体稳定性系数，取值见表 3-3。

表 3-3　轧制普通工字钢简支梁的 φ_b

荷载情况			工字钢型号	自由长度 l_1/mm								
				2	3	4	5	6	7	8	9	10
跨中无侧向支承点的梁	集中荷载作用于	上翼缘	10~20	2.00	1.30	0.99	0.80	0.68	0.58	0.53	0.48	0.43
			22~32	2.40	1.48	1.09	0.86	0.72	0.62	0.54	0.49	0.45
			36~63	2.80	1.60	1.07	0.83	0.68	0.56	0.50	0.45	0.40
		下翼缘	10~20	3.10	1.95	1.34	1.01	0.82	0.69	0.63	0.57	0.52
			22~40	5.50	2.80	1.84	1.37	1.07	0.86	0.73	0.64	0.56
			45~63	7.30	3.60	2.30	1.62	1.20	0.96	0.80	0.69	0.60
	均布荷载作用于	上翼缘	10~20	1.70	1.12	0.84	0.68	0.57	0.50	0.45	0.41	0.37
			22~40	2.10	1.30	0.93	0.73	0.60	0.51	0.45	0.40	0.36
			45~63	2.60	1.45	0.97	0.73	0.59	0.50	0.44	0.38	0.35
		下翼缘	10~20	2.50	1.55	1.08	0.83	0.68	0.56	0.52	0.47	0.42
			22~40	4.00	2.20	1.45	1.10	0.85	0.70	0.60	0.52	0.46
			45~63	5.60	2.80	1.80	1.25	0.95	0.78	0.65	0.55	0.49
跨中有侧向支承点的梁（不论荷载作用点在截面高度上的位置）			10~20	2.20	1.39	1.01	0.79	0.66	0.57	0.52	0.47	0.42
			22~40	3.00	1.80	1.24	0.96	0.76	0.65	0.56	0.49	0.43
			45~63	4.00	2.20	1.38	1.01	0.80	0.66	0.56	0.49	0.43

在两个主平面内受弯的型钢梁或工字形截面组合梁，其整体稳定应按式（3-7）计算。

$$\frac{M_x}{\varphi_b W_x f} + \frac{M_y}{\gamma_y W_y f} \leq 1.0 \tag{3-7}$$

式中　W_y——按受压最大纤维确定的对 y 轴的毛截面模量（mm³）；

φ_b——绕强轴弯曲所确定的梁整体稳定性系数，按《钢结构设计标准》（GB 50017—2017）附录 C 计算。

当铺板密铺在梁的受压翼缘上并与其牢固相连，能阻止梁受压翼缘的侧向位移时，可不计算梁的整体稳定。

当箱形截面简支梁截面尺寸满足 $h/b_0 \leq 6$，$l_1/b_0 \leq 95\varepsilon_k^2$ [l_1 为受压翼缘侧向支承点间的距离（梁的支座处视为有侧向支承）] 时，可不计算整体稳定。

4. 梁的局部稳定计算

从用料经济的角度出发，选择组合梁截面时，总是力求采用高而薄的腹板以增大截面的惯性矩和抵抗矩，以及采用宽而薄的翼缘以提高梁的稳定性。但是，如果将这些板件不适当地减薄加宽，板中压应力或剪应力尚未达到强度限值或在梁未失去整体稳定前，腹板或受压翼缘就有可能偏离其平面位置，在荷载作用下易发生局部屈曲，出现波形鼓曲，这种现象称为梁的局部失稳或失去局部稳定，如图3-3所示。

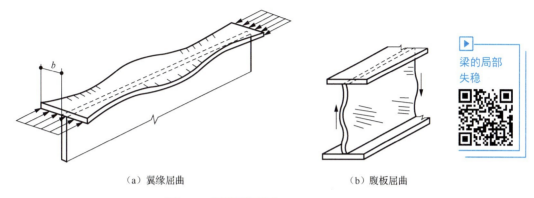

（a）翼缘屈曲　　　　　　　　　（b）腹板屈曲

图 3-3　梁的局部失稳

梁发生局部失稳时，整体构件一般不会立即丧失承载能力，但由于对称截面转化为非对称截面而产生扭转、部分截面退出工作等原因，构件的承载能力会大大降低。因此，局部失稳的危险性虽然小于整体失稳，但它往往导致了钢结构的早期破坏。

一般钢结构组合梁主要考虑受压翼缘和腹板的局部稳定。为了避免组合梁的局部失稳，主要采用以下两种措施：限制板件的宽厚比或高厚比；在垂直于钢板平面方向设置加劲肋。

（1）受压翼缘的局部稳定。对于梁的受压翼缘，为了充分发挥材料强度，只能通过限制其自由外伸宽度 b 与其厚度 t 之比（宽厚比）来保证局部稳定。b/t 应符合式（3-8）的要求。

$$\frac{b}{t} \leqslant 13\sqrt{\frac{235}{f_y}} \tag{3-8}$$

在计算梁的抗弯强度中，取 $\gamma_x=1.0$ 时，b/t 应符合式（3-9）的要求。

$$\frac{b}{t} \leqslant 15\sqrt{\frac{235}{f_y}} \tag{3-9}$$

对于箱形截面梁，其受压翼缘在腹板之间的无支承宽度 b_0 与其厚度 t 之比应符合式（3-10）的要求。

$$\frac{b_0}{t} \leqslant 40\sqrt{\frac{235}{f_y}} \tag{3-10}$$

（2）腹板的局部稳定。梁的腹板以承受剪力为主，所需的厚度一般很小，此时如果仅为保证局部稳定而加厚腹板或降低梁高，显然是不经济的。因此，组合梁主要通过加劲肋将腹板分割成较小的区格，以提高其抵抗局部屈曲的能力。

加劲肋有横向加劲肋、纵向加劲肋、短加劲肋和支承加劲肋等，如图 3-4 所示。不同加劲肋的作用和布置位置如下。

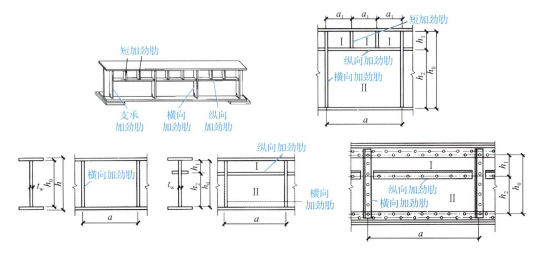

图 3-4　加劲肋的布置

① 横向加劲肋：防止由剪应力和局部压应力引起的腹板失稳，通常布置在腹板的侧面。

② 纵向加劲肋：防止由弯曲压应力引起的腹板失稳，通常布置在受压区。

③ 短加劲肋：防止由局部压应力引起的失稳，布置在受压区。

④ 支承加劲肋：防止腹板在压弯作用下失稳，提供额外的支撑和约束，布置在支座处、上翼缘处和有较大固定集中荷载作用处。

承受静力荷载和间接动力荷载的组合梁，一般考虑腹板屈曲后强度，仅在支座处和固定集中荷载作用处设置支承加劲肋，或设横向加劲肋，当腹板计算高度 h_0 与腹板厚度 t_w 之比（高厚比）达到 250 时，不必设纵向加劲肋。

直接承受动力荷载的吊车梁及类似构件，或其他不考虑腹板屈曲后强度的组合梁，按下列规定配置加劲肋。

① 当 $h_0/t_w \leq 80\sqrt{235/f_y}$ 时，对有局部压应力的梁，应按构造设置横向加劲肋；当局部压应力较小时，可不设置加劲肋。

② 当 $h_0/t_w > 80\sqrt{235/f_y}$ 时，应设置横向加劲肋。其中当 $h_0/t_w > 170\sqrt{235/f_y}$（受压翼缘扭转受到约束，如连有刚性铺板、制动板或含有钢轨时）或 $h_0/t_w > 150\sqrt{235/f_y}$（受压翼缘扭转未受到约束时），或按计算需要时，应在弯曲应力较大区格的受压区增加配置纵向加劲肋；局部压应力很大的梁，必要时宜在受压区配置短加劲肋。

③ 任何情况下，h_0/t_w 均不应超过 250。

横向加劲肋的最小间距应为 $0.5h_0$，最大间距应为 $2h_0$，对无局部压应力的梁，当 $h_0/t_w \leq 100$ 时，可采用 $2.5h_0$。纵向加劲肋至腹板计算高度受压边缘的距离应在 $h_c/2.5 \sim h_c/2$ 范围内（h_c 为梁腹板弯曲受压区高度，对双轴对称截面，$2h_c = h_0$）。

加劲肋宜在腹板两侧成对布置，也可单侧配置，但支承加劲肋、重级工作制吊车梁的加劲肋不应单侧配置。在腹板两侧成对配置的横向加劲肋,其截面尺寸应符合下列要求:外伸宽度 $b_s \geq \dfrac{h_0}{30}+40(\text{mm})$,厚度 $t_s \geq \dfrac{b_s}{15}(\text{mm})$;在腹板一侧配置的横向加劲肋,外伸宽度 $b_s' \geq 1.2b_s$,厚度 $t_s' \geq \dfrac{b_s'}{15}$。

【例3-1】简支梁计算跨度为4m,采用型钢梁(I32a),Q235钢,如图3-5所示。承受均布荷载(不包括梁自重)标准值为9kN/m,可变荷载(非动力荷载)标准值为28kN/m,结构安全跨中上翼缘无支撑点,铺板与梁无刚性联系。试对其进行强度、刚度、稳定性验算。

已知工字钢有关数据:自重52.7kg/m(重度516.46N/m),$W_x=692\text{cm}^3$,$I_x=11080\text{cm}^4$,$S_x=400.5\text{cm}^3$,$I_x/S_x=27.5\text{cm}$,$E=2.06\times10^5\text{MPa}$,腹板厚 $t_w=9.5\text{mm}$,$\varphi_b=0.767$。

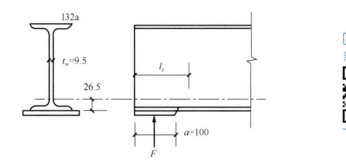

图3-5 例3-1图

解:(1)荷载计算。已知 $\gamma_0=1.0$,$\gamma_G=1.2$,$\gamma_{Ql}=1.4$,$G_k(永久荷载)=(9+0.516)\text{kN/m}=9.516\text{kN/m}$,$Q_{1k}(可变荷载)=28\text{kN/m}$

$$q=\gamma_0(\gamma_G G_k+\gamma_{Ql} Q_{1k})=(1.2\times 9.516+1.4\times 28)\text{kN/m}\approx 50.62\text{N/mm}$$

(2)抗弯强度验算。

跨中最大弯矩 $M_x=\dfrac{ql_0^2}{8}=\left(\dfrac{1}{8}\times 50.62\times 4000^2\right)\text{N·mm}=1012.4\times 10^5\text{N·mm}$

$$\dfrac{M_x}{\gamma_x W_x}=\dfrac{1012.4\times 10^5}{1.05\times 692\times 10^3}\text{N/mm}^2\approx 139.3\text{N/mm}^2<f=215\text{N/mm}^2(\text{满足})$$

(3)抗剪强度验算。

$$V_{\max}=\dfrac{1}{2}ql_0=\left(\dfrac{1}{2}\times 50.62\times 4\right)\text{kN}=101.24\text{ kN}$$

$$\tau_{\max}=\dfrac{V_{\max}S}{It_w}=\dfrac{101.24\times 10^3}{275\times 9.5}\text{N/mm}^2\approx 38.75\text{N/mm}^2<f_v=125\text{N/mm}^2(\text{满足})$$

(4)刚度验算。

$$q_k=(9.516+28)\text{kN/m}=37.516\text{N/mm}$$

$$\frac{v}{l} = \frac{5}{384} \cdot \frac{q_k l_0^3}{EI_x} = \frac{5}{384} \cdot \frac{37.516 \times 4000^3}{2.06 \times 10^5 \times 11080 \times 10^4} \approx \frac{1}{730} < \frac{[v]}{l} = \frac{1}{250}(满足)$$

（5）整体稳定验算。已知 φ_b=0.767，则

$$\frac{M_x}{\varphi_b W_x} = \frac{1012.4 \times 10^5}{0.767 \times 692 \times 10^3} \text{N/mm}^2 \approx 191 \text{N/mm}^2 < 215 \text{N/mm}^2(满足)$$

（6）热轧型钢板件宽厚比较小，都能满足局部稳定的要求，不需要验算局部稳定。

总结与提高

1．建筑结构中，承受横向荷载的构件称为受弯构件，其形式有实腹式和格构式两个系列。钢结构中的实腹式受弯构件主要为钢梁，按截面形式可分为型钢梁和组合梁。格构式受弯构件又称桁架，钢桁架的结构类型有简支梁式、钢架横梁式、连续式、伸臂式、悬臂式。

2．为了确保使用安全、经济合理，钢梁在设计时必须同时考虑承载力极限状态和正常使用极限状态。梁为受弯构件，在荷载作用下承受弯矩与剪力。对于吊车梁，在动力荷载作用下受弯、受剪，还存在集中轮压的局部承压及吊车横向荷载引起的扭矩。

3．对于一般有翼缘的组合工字形截面梁，应进行梁的强度、刚度、整体稳定和局部稳定计算。梁的强度需要计算抗弯强度、抗剪强度、局部承压强度及复杂应力作用下的强度。

4．梁的稳定性需要考虑整体稳定性和局部稳定性两种形式。为防止梁整体失稳，常采取铺板或支撑等构造措施。为防止梁局部失稳，直接承受动力荷载的吊车梁及类似构件，或其他不考虑腹板屈曲后强度的组合梁，需按规定配置加劲肋。

课后练习

一、单项选择题

1．计算梁的（　　）时，应采用净截面的几何参数。

　　A．正应力　　　　B．挠度　　　　C．整体稳定　　　　D．局部稳定

2．单向受弯梁失去整体稳定时是（　　）形式的失稳。

　　A．弯曲　　　　B．扭转　　　　C．弯扭　　　　D．双向弯曲

3．为了提高梁的整体稳定性，（　　）是最经济有效的方法。

　　A．增大截面　　　　　　　　B．增加侧向支撑点，减小 l_1

　　C．设置横向加劲肋　　　　　D．增加翼缘的厚度

4．确定梁的经济高度的原则是（　　）。

　　A．制造时间最短　　　　　　B．用钢量最省

　　C．最便于施工　　　　　　　D．免于变截面的麻烦

二、填空题

1．按正常使用极限状态计算时，受弯构件要限制_____，拉压构件要限制_____。

2. 梁的最小高度是由_____控制的。
3. 验算单跨梁的安全实用性，应考虑_____、_____、_____方面。
4. 对工字形截面梁，在弯矩、剪力都较大的截面处，除了需要验算弯曲正应力和剪应力强度，还需验算_____处的_____应力。
5. 单向受弯梁从_____变形状态转变为_____状态时的现象称为整体失稳。

三、简答题

梁失去整体稳定与失去局部稳定有何不同？

四、计算题

图 3-6 所示工字形截面简支梁，钢材为 Q235（f=215MPa，f_v=125MPa），容许挠跨比 $[v/l]$=1/250，不计结构自重，截面不发展塑性，荷载分项系数取 1.3，当稳定和折算应力都满足要求时，求该梁能承受的最大均布荷载设计值 q。

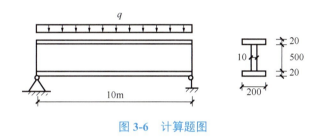

图 3-6　计算题图

任务 3.2　轴心受力构件计算

引导问题

1. 什么是轴心受力构件？
2. 轴心受力构件有哪几种形式？
3. 轴心受拉与轴心受压构件分别需要进行哪些验算？
4. 对于轴心受压构件，为什么要验算其整体稳定？

知识解答

3.2.1　轴心受力构件的构造要求

轴心受力构件是指承受通过构件截面形心轴线的轴向力作用的构件。当这种轴向力为拉力时，称为轴心受拉构件，简称轴心拉杆；当这种轴向力为压力时，称为轴心受压构件，简称轴心压杆。轴心受力构件广泛地应用于屋架、托架、塔架、网架和网壳等平面或空间格构式体系及支撑系统中，如图 3-7 所示。支承屋盖、楼盖或工作平台的竖向受压构件通常称为柱，包括轴心受压柱。柱通常由柱头、柱身和柱脚三部分组成，柱头支承上部结构并将其荷载传给柱身，柱脚则把荷载由柱身传给基础，如图 3-8 所示。

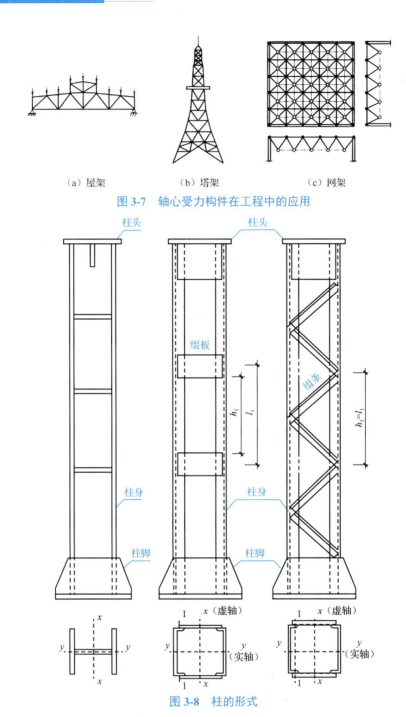

(a)屋架　　　(b)塔架　　　(c)网架

图 3-7　轴心受力构件在工程中的应用

图 3-8　柱的形式

按其截面形式，轴心受力构件也可分为实腹式和格构式两个系列。

1. 实腹式轴心受力构件

实腹式轴心受力构件具有整体连通的截面，常见的有以下三种截面形式。

（1）热轧型钢截面，如圆钢、圆管、方管、角钢、工字钢、T型钢、H型钢和槽钢等，其中最常用的是工字钢和 H 型钢，如图 3-9（a）所示。

（2）冷弯型钢截面，如方管及卷边和不卷边的角钢、槽钢，如图3-9（b）所示。

（3）型钢或钢板连接而成的组合截面，如图3-9（c）所示。

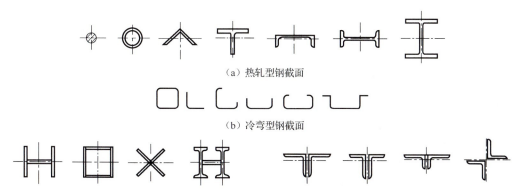

(a) 热轧型钢截面

(b) 冷弯型钢截面

(c) 型钢或钢板连接而成的组合截面

图3-9　实腹式轴心受力构件的截面形式

在普通桁架中，受拉或受压杆件常采用两个等边或不等边角钢组成的T形截面或十字形截面，也可采用单角钢、圆管、方管、工字钢或T型钢等。轻型桁架的受拉或受压杆件则常采用小角钢、圆钢或冷弯薄壁型钢等。受力较大的轴心受力构件（如轴心受压柱），通常采用实腹式或格构式双轴对称截面，采用实腹式时一般选用组合截面，有时也单独采用H型钢或圆管。

实腹式轴心受力构件构造简单、制造方便，整体受力和抗剪性能好，但截面尺寸较大时钢材用量较多。

2. 格构式轴心受力构件

格构式轴心受力构件一般由两个或多个分肢用缀件连系而成，采用较多的是两分肢格构式。在格构式构件截面中，通过分肢腹板的主轴叫作实轴，通过分肢缀件的主轴叫作虚轴。分肢通常采用轧制槽钢或工字钢，承受荷载较大时可采用焊接槽钢或工字钢组合截面。格构式轴心受力构件的截面形式如图3-10所示。

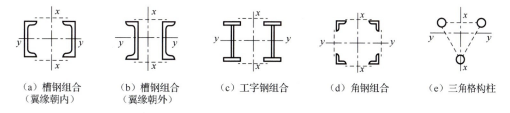

(a) 槽钢组合
（翼缘朝内）

(b) 槽钢组合
（翼缘朝外）

(c) 工字钢组合

(d) 角钢组合

(e) 三角格构柱

图3-10　格构式轴心受力构件的截面形式

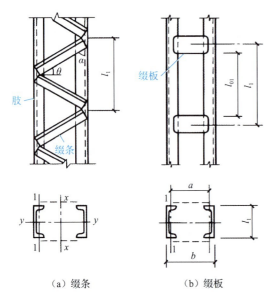

(a) 缀条　　　　　(b) 缀板

图 3-11　格构式轴心受力构件的缀件布置

缀件有缀条和缀板两种，一般设置在分肢翼缘两侧平面内，其作用是将各分肢连成整体，使其共同受力，并承受绕虚轴弯曲时产生的剪力。缀条由斜杆组成，或由斜杆与横杆共同组成，常采用单角钢，与分肢翼缘组成桁架体系，使构件承受横向剪力时有较大的刚度，如图 3-11（a）所示。缀板常采用钢板，与分肢翼缘组成刚架体系，如图 3-11（b）所示。在构件产生绕虚轴弯曲而承受横向剪力时，采用缀板的构件刚度比采用缀条的构件刚度略低，因此缀板通常用于受拉构件或压力较小的受压构件。

格构式轴心受力构件容易实现两主轴方向的等稳定性，刚度较大，抗扭性能较好，用料较省。

3.2.2　轴心受力构件的计算

在进行轴心受力构件的设计时，应同时满足承载能力极限状态和正常使用极限状态的要求。对于承载能力极限状态，轴心受拉构件一般以强度控制，而轴心受压构件需同时满足强度和稳定性的要求。对于正常使用极限状态，则是通过保证轴心受力构件的刚度来实现的。因此，按其受力性质的不同，轴心受拉构件的设计需分别进行强度和刚度的验算，而轴心受压构件的设计需分别进行强度、刚度和稳定性的验算。

1. 轴心受力构件的强度和刚度计算

（1）强度。轴心受力构件的强度，应满足其净截面的平均应力不超过钢材的屈服强度，计算公式为

$$\sigma = \frac{N}{A_\mathrm{n}} \leqslant f \tag{3-11}$$

式中　N——轴心力设计值（N）；
　　　A_n——构件的净截面面积（mm^2）；
　　　f——钢材抗压强度设计值（MPa）。

（2）刚度。轴心受力构件应具有一定的刚度，不使构件产生过大的变形。刚度用长细比 λ 来控制，其值应小于容许长细比 $[\lambda]$，计算公式为

$$\lambda = \frac{l_0}{i} \leqslant [\lambda] \tag{3-12}$$

式中　l_0——构件计算长度（mm）；

i ——截面回转半径（mm）。

[λ]——受力构件容许长细比，取值见表3-4和表3-5。

对于截面为双轴对称的构件，应按照式（3-13）和式（3-14），对两个轴分别计算长细比。

$$\lambda_x = \frac{l_{0x}}{i_x} \quad (3-13)$$

$$\lambda_y = \frac{l_{0y}}{i_y} \quad (3-14)$$

式中 l_{0x}、l_{0y}——构件分别对 x 轴和 y 轴的计算长度（mm）；

i_x、i_y——构件截面分别对 x 轴和 y 轴的回转半径（mm）。

表3-4 受压构件的容许长细比

构件名称	容许长细比[λ]
轴心受压柱、桁架和天窗架构件	150
柱的缀条、吊车梁或吊车桁架以下的柱间支撑	150
支撑（吊车梁或吊车桁架以下的柱间支撑除外）	200
用以减小受压构件计算长度的杆件	200

注：1. 当杆件内力小于或等于承载能力的50%时，容许长细比可取200。
2. 计算单角钢受压构件的长细比时，应采用角钢的最小回转半径，但计算在交叉点相互连接的单角钢交叉杆件在支撑平面外的长细比时，可采用与角钢肢边平行轴的回转半径。
3. 跨度大于或等于60m的桁架，其受压弦杆、端压杆和直接承受动力荷载的受压腹杆的长细比不宜大于120。
4. 由容许长细比控制截面的杆件，在计算其长细比时，可不考虑扭转效应。

表3-5 受拉构件的容许长细比

构件名称	承受静力荷载或间接承受动力荷载的结构			直接承受动力荷载的结构
	一般建筑结构	对腹杆提供平面外支点的弦杆	有重级工作制起重机的厂房	
桁架的杆件	350	250	250	250
吊车梁或吊车桁架以下的柱间支撑	300	—	200	—
除张紧的圆钢外的其他拉杆、支撑、系杆等	400	—	350	—

注：1. 除对腹杆提供平面外支点的弦杆外，承受静力荷载的结构中，可仅计算受拉构件在竖向平面内的长细比。
2. 在直接或间接承受动力荷载的结构中，单角钢受拉构件长细比的计算方法与表3-4注2相同。
3. 中、重级工作制吊车桁架下弦杆的长细比不宜超过200。
4. 在设有夹钳或刚性料耙等硬钩起重机的厂房中，支撑的长细比不宜超过300。
5. 受拉构件在永久荷载与风荷载组合作用下受压时，其长细比不宜超过250。
6. 跨度大于或等于60m的桁架，其受拉弦杆与腹杆的长细比不宜超过300（承受静力荷载或间接承受动力荷载）或250（直接承受动力荷载）。

2. 轴心受压构件的稳定性计算

轴心受压构件的承载力往往是由稳定条件决定的。因此轴心受压构件除进行强度、刚度计算外，还需要进行整体稳定和局部稳定的计算。

（1）整体稳定。细长的轴心受压构件，当长细比较大而截面又没有孔洞削弱时，往往不会因截面的平均应力达到抗压强度设计值而发生破坏，而是在应力还低于屈服强度时就发生了屈曲破坏，从而丧失承载能力，这就是轴心受压构件的整体失稳破坏。轴心受压构件的屈曲形态主要有弯曲屈曲、扭转屈曲、弯扭屈曲，如图 3-12 所示。

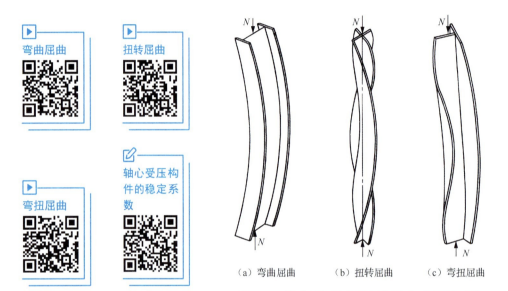

（a）弯曲屈曲　　（b）扭转屈曲　　（c）弯扭屈曲

图 3-12　轴心受压构件的屈曲形态（两端铰接）

对轴心受压构件来说，整体稳定是确定构件截面的最重要因素。整体稳定按式（3-15）计算。

$$\frac{N}{\varphi A} \leqslant f \tag{3-15}$$

式中　N——轴心压力设计值（N）；

　　　A——构件的毛截面面积（mm²）；

　　　f——钢材抗压强度设计值（MPa）；

　　　φ——轴心受压构件的稳定系数（取截面两主轴稳定系数中的较小者），根据构件的长细比或换算长细比、钢材屈服强度和表 3-6 和表 3-7 的截面分类，查《钢结构设计标准》（GB 50017—2017）附录 D。

表 3-6　轴心受压构件的截面分类（板厚 $t<40$mm）

截面形式		对 x 轴	对 y 轴
轧制（圆形截面）		a 类	a 类
轧制（工字形截面） $b/h \leqslant 0.8$		a 类	b 类
轧制（工字形截面） $b/h > 0.8$		a*类	b*类
轧制等边角钢		a*类	a*类
焊接，翼缘为焰切边	焊接（圆形）	b 类	b 类
轧制		b 类	b 类
轧制、焊接（板件宽厚比＞20）	轧制或焊接	b 类	b 类
焊接	轧制截面和翼缘为焰切边的焊接截面	b 类	b 类
格构式	焊接，板件边缘焰切	b 类	b 类

续表

截面形式		对 x 轴	对 y 轴
焊接，翼缘为轧制或剪切边		b 类	c 类
焊接，板件边缘轧制或剪切	轧制、焊接（板件宽厚比≤20）	c 类	c 类

注：1. a*类含义为 Q235 钢取 b 类，Q355B、Q390、Q420 和 Q460 钢取 a 类；b*类含义为 Q235 钢取 c 类，Q355B、Q390、Q420 和 Q460 钢取 b 类。

2. 无对称轴且剪心和形心不重合的截面，其截面分类可按有对称轴的类似截面确定，如不等边角钢采用等边角钢的类别；当无类似截面时，可取 c 类。

表 3-7 轴心受压构件的截面分类（板厚 $t \geqslant 40\mathrm{mm}$）

截面形式		对 x 轴	对 y 轴
轧制工字形或H形截面	$t < 80$mm	b 类	c 类
	$t \geqslant 80$mm	c 类	d 类
焊接工字形截面	翼缘为焰切边	b 类	b 类
	翼缘为轧制或剪切边	c 类	d 类
焊接箱形截面	板件宽厚比>20	b 类	b 类
	板件宽厚比≤20	c 类	c 类

（2）局部稳定。轴心受压构件都是由一些板件组成的，一般板件的厚度与宽度相比较小，在设计时还应考虑板件的稳定问题。

因为板件失稳发生在整体构件的局部部位，所以称为轴心受压构件的局部失稳或局部屈曲。构件局部失稳后还可能继续维持整体的平衡状态，但由于部分板件屈曲后退出工作，使构件的有效截面减小，加速了构件的整体失稳而丧失承载能力。图3-14所示为一工字形截面轴心受压构件的局部失稳，图3-13（a）和图3-13（b）分别表示了翼缘和腹板失稳时的屈曲形态。

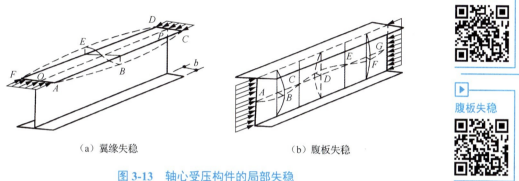

（a）翼缘失稳　　　　（b）腹板失稳

图 3-13　轴心受压构件的局部失稳

为防止轴心受压构件在压力作用下发生局部屈曲现象，降低构件的承载力或导致构件破坏，《钢结构通用规范》（GB 55006—2021）要求受压构件中板件的局部稳定以板件屈曲不先于构件的整体屈曲，以限制板件的宽厚比或高厚比来加以控制。

① 翼缘稳定。由于 H 形截面的腹板一般较翼缘薄，腹板对翼缘几乎没有嵌固作用，因此翼缘可视为三边简支一边自由的均匀受压板。由于翼缘悬伸部分的宽厚比 b_1/t 与长细比 λ 的关系曲线较为复杂，为了便于应用，翼缘稳定采用式（3-16）验算。

$$\frac{b_1}{t} \leqslant (10+0.1\lambda)\sqrt{\frac{235}{f_y}} \qquad (3-16)$$

式中　λ——构件两方向长细比的较大值，当 λ<30 时，取 λ=30；当 λ>100 时，取 λ=100。

② 腹板稳定。腹板可视为四边支承板，当腹板发生屈曲时，翼缘作为腹板纵向边的支承，对腹板将起一定的弹性嵌固作用，这种嵌固作用可使腹板的临界应力提高。腹板高厚比 h_0/t_w 的限值区分不同的截面形式分别计算。

H 形截面［图 3-14（a）］，按照式（3-17）计算。

$$\frac{h_0}{t_w} \leqslant (25+0.5\lambda)\sqrt{\frac{235}{f_y}} \qquad (3-17)$$

箱形截面［图 3-14（b）］，按照式（3-18）计算。

$$\frac{h_0}{t_w} \leqslant 40\sqrt{\frac{235}{f_y}} \qquad (3-18)$$

T形截面[图3-14（c）]，热轧剖分时按照式（3-19）计算，采用焊接形式时按照式（3-20）计算。

$$\frac{h_0}{t_w} \leq (15 + 0.2\lambda)\sqrt{\frac{235}{f_y}} \qquad (3-19)$$

$$\frac{h_0}{t_w} \leq (13 + 0.17\lambda)\sqrt{\frac{235}{f_y}} \qquad (3-20)$$

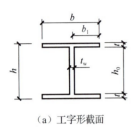　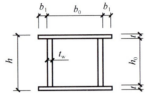　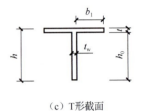

（a）工字形截面　　　　　（b）箱形截面　　　　　（c）T形截面

图 3-14　板件宽厚比和高厚比

【例3-2】试验算一两端铰接的焊接工字形组合截面柱，柱截面尺寸如图 3-15 所示。该柱承受的轴心压力设计值 N=800kN，柱的长度为 4.8m，Q235 钢，E43 型焊条，翼缘为轧制边。

解：（1）求截面几何特征。

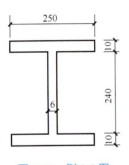

图 3-15　例 3-2 图

$$A = (2 \times 25 \times 1.0 + 24 \times 0.6)\,\text{cm}^2 = 64.4\,\text{cm}^2$$

$$I_x = \left(0.6 \times \frac{24^3}{12} + 2 \times 25 \times 1.0 \times 12.5^2\right)\text{cm}^4 = 8503.7\,\text{cm}^4$$

$$I_y = \left(2 \times 1.0 \times \frac{25^3}{12} + 24 \times \frac{0.6^3}{12}\right)\text{cm}^4 \approx 2604.6\,\text{cm}^4$$

$$i_x = \sqrt{\frac{I_x}{A}} = 11.5\,\text{cm}, \quad i_y = \sqrt{\frac{I_y}{A}} = 6.4\,\text{cm}$$

$$\lambda_x = \frac{l_{0x}}{i_x} = \frac{4.8 \times 10^2}{11.5} \approx 41.7, \quad \lambda_y = \frac{l_{0y}}{i_y} = \frac{4.8 \times 10^2}{6.4} = 75$$

（2）验算。

强度：

$$\frac{N}{A_n} = \frac{800 \times 10^3}{64.4 \times 10^2}\,\text{N/mm}^2 \approx 124.2\,\text{N/mm}^2 < f = 215\,\text{N/mm}^2（满足）$$

刚度：

$$\lambda_{\max} = \lambda_y = 75 \leq [\lambda] = 150（满足）$$

整体稳定：查表得 φ_x=0.893（b 类），φ_y=0.610（c 类），则

$$\frac{N}{\varphi A} = \frac{800 \times 10^3}{0.610 \times 64.4 \times 10^2}\,\text{N/mm}^2 \approx 203.6\,\text{N/mm}^2 < f = 215\,\text{N/mm}^2（满足）$$

局部稳定：

$$\frac{b_1}{t} = \frac{122}{10} = 12.2 < 10 + 0.1\lambda = 10 + 0.1 \times 75 = 17.5 (\text{满足})$$

$$\frac{h_0}{t_w} = \frac{240}{6} = 40 < 25 + 0.5\lambda = 25 + 0.5 \times 75 = 62.5 (\text{满足})$$

根据上述验算可知，该截面能够满足要求。

3. 钢拉杆的计算

钢材比其他材料更适合受拉，因此钢拉杆不但用于钢结构中，还用于钢与钢筋混凝土或木材的组合结构中。这种组合结构的受拉构件用钢筋混凝土或木材制作，而拉杆用钢材制成。

轴心受拉构件没有整体稳定和局部稳定的问题，极限承载力一般由强度控制，设计时只考虑强度和刚度。按轴心受力构件计算的单角钢拉杆，当两端与节点板采用单面连接时，由于存在构造偏心，实际上不可能是轴心受力构件。为简化计算，可按轴心受力构件计算强度，但需考虑偏心产生的不利影响。因此《钢结构设计标准》（GB 50017—2017）规定：单面连接单角钢按轴心受力计算强度和连接时，其强度设计值降低15%，即应乘以0.85的折减系数。

总结与提高

1. 轴心受力构件是指承受通过构件截面形心轴线的轴向力作用的构件。当这种轴向力为拉力时，称为轴心受拉构件，简称轴心拉杆；当这种轴向力为压力时，称为轴心受压构件，简称轴心压杆。

2. 轴心受力构件按其截面形式，可分为实腹式和格构式两个系列。实腹式轴心受力构件具有整体连通的截面，常见的有热轧型钢截面、冷弯型钢截面、型钢或钢板连接而成的组合截面三种截面形式。

3. 轴心受力构件设计时，应同时满足承载能力极限状态和正常使用极限状态的要求。轴心受拉构件的设计需分别进行强度和刚度的验算，而轴心受压构件的设计需分别进行强度、刚度和稳定性的验算。

4. 对轴心受压构件来说，整体稳定是确定构件截面的最重要因素。轴心受压构件的屈曲形态主要有弯曲屈曲、扭转屈曲、弯扭屈曲。

课后练习

一、单项选择题

1. 轴心受拉构件的计算内容为（　　）。
   A．强度　　　　　　　　　　　　B．强度和整体稳定
   C．强度、局部稳定和整体稳定　　D．强度和刚度

2. 轴心受压构件的稳定系数φ与（　　）等因素有关。

　　A．构件截面类别、两端连接构造、长细比

　　B．构件截面类别、钢材牌号、长细比

　　C．构件截面类别、计算长度系数、长细比

　　D．构件截面类别、两个方向的长度、长细比

3. 轴向受压柱在两个主轴方向稳定的条件是（　　）。

　　A．杆长相等　　　　　　　　B．计算长度相等

　　C．长细比相等　　　　　　　D．截面几何尺寸相等

4. 为提高轴心压杆的整体稳定，在杆件截面面积不变的情况下，杆件截面的形式应使其面积分布（　　）。

　　A．尽可能集中于截面形心处　　B．尽可能远离形心

　　C．任意分布，无影响　　　　　D．尽可能集中于截面剪切中心

5. 轴心受压构件应进行（　　）验算。

　　A．强度　　　　　　　　　　B．强度、整体稳定、局部稳定和长细比

　　C．强度、整体稳定和长细比　D．强度和长细比

二、填空题

1. 双轴对称的工字形截面轴心受压构件失稳时的屈曲形式是_____。

2. 轴心受压构件的屈曲形式有_____、_____、_____。

3. 轴心受拉构件以_____控制承载能力极限状态。

4. 轴心受拉构件的刚度条件是_____。

三、简答题

影响轴心受压构件稳定性的因素有哪些？初始缺陷包括哪些？

四、计算题

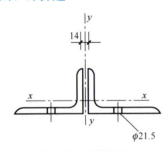

图3-16　计算题图

如图3-16所示，一中级工作制吊车厂房屋架的下弦杆，承受轴心拉力设计值为975kN，两主轴方向的计算长度分别为 l_{0x}=6m 和 l_{0y}=15m。钢材为Q235BF，采用由两角钢组成的T形截面，节点板厚度14mm，在杆件同一截面上设有用于连接支承的两个直径为21.5mm的螺栓孔，其位置不在节点板的宽度范围内。试设计该杆件。

任务 3.3 压弯与拉弯构件计算

引导问题

1. 什么是压弯与拉弯构件？它们在实际工程中有哪些应用？
2. 压弯与拉弯构件的破坏形式有哪些？
3. 压弯与拉弯构件常见的截面形式有哪些？
4. 压弯与拉弯构件需要满足什么样的极限状态？分别应进行哪些验算？

知识解答

3.3.1 压弯与拉弯构件的特点、应用与形式

1. 压弯与拉弯构件的特点与应用

在结构中，同时承受轴向力和弯矩的构件称为压弯构件或拉弯构件。弯矩可能由轴向力的偏心作用、端弯矩作用或横向荷载作用三种因素形成，如图 3-17 所示。当弯矩作用在截面的一个主轴平面内时称为单向压弯（或拉弯）构件，作用在两个主轴平面内时称为双向压弯（或拉弯）构件。

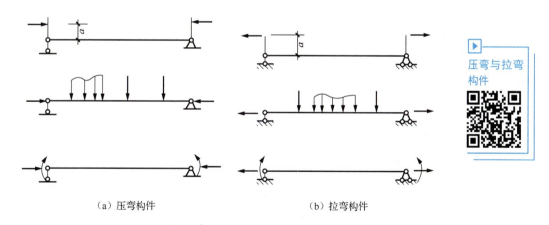

（a）压弯构件　　　　　（b）拉弯构件

图 3-17　压弯与拉弯构件

压弯构件是轴心受压构件和受弯构件的组合，因此压弯构件也称为"梁-柱"。工业建筑中的厂房框架柱、多层或高层建筑中的框架柱以及海洋平台的立柱等都属于压弯构件，如图 3-18 所示。它们不仅要承受上部结构传下来的轴向压力，同时还受弯矩和剪力的作用。当弯矩不大，而轴心压力很大时，压弯构件的截面形式和一般轴心压杆相同；当弯矩相对较大时，除采用截面高度较大的双轴对称截面外，还经常采用实腹式或格构式单轴对称截面，在受压较大的一侧布置更多的材料。

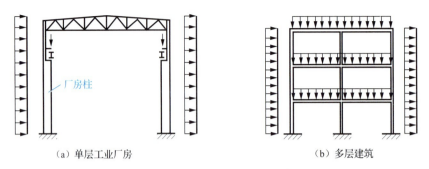

图 3-18　压弯构件在工程中的应用

拉弯构件在钢结构中应用较少,主要有节间荷载作用的桁架下弦杆、受风荷载作用的墙架柱及天窗架的侧立柱等。当承受的弯矩不大,而轴心拉力很大时,拉弯构件的截面形式和一般轴心拉杆相同;当承受的弯矩很大时,应在弯矩作用平面内采用较大的截面高度。

2. 压弯与拉弯构件的截面形式

压弯与拉弯构件常见的截面形式可分为以下三类。

(1)型钢截面:如工字钢、H型钢、槽钢和角钢等,如图3-19(a)所示。

(2)组合截面:组合截面如图3-19(b)所示,又可分为钢板与钢板、型钢与型钢、钢板与型钢三种组合方式。型钢截面和组合截面又可统称为实腹式构件截面。

(3)格构式构件截面:与格构式轴心受力构件的截面不同的是,格构式压弯与拉弯构件的分肢根据荷载特点的不同,可以是对称的截面形式,也可以是不对称的截面形式,通常在受力较大的一侧选用承载力较强的截面形式,而在另一侧选用稍弱的截面形式,如图3-19(c)所示。

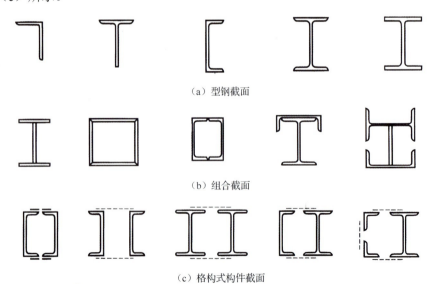

图 3-19　压弯与拉弯构件的截面形式

3. 压弯与拉弯构件的破坏形式

（1）压弯与拉弯构件均可能出现的破坏形式：强度破坏。当截面有较大削弱或构件端部弯矩很大时，截面的部分或全部应力都达到甚至超过钢材的屈服强度。

（2）只有压弯构件才有可能出现的破坏形式：弯曲、弯扭和局部失稳破坏。

① 弯矩作用平面内的弯曲失稳破坏。在非弯矩作用方向有足够的支撑以阻止构件发生侧向位移和扭转的情况下，易发生该种破坏，破坏时构件的变形表现为弯矩作用平面内的弯曲。

② 弯矩作用平面外的弯扭失稳破坏。在非弯矩作用方向即构件的侧向缺乏足够支撑的情况下，除了在弯矩作用平面内存在弯曲变形，垂直于弯矩作用的方向也会突然发生弯曲变形，同时发生绕构件轴线的扭转，形成一种弯扭失稳的破坏形态。

③ 局部失稳破坏。当构件腹板高厚比和受压翼缘的宽厚比过大时，可能发生局部的屈曲，即局部失稳的破坏形态。

3.3.2 压弯与拉弯构件的计算

压弯与拉弯构件均需满足承载能力极限状态和正常使用极限状态的要求。正常使用极限状态对压弯与拉弯构件均有刚度要求，即对构件的长细比有限制。通常，压弯构件的容许长细比限制比拉弯构件更严格一些。拉弯构件的容许长细比与轴心拉杆相同；压弯构件的容许长细比与轴心压杆相同。

在承载能力极限状态下，压弯与拉弯构件的验算项目有较大区别。压弯构件承载能力极限状态的验算项目包括强度、弯矩作用平面内的整体稳定、弯矩作用平面外的整体稳定、局部稳定。拉弯构件通常只需进行强度计算，只有当构件承受的弯矩较大时，才需要按照受弯构件的要求进行整体稳定和局部稳定的计算。

1. 压弯与拉弯构件的强度计算

对单向压弯与拉弯构件：

$$\frac{N}{A_n} \pm \frac{M_x}{\gamma_x W_{nx}} \leqslant f \tag{3-21}$$

对双向压弯与拉弯构件：

$$\frac{N}{A_n} \pm \frac{M_x}{\gamma_x W_{nx}} \pm \frac{M_y}{\gamma_y W_{ny}} \leqslant f \tag{3-22}$$

式中　　N——同一截面处轴心压力设计值（N）；

M_x、M_y——分别为同一截面处对 x 轴和 y 轴的弯矩设计值（N·mm）；

A_n——净截面面积（mm²）；

W_{nx}、W_{ny}——分别为对 x 轴和 y 轴的净截面模量（mm³）；

γ_x、γ_y ——截面塑性发展系数,根据其受压板件的内力分布情况确定其截面板件宽厚比等级,当截面板件宽厚比等级不满足 S3 级要求时,取 1.0,当满足 S3 级要求时,取值见表 3-1;需要验算疲劳强度的拉弯、压弯构件,宜取 1.0。

2. 压弯与拉弯构件的刚度计算

压弯与拉弯构件的刚度仍采用容许长细比条件控制,即

$$\lambda_{\max} \leqslant [\lambda] \tag{3-23}$$

式中　$[\lambda]$ ——压弯与拉弯构件的容许长细比;

$\lambda_{\max}$ ——两个主轴方向的长细比中的较大值。

【例 3-3】如图 3-20 所示的拉弯构件,采用 I20a 普通热轧工字钢,钢材为 Q235,承受静力荷载,轴向拉力设计值为 150kN,横向均布荷载设计值为 35kN/m,杆长 l=3m,两端铰接,截面无削弱。试验算该构件的强度和刚度。

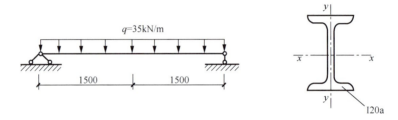

图 3-20　例 3-3 图

解:(1)计算截面几何特征。由型钢表查得 I20a 的截面几何特征:

$A = 3555 \text{mm}^2$,$W_x = 236.9 \times 10^3 \text{mm}^3$,$i_x = 81.6 \text{mm}$,$i_y = 21.1 \text{mm}$

(2)计算构件内力设计值。构件最大弯矩设计值:

$$M_x = \frac{1}{8}ql^2 = \frac{1}{8} \times 35 \times 3^2 \text{kN·m} \approx 39.4 \text{kN·m}$$

(3)强度验算。因截面无削弱,净截面的几何特征与毛截面的几何特征相同,查表 3-1,得 γ_x=1.05。

$$\frac{N}{A_n} + \frac{M_x}{\gamma_x W_{nx}} = \left(\frac{150 \times 10^3}{3555} + \frac{39.4 \times 10^6}{1.05 \times 236.9 \times 10^3} \right) \text{N/mm}^2 \approx 200.6 \text{N/mm}^2 \leqslant f = 215 \text{N/mm}^2$$

(4)刚度验算。最大长细比在 y 轴方向,所以

$$\lambda_y = \frac{l_{0y}}{i_y} = \frac{3000}{21.1} \approx 142.2 < [\lambda] = 350$$

经以上验算,截面满足要求。

3. 压弯构件的整体稳定计算

压弯构件的截面尺寸通常由整体稳定控制。双轴对称截面弯矩一般绕强轴作用,而单轴对称截面弯矩则作用在对称轴平面内。这类构件可能在弯矩作用平面内弯曲失稳,也可能在弯矩作用平面外弯扭失稳。因此,压弯构件要分别计算弯矩作用平面内和弯矩作用平面外的整体稳定。

(1)弯矩作用平面内的整体稳定。弯矩作用在对称轴平面内(绕 x 轴)的实腹式压弯构件,其整体稳定应按式(3-24)计算。

$$\frac{N}{\varphi_x Af}+\frac{\beta_{mx}M_x}{\gamma_x W_{1x}\left(1-0.8\dfrac{N}{N'_{Ex}}\right)f}\leqslant 1.0 \qquad (3\text{-}24)$$

式中　N——所计算构件段范围内的轴心压力设计值(N);

　　　N'_{Ex}——参数(mm),$N'_{Ex}=\dfrac{\pi^2 EA}{1.1\lambda_x^2}$;

　　　φ_x——弯矩作用平面内的轴心受压构件稳定系数;

　　　M_x——所计算构件段范围内的最大弯矩设计值(N·mm);

　　　W_{1x}——在弯矩作用平面内对较大受压纤维的毛截面模量(mm³);

　　　γ_x——与 W_{1x} 相应的截面塑性发展系数;

　　　β_{mx}——等效弯矩系数,按下列规定采用。

① 无侧移框架柱和两端支承的构件,无横向荷载作用时,有

$$\beta_{mx}=0.65+0.35M_2/M_1$$

式中　M_1、M_2——端弯矩,使构件产生同向曲率(无反弯点)时取同号,使构件产生反向曲率(有反弯点)时取异号,$|M_1|\geqslant |M_2|$。

有端弯矩和横向荷载同时作用时,使构件产生同向曲率时,$\beta_{mx}=1.0$;使构件产生反向曲率时,$\beta_{mx}=0.85$。无端弯矩但有横向荷载作用时,$\beta_{mx}=1.0$。

② 悬臂构件和分析内力未考虑二阶效应的无支撑纯框架和弱支撑框架柱,$\beta_{mx}=1.0$。

对于 T 型钢、双角钢 T 形截面等单轴对称截面压弯构件,当弯矩作用于对称轴平面内且使较大翼缘受压时,若构件失稳,则塑性区可能仅出现在受拉翼缘,由受拉塑性区的发展而导致构件失去承载能力,故除了按式(3-24)计算,还应符合式(3-25)的要求。

$$\left|\frac{N}{A}-\frac{\beta_{mx}M_x}{\gamma_x W_{2x}\left(1-1.25\dfrac{N}{N'_{Ex}}\right)}\right|\leqslant f \qquad (3\text{-}25)$$

式中　W_{2x}——无翼缘端的毛截面模量(mm³);

　　　γ_x——与 W_{2x} 相应的截面塑性发展系数。

(2)弯矩作用平面外的整体稳定。开口薄壁截面压弯构件的抗扭刚度及弯矩作用平面外的抗弯刚度通常较小,当构件在弯矩作用平面外没有足够的支承以阻止其产生侧向位移

和扭转时，构件可能发生弯扭破坏。考虑非均匀弯曲及截面形状调整，压弯构件在弯矩作用平面外的整体稳定按式（3-26）计算。

$$\frac{N}{\varphi_y A f} + \eta \frac{\beta_{mx} M_x}{\varphi_b W_{1x} f} \leqslant 1.0 \qquad (3-26)$$

式中　　φ_y——弯矩作用平面外的轴心受压构件稳定系数；

　　　　φ_b——均匀弯曲的受弯构件整体稳定系数；

　　　　η——截面影响系数，闭口截面取 0.7，其他截面取 1.0。

4. 压弯构件的局部稳定计算

与轴心受力构件和受弯构件相同，实腹式压弯构件可能因强度不足或丧失整体稳定而破坏，也可能因丧失局部稳定而降低其承载能力，因此在设计时必须保证构件的局部稳定。为了保证压弯构件中板件的局部稳定，一般应限制翼缘和腹板的宽厚比及高厚比。

总结与提高

1. 压弯与拉弯构件是指同时承受轴向力和弯矩的构件。弯矩可能由轴向力的偏心作用、端弯矩作用或横向荷载作用三种因素形成。压弯构件也称"梁-柱"，拉弯构件在钢结构中应用较少。

2. 压弯与拉弯构件均可能出现强度破坏。此外，压弯构件还会发生弯矩作用平面内的弯曲失稳破坏、弯矩作用平面外的弯扭失稳破坏和局部失稳破坏。

3. 压弯与拉弯构件常见的截面形式有型钢截面（工字钢、H 型钢、槽钢、角钢等）、组合截面（钢板与钢板、型钢与型钢、钢板与型钢组合截面）、格构式构件截面。

4. 压弯与拉弯构件均需满足承载能力极限状态和正常使用极限状态的要求。正常使用极限状态对压弯与拉弯构件均有刚度要求（即对构件的长细比有限制），拉弯构件的容许长细比与轴心受拉构件相同，压弯构件的容许长细比与轴心受压构件相同。在承载能力极限状态时，压弯构件需进行强度、弯矩作用平面内的整体稳定、弯矩作用平面外的整体稳定和局部稳定计算，拉弯构件通常只需进行强度计算，只有当构件承受的弯矩较大时，才需要按照受弯构件的要求进行整体稳定和局部稳定的计算。

课后练习

一、单项选择题

1. 实腹式压弯构件强度计算公式中，W_{nx} 的含义是（　　）。

　A. 受压较大侧纤维的毛截面抵抗矩

　B. 受压较大侧纤维的净截面抵抗矩

　C. 受压较小侧纤维的毛截面抵抗矩

　D. 受压较小侧纤维的净截面抵抗矩

2. 压弯构件在弯矩作用平面内和在弯矩作用平面外发生整体失稳时的破坏形式分别为（　　）。

  A．弯曲破坏、弯曲破坏　　　　　B．弯曲破坏、弯扭破坏
  C．弯扭破坏、弯扭破坏　　　　　D．不能确定

3. 实腹式压弯构件在弯矩作用平面内的整体稳定计算公式中，等效弯矩系数 β_{mx} 的大小取决于（　　）。

  A．长细比和横向荷载　　　　　B．长细比和轴向荷载
  C．端弯矩和横向荷载　　　　　D．端弯矩和轴向荷载

4. 单轴对称截面的压弯构件，一般宜使弯矩（　　）。

  A．绕非对称轴作用

  B．绕对称轴作用

  C．绕任意轴作用

  D．视情况绕对称轴或非对称轴作用

二、填空题

1. 压弯构件的整体稳定破坏通常包括＿＿＿＿和＿＿＿＿两个方向的失稳。其中，前者属于＿＿＿＿破坏，而后者属于＿＿＿＿破坏。

2. 压弯与拉弯构件的截面形式可以分为＿＿＿＿截面、＿＿＿＿截面和＿＿＿＿截面。

3. 压弯构件直接承受动力荷载时，截面塑性发展系数 γ_x 取＿＿＿＿。

4. 为了保证压弯构件的局部稳定，应限制构件腹板的＿＿＿＿和翼缘的＿＿＿＿。

5. 保证压弯与拉弯构件的刚度，应限制其＿＿＿＿。

三、简答题

实腹式压弯与拉弯构件各有哪些可能的破坏形式？

四、计算题

如图3-21所示，两端铰接的拉弯杆，截面为 I45a 轧制工字钢，截面无削弱，受静力荷载作用，钢材为 Q235（$f=215\text{MPa}$，$f_v=125\text{MPa}$），试确定作用于杆的最大轴心拉力 N 的设计值。

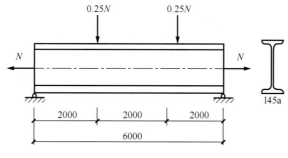

图 3-21　计算题图

学习情境二

典型钢构件制作与安装

项目 4　钢梁制作与安装

知识目标：
- 掌握钢梁结构施工图基本知识和图纸表达技巧
- 掌握钢梁及各类节点的一般构造要求
- 掌握钢梁构件图、零件图识读的知识要点
- 掌握钢梁加工制作基本方法和工艺

能力目标：
- 能够正确识读钢梁结构施工图
- 能够正确理解钢梁及各类节点的构造要求
- 能够正确识读钢梁构件图，统计各构件材料用量
- 能够正确识读钢梁零件图，确定零件具体尺寸和数量
- 能够编制钢梁制作安装方案

素质目标：
- 通过学习细部构件的加工制作，养成认真严谨的工作态度和精益求精的工匠精神
- 通过开展工作任务，培养良好的职业操守和团结协作的团队思维
- 通过了解结构安全的重要性，树立安全意识
- 党的二十大报告提出"建设现代化产业体系"，作为土建类专业学生，要深刻理解钢材在制造业高端化、智能化、绿色化发展中的重要作用

任务 4.1 钢梁结构施工图识读

引导问题

1. 钢梁的型材类型有哪些？钢梁截面参数中各数值的含义是什么？
2. 钢梁包含的零部件主要有哪些？都有哪些规格？
3. 钢梁有哪些连接类型？在结构施工图中如何表达？
4. 任务学习之后，判断自己是否掌握了钢梁所需型材数量、质量及下料长度的计算方法。

知识解答

4.1.1 形体的三视图表达

一般来说，以三个相互垂直的平面为投影面，用形体在这三个投影面上的三个投影，才能充分表示出这个形体的空间形状。这三个相互垂直的投影面组成三面投影体系，如图 4-1 所示。三个投影面分别用 H、V、W 表示，H 面表示水平投影面，V 面表示正立投影面，W 面表示侧立投影面，形体在这三个投影面上的投影，分别称为水平投影、正面投影和侧面投影。任意两个投影面的交线称为投影轴，分别用 X、Y、Z 表示，三个投影轴的交点 O 称为原点。

将三面投影体系展开，使原 X 轴、Z 轴位置不变，原 Y 轴则分成 Y_H、Y_W 两条轴线，即可得到位于同一个平面上的三个投影面。工程中把形体在这个平面投影体系中的正投影称为形体的三视图，对应 H 面、V 面、W 面，分别为俯视图、正视图、侧视图。因为投影面的边框及投影轴与表示形体的形状无关，所以在绘制工程图样时可不予绘出。在绘制形体的三视图时，形体的可见轮廓线用实线绘制，不可见轮廓线用虚线绘制。

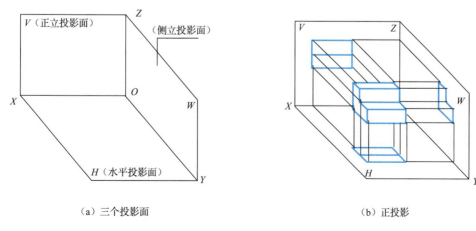

(a) 三个投影面　　　　　　　　　　(b) 正投影

图 4-1　三面投影体系

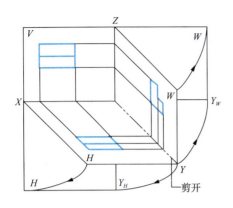
（c）投影体系展开方法

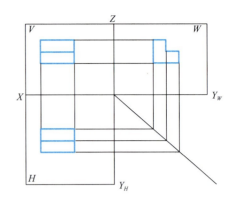
（d）投影体系展开结果

图 4-1　三面投影体系（续）

4.1.2　钢梁在施工图中的表达

钢结构中最常见的钢梁为 H 型钢梁，本任务主要介绍 H 型钢梁的施工图识读，其他类型钢梁的施工图表达可参照国家标准《技术制图　投影法》（GB/T 14692—2008）和国家建筑标准设计图集《钢结构设计制图深度和表示方法》（03G102）。H 型钢梁由上翼缘、腹板和下翼缘三部分组成，一般翼缘水平放置，腹板铅垂放置，如图 4-2 所示。

钢梁在施工图中通常以截面型号和形体三视图中的单一视图来表示，如图 4-3 所示。图中"H500×200×8×12"为钢梁截面型号，表示 H 型钢梁截面高度为 500mm，翼缘宽度为 200mm，腹板厚度为 8mm，翼缘厚度为 12mm。

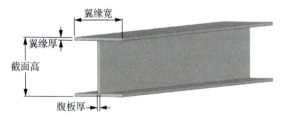

图 4-2　H 型钢梁轴测图

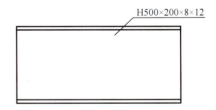

图 4-3　H 型钢梁侧视图

4.1.3　钢梁拆分

H 型钢按生产方式可以分为热轧 H 型钢和焊接 H 型钢。热轧 H 型钢一次轧钢而成，一般批量生产，其截面规格受限。焊接 H 型钢是将钢板切割成合适的宽度后组立焊接成形，可以根据需要加工成任何想要的尺寸，因此是大多数钢结构工程的首选。作为从事钢结构制作加工的技术员，应具备拆分 H 型钢梁的技能。

以图 4-3 中的 H 型钢梁为例，若该梁采用焊接 H 型钢，那么需要两块翼缘板，厚度为 12mm，宽度为 200mm；同时需要一块腹板，厚度为 8mm，宽度为 500mm-2×12mm=476mm。

钢梁质量估算：图 4-3 中的 H 型钢梁质量可通过三块钢板的质量累加得到，钢材密度取 7850kg/m³，则 1m 长的钢梁 H500×200×8×12 的翼缘板质量为

$$0.2m \times 0.012m \times 1m \times 7850kg/m^3 = 18.84kg$$

腹板质量为

$$0.476m \times 0.008m \times 1m \times 7850kg/m^3 \approx 29.89kg$$

则钢梁质量为

$$18.84kg \times 2 + 29.89kg = 67.57kg$$

4.1.4 加劲板尺寸计算

H 型钢梁与其他构件相连时，为保证腹板局部稳定或便于连接，需要在其内侧焊接加劲板，如图 4-4 所示。为便于施工，《钢结构焊接规范》（GB 50661—2011）规定加劲板内侧应倒角，倒角尺寸按规范取值或参照设计总说明执行。

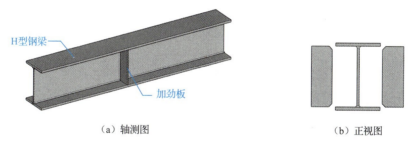

图 4-4 H 型钢梁加劲板示意图

无特殊说明时，加劲板外侧按与 H 型钢梁翼缘平齐考虑。例如，图 4-4 中的 H 型钢梁尺寸为 H500×200×8×12，则加劲板宽度为（200mm-8mm）/2=96mm，加劲板高度为 500mm-2×12mm=476mm。

4.1.5 斜梁下料长度

钢结构中的梁可能是水平放置的，也可能按一定的坡度倾斜放置，门式刚架结构中就以斜梁为主。为完成加工制作的采购和备料任务，需要计算斜梁的下料长度。以图 4-5 所示的斜梁为例，假设根据建筑施工图明确该梁的坡度为 20%，则其下料长度应为

$$\sqrt{1^2 + 20\%^2} \times 7000mm \approx 7139mm$$

下料过程中要注意斜梁腹板的下料方式，尽可能减少废料，提高材料利用率。

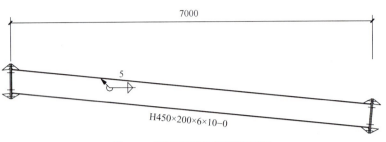

图 4-5　某门式刚架斜梁施工图

4.1.6　焊缝连接识读

施工图上的焊缝连接一般用指引线和基本符号标注，必要时还可增加辅助符号、补充符号和焊缝尺寸。

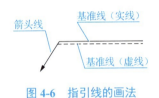

图 4-6　指引线的画法

指引线的画法如图 4-6 所示。基准线的实线和虚线的上下位置可以根据需要互换，基本符号在实线侧，表示焊缝在接头的箭头侧；基本符号在虚线侧，表示焊缝在接头的非箭头侧。若为双面对称焊缝，基准线的虚线可省略。箭头线相对焊缝位置一般无特殊要求，但对有坡口的焊缝，箭头应指向带坡口的一侧。

基本符号表示焊缝横截面的基本形式，常用的有："◣"，表示单面角焊缝；"‖"，表示 I 形坡口的对接焊缝；"∨"，表示 V 形坡口的对接焊缝。辅助符号表示对焊缝的辅助要求，如用"●"表示熔透角焊缝，用"▶"表示现场安装焊缝等。常见的焊缝图示与标注方法详见任务 2.1。

工 作 任 务

任务 4.1 工作任务卡

识读某中学实验楼二层钢梁平面布置图（见附录 1 附图 1-3），完成钢梁结构施工图识读任务卡，并对本次工作任务进行考核评价。

【评价要求】完成学生自评、组内互评、组间互评、专业指导教师评价及综合评价。

总 结 与 提 高

钢梁结构施工图识读过程中的一般技巧和注意事项归纳如下。

1. 首先要对整个工程的工程概况及结构特点在脑海中有一个大致的概念，然后针对局部位置进行细看。

2. 统计钢梁构件规格及进行钢梁定位时，应按照从左往右、从上往下的顺序查看结构布置图，不得遗漏重要构件，统计时可以借助铅笔等在图中做出标记，避免多计或漏计。

3. 对于部分不明确的信息需要借助结构设计总说明或图纸下方的简单说明来解答，这些说明一般是针对本套或本页图纸中的一些共性问题，通过文字的方式将共性问题表达清楚。

4. 读图时不能孤立地看某一张图纸，而要将这张图纸与其他图纸联系起来看，如将建筑施工图与结构施工图结合起来看；结构体系的布置图和构件详图往往不会出现在同一张图纸上，此时就要根据索引符号将这两张图纸联系起来，这样才能准确理解图纸表达的意思。

5. 图纸的绘制一般是按照施工过程中的不同工种和工序进行的，读图时应与生产和安装的实际情况结合起来，以提高识图速度和准确度。

一、单项选择题

1. 下列投影法中，不属于平行投影法的是（　　）。
　　A. 中心投影法　　B. 正投影法　　C. 斜投影法　　D. 俯视投影法
2. H 表示三面投影体系中的（　　）。
　　A. 右侧投影面　　B. 左侧投影面　　C. 水平投影面　　D. 正立投影面
3. 侧垂面的 H 投影（　　）。
　　A. 呈类似形　　　　　　　　　　B. 积聚为一条直线
　　C. 反映平面对 W 面的倾角　　　D. 反映平面对 H 面的倾角
4. 已知点 $A(0,10,25)$ 和点 $B(0,15,25)$，关于 A、B 两点的相对位置，以下判断正确的是（　　）。
　　A. 点 A 在点 B 前面
　　B. 点 B 在点 A 上方，且重影在 V 面上
　　C. 点 A 在点 B 前方，且重影在 Z 轴上
　　D. 点 B 在点 A 前面
5. 已知点 $A(20,0,0)$ 和点 $B(20,0,10)$，关于 A、B 两点的相对位置，以下判断正确的是（　　）。
　　A. 点 B 在点 A 前面
　　B. 点 B 在点 A 上方，且重影在 V 面上
　　C. 点 A 在点 B 下方，且重影在 X 轴上
　　D. 点 A 在点 B 前面
6. 三面投影体系中，当一条直线垂直于一个投影面时，必（　　）于另外两个投影面；

当一个面平行于一个投影面时，必（　　）于另外两个投影面。

  A．垂直　平行　　　　　　　　　　B．平行　垂直

  C．平行　斜交　　　　　　　　　　D．斜交　垂直

7．在三视图中，主视图反映物体的（　　），俯视图反映物体的（　　）。

  A．长和高　长和宽　　　　　　　　B．长和宽　长和高

  C．宽和高　长和宽　　　　　　　　D．长和高　宽和高

8．在三视图中，主视图与俯视图（　　），侧视图与俯视图（　　）。

  A．宽相等　长对正　　　　　　　　B．高平齐　宽相等

  C．长对正　宽相等　　　　　　　　D．高平齐　长对正

9．为了将物体的外部形状表达清楚，一般采用（　　）个视图来表达。

  A．2　　　　　B．3　　　　　C．4　　　　　D．5

10．三视图是采用（　　）得到的。

  A．中心投影法　　　　　　　　　　B．正投影法

  C．斜投影法　　　　　　　　　　　D．透视投影法

11．当直线、平面与投影面平行时，该投影面上的投影具有（　　）。

  A．积聚性　　　B．收缩性　　　C．类似收缩性　　　D．显实性

12．H型钢梁由（　　）组成。

  A．上翼缘、腹板和下翼缘　　　　　B．长肢边和短肢边

  C．腹板和长肢边　　　　　　　　　D．管壁和短板

13．H型钢梁截面型号为H500×200×8×12，其中"500"表示钢梁的（　　）。

  A．截面高度　　　B．翼缘宽度　　　C．腹板厚度　　　D．翼缘厚度

14．已知H型钢梁截面型号为H600×300×8×12，则加劲板宽度和高度分别为（　　）。

  A．96mm　476mm　　　　　　　　B．146mm　576mm

  C．176mm　588mm　　　　　　　　D．146mm　588mm

二、填空题

1．焊缝的基本符号主要由_____和_____组成。

2．指引线由_____和_____两部分组成。

3．若焊缝在接头的非箭头侧，则将基本符号标注在_____。

4．箭头线相对焊缝位置一般无特殊要求，但对有坡口的焊缝，箭头应指向_____一侧。

5．如图4-5所示，假设该梁的坡度为30%，其下料长度为_____。

三、判断题

1．投影的形成有三个基本要素——投射线、物体、投影面。　　　　　　（　　）

2．只用一个投影不能真实、完整地表达空间形体的形状。　　　　　　　（　　）

3．剖面图与断面图是同一种图，两者可以随意替换使用。　　　　　　　（　　）

4．图样上的尺寸，应以尺寸数字为准，不得从图上直接量取。　　　　　（　　）

5．尺寸宜标注在图样轮廓以外，不宜与图线、文字及符号等相交。　　　　（　　）

四、绘图题

1．请绘制长度为 1.5m 的梁 H650×280×12×20 的三视图。
2．请绘制长度为 1.2m 的梁 ϕ180×20 的三视图。
3．请绘制长度为 0.6m 的梁 ∟50×6 的三视图。

任务 4.2　钢梁深化图识读

引导问题

1．钢梁一般由哪些板件构成？如何确定板件所在位置？
2．如何判断钢梁截面的型材类型和钢材材质？
3．钢梁的主零件有哪几种类型？其编号和数量分别为多少？
4．钢梁的次零件有哪几种类型？其编号和数量分别为多少？
5．钢梁的直发板件有哪几种类型？其编号和数量分别为多少？
6．钢梁对运输长度和起重设备有什么要求？能否通过深化图确定？

知识解答

钢结构深化图一般包括构件图和零件图两部分。通常将在工厂车间制作加工成形、施工现场直接安装的钢结构部件称为构件。构件图是利用主视图、不同位置的剖面图并辅以某些信息表来表达构件上所有零件的位置、方向及数量的图纸，包括主视图、剖面图、位置信息表、螺栓表和构件材料表。零件图是表达本工程结构中所有构件上的零件和直发板件的图纸，为方便识图和零件加工制作，应将钢结构中所有零件按照统一的规则进行分类编号，在图纸上按顺序排布。

钢结构构件主要包含三种类型的板件，分别是 M 系列主零件板、P 系列次零件板和 ZF 系列直发板。其中，M 系列主零件板是指长度较长的零件，是构件的主体部分，一般构成 H 型钢的翼缘和腹板；P 系列次零件板是指焊接到构件上的各类小板，尺寸相对较小，数量较多；ZF 系列直发板是指尺寸不大，但在工厂加工成型后不与任何构件焊接成整体，独立装车运输至现场安装的板件。

本任务以某屋面钢梁深化图中屋架梁 3-WJL-1（见附录 2 附图 2-1）为例，介绍钢梁深化图的识读。

4.2.1　主视图识读

图 4-7 为屋架梁 3-WJL-1 深化图中的主视图部分。识读主视图可知，该屋架梁为 H 型钢梁，其主零件板有 M2-12、M2-15 和 M2-21 共 3 种类型，次零件板有 P2-19、P2-20、P2-24、

P2-34、P2-36、P2-39、P2-48、P2-57、P2-63、P2-66、P2-86 共 11 种类型，直发板有 ZF2-4 和 ZF2-5 两种类型。

上翼缘为 M2-12，腹板为 M2-21，下翼缘为 M2-15。梁低端设置有加劲板 P2-48 和连接板 P2-34，端部设置有端板 P2-57，通过直发板 ZF2-5 与支座螺栓连接，螺栓垫片为直发板 ZF2-4；梁中间设置有加劲板 P2-39，连接板 P2-34 和 P2-36 用于连接系杆；梁高端设置有连接板 P2-63 与梁相连接，端部上下翼缘各设置有一块加劲板 P2-20，腹板两侧共设置有 6 块加劲板 P2-19。梁翼缘上设置有 3 块连接板 P2-24，用于连接屋面水平支撑；上翼缘上侧设置有 12 块檩托板 P2-66，每块檩托板均设置有一块加劲板 P2-86。

4.2.2　剖面图识读

为了清晰地表达该屋架梁的具体做法，在屋架梁深化图中创建了 6 个剖面图，如图 4-8 所示。

识读 *A*—*A* 剖面图，该屋架梁的系杆和屋面水平支撑的连接板均设置在一侧，屋面水平支撑连接板螺栓孔至钢梁腹板中心距离为 134mm，檩托板螺栓孔至钢梁腹板中心距离为 45mm。

识读 *B*—*B* 剖面图，该屋架梁是 H 型钢梁，梁下翼缘与直发板 ZF2-5 相连，梁的右侧设置有连接板 P2-34，连接板通过两颗螺栓与系杆相连，螺栓竖向间距为 100mm，螺栓中心与钢梁中心的水平距离为 210mm，腹板左侧设置有加劲板 P2-48 以提高腹板的稳定性，上翼缘设置有檩托板 P2-66，并设置有一块加劲板 P2-86。

识读 *C*—*C* 剖面图，钢梁上翼缘为 M2-12，腹板为 M2-21，下翼缘为 M2-15，钢梁总截面高度为 700mm，钢梁翼缘宽度为 300mm，钢梁上翼缘设置有檩托板 P2-66，并设置有一块加劲板 P2-86，檩托板上有 4 个螺栓孔，螺栓孔水平间距为 90mm，竖向间距为 100mm。

识读 *D*—*D* 剖面图，钢梁腹板右侧设置有连接板 P2-36，连接板通过两颗螺栓与系杆相连，螺栓竖向间距为 100mm，螺栓中心与钢梁中心的水平距离为 210mm，腹板左侧设置有加劲板 P2-39 以提高腹板的稳定性，加劲板设有两个长圆孔，竖向间距为 130mm，长圆孔中心至钢梁腹板中心间距为 100mm。

识读 *E*—*E* 剖面图，该梁与相邻屋架梁之间通过连接板 P2-63 相连，连接共需要 16 颗螺栓，螺栓水平间距为 120mm，连接位置处钢梁上下翼缘外侧各设有一块加劲板 P2-20。

识读 *F*—*F* 剖面图，钢梁低端与直发板 ZF2-5 通过 4 颗螺栓相连，螺栓垫片为 ZF2-4，钢梁腹板两侧设置有 P2-48 和 P2-34 零件板。

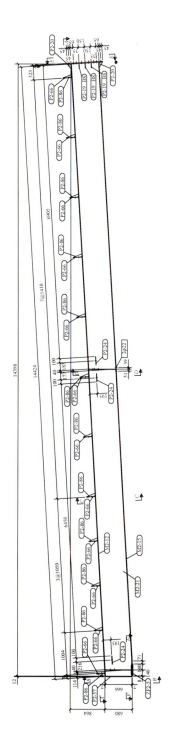

图 4-7 3-WJL-1 深化图——主视图

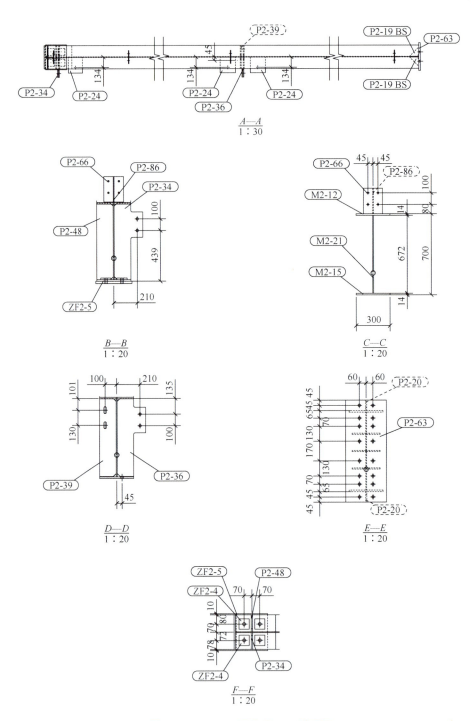

图 4-8　3-WJL-1 深化图——剖面图

4.2.3 位置信息表识读

主视图和剖面图主要表达构件的构造和尺寸相关信息，构件在整个结构中的位置信息可以利用布置图或位置信息表等形式表达，表达清楚即可。本任务采用的是位置信息表的形式，见表4-1。识读表4-1，屋架梁3-WJL-1位于②轴上，介于Ⓐ轴和Ⓒ轴之间，梁顶面标高为+14.764m。

表4-1 位置信息表

构件名称	构件位置	构件顶面标高/m
3-WJL-1	2/A～C	+14.764

识读螺栓表（表4-2），该梁采用的螺栓为TS10.9级的M20螺栓，长度70.0mm的需要16根，长度60.0mm的需要1根。

表4-2 螺栓表

螺栓标准	直径/mm	长度/mm	数量/个
TS10.9	M20	70.0	16
TS10.9	M20	60.0	1

识读构件材料表（表4-3），可以得到该梁包含的零件编号、规格、长度、材质和数量，并能直观地统计出各类型零件的单重、总重和表面积。经统计，该屋架梁包含3种类型的主零件板、11种类型的次零件板和2种类型的直发板，单根梁总重为1754.3kg，表面积为41.8m^2。

表4-3 构件材料表

构件编号：3-WJL-1　　构件数量：1

零件编号	规格/mm	长度/mm	材质	数量/个	单重/kg	总重/kg	表面积/m^2
M2-12	PL14×300	14425	Q355B	1	475.6	475.6	9.1
M2-15	PL14×300	14465	Q355B	1	476.9	476.9	9.1
M2-21	PL8×672	14464	Q355B	1	610.4	610.4	19.6
P2-19	PL10×120	120	Q355B	6	1.1	6.8	0.1
P2-20	PL10×90	120	Q355B	2	0.8	1.7	0.0
P2-24	PL10×200	200	Q355B	3	3.1	9.4	0.3
P2-34	PL12×256	660	Q355B	1	15.9	15.9	0.3
P2-36	PL12×256	672	Q355B	1	16.2	16.2	0.3
P2-39	PL12×146	672	Q355B	1	9.2	9.2	0.2
P2-48	PL12×146	660	Q355B	1	9.1	9.1	0.2

续表

构件编号：3-WJL-1				构件数量：1			
零件编号	规格/mm	长度/mm	材质	数量/个	单重/kg	总重/kg	表面积/m²
P2-57	PL12×300	666	Q355B	1	18.8	18.8	0.4
P2-63	PL20×360	880	Q355B	1	49.7	49.7	0.7
P2-66	PL8×170	220	Q355B	12	2.3	28.2	1.0
P2-86	PL6×70	220	Q355B	12	0.7	8.7	0.2
ZF2-4	PL14×90	90	Q355B	4	0.9	3.6	0.1
ZF2-5	PL20×280	320	Q355B	1	14.1	14.1	0.2
合计						1754.3	41.8

4.2.4　零件图识读

零件图绘出了本工程屋架梁结构中的所有零件详图，对所有零件按统一规则进行编号后，按编号大小顺序排列。

零件图中需要将板件的大小、形状、尺寸等各类信息表达清楚，通常需标注板件的各构造边长尺寸、板件厚度、倒角类型和半径、螺栓孔大小、螺栓孔间距、开孔数量等。本工程屋架梁零件组合图包含主零件板、次零件板和直发板三类板件的详图，可扫描下方的二维码查看。图 4-9 给出了屋架梁 3-WJL-1 中主零件板 M2-12、次零件板 P2-19 和直发板 ZF2-4 的零件图。

屋架梁零件组合图

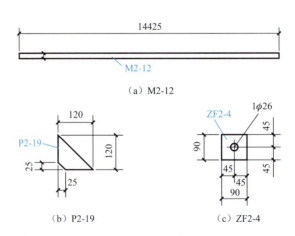

图 4-9　零件图（节选）

每个零件图一般配备一个零件信息表（表 4-4），表格中应明确该零件编号、工程中包含的该零件数量、材质、零件规格、单重、总重等信息。其中零件规格一般给出的是板件的备料尺寸，即加工该零件所需的板件原材料大小。

表 4-4　零件信息表

零件编号	M2-12	数量	124	比例	1∶50	材质	Q355B
零件规格	PL14×300×14425(mm)			单重	475.6kg	总重	58970.8kg

工作任务

识读某屋面钢梁深化图中屋架梁 3-WJL-2～3-WJL-7 详图（见附录 2 附图 2-2～附图 2-7），完成钢梁深化图识读任务卡，并对本次工作任务进行考核评价。

【评价要求】完成学生自评、组内互评、组间互评、专业指导教师评价及综合评价。

任务 4.2 工作任务卡

总结与提高

钢梁深化图识读过程中的一般技巧和注意事项归纳如下。

1．要遵循先整体后局部的识读顺序，通过钢梁布置图或者钢梁深化图中的位置信息表确定钢梁所在的位置，结合整个结构的布局来更好地理解深化图。

2．识读钢梁深化图时，应从左向右统计各组成板件的规格，并按照板件具体类型进行分类汇总，统计出各板件的型号和数量。

3．对于主零件图，应根据主视图正确区分其位置和放置方向，注意上下翼缘不能混淆，腹板左右端不能弄错。

4．对于次零件图，要根据主视图正确确定其数量和放置位置，形状相似的零件板务必分清其构造或尺寸上的区别，开孔的零件板放置方向不能弄错。

5．直发板的规格和数量不能弄错，否则将严重影响工程工期和运输成本，运输前要再次对直发板归属构件加以确认，并认真核对直发板的规格尺寸是否正确。

课后练习

一、单项选择题

1．钢结构深化图一般包含（　　）和（　　）两部分。
　　A．构件图　零件图　　　　　　　　B．构件图　节点图
　　C．节点图　零件图　　　　　　　　D．节点图　剖面图
2．构件图包括（　　）、（　　）、位置信息表、螺栓表和构件材料表。
　　A．主视图　俯视图　　　　　　　　B．主视图　剖面图
　　C．主视图　侧视图　　　　　　　　D．剖面图　俯视图
3．零件图是指本工程结构中所有构件上的（　　）和（　　）的图纸。
　　A．零件板　直发板　　　　　　　　B．主零件板　次零件板
　　C．长零件板　直发板　　　　　　　D．零件　零件板

4．钢结构构件图包含（　　）三类板件。

A．M 系列次零件板、P 系列主零件板和 ZF 系列直发板

B．M 系列主零件板、P 系列直发板和 ZF 系列次零件板

C．M 系列主零件板、P 系列次零件板和 ZF 系列直发板

D．M 系列主零件板、P 系列次零件板和 ZF 系列零件板

5．钢结构深化图主要表达构件的（　　）相关信息。

A．构造和尺寸　　　　　　　　B．构造和零件

C．尺寸和材料　　　　　　　　D．安装和构造

6．当形体具有对称性时，不必画出全剖面图，可以以对称中心线为界，一边画投影图，一边画剖面图，这种剖面图称为（　　）。

A．半剖面图　　　　　　　　　B．阶梯剖面图

C．拼接剖面图　　　　　　　　D．局部剖面图

7．根据不同的剖切方式，可将剖面图分成多种类型，以下选项中不属于剖面图的是（　　）。

A．半剖面图　　　　　　　　　B．阶梯剖面图

C．拼接剖面图　　　　　　　　D．局部剖面图

二、填空题

1．通常钢结构工程的零件图包含_____、_____和_____等板件的详图。

2．零件图需要将板件的_____、_____、_____等各类信息表达清楚，通常包含板件的各构造边长尺寸、板件厚度、倒角类型和半径、螺栓孔大小、螺栓孔间距、开孔数量等。

3．每个零件图一般配备一个_____，其中应明确_____、工程中包含的_____、材质、零件规格、单重和总重等信息。

三、简答题

1．请简述图 4-10 中所示零件的备料尺寸及构造特点。

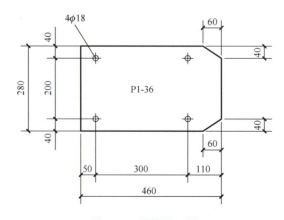

图 4-10　简答题 1 图

2. 为完成直发板 ZF1-1（图 4-11）的加工，需要准备的型材种类和数量是多少？

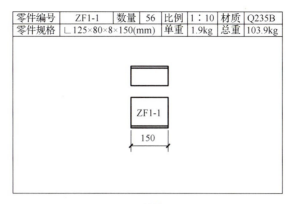

图 4-11　简答题 2 图

任务 4.3　钢梁加工制作

引导问题

1. 钢梁加工制作前应如何选取和准备钢材？进场的钢材需要进行性能检验吗？
2. 钢材原材料一般需要进行哪些检验？检验的方法和数量如何确定？
3. 钢梁加工制作前有哪些准备工作？技术交底有哪些注意事项？
4. 钢梁加工制作一般包含哪些工序？加工过程中需要用到哪些仪器和设备？

知识解答

4.3.1　钢材的检验

1. 钢材质量检验程度

钢结构工程所采用的钢材应符合设计图纸的要求，并应具有钢材生产厂家出具的质量保证书或检验报告，其化学成分、力学性能和质量要求必须符合国家现行标准规定。根据钢材信息和质量保证资料的具体情况，钢材质量检验程度分为免检、抽检、全检三种。

（1）免检：免去质量检验过程。对有足够质量保证的一般材料，以及实践证明质量长期稳定且质量保证资料齐全的材料，可予免检。

（2）抽检：按随机抽样的方法对抽样材料进行检验。对材料的性能不清楚或对质量保证有怀疑的材料，或成批生产的构配件材料，均应按一定比例进行抽检。

（3）全检：对全部材料进行检验。进口的材料、设备重要工程部位的材料以及质量大的材料，应进行全检，以确保材料和工程质量。

2. 钢材检验的内容与方法

钢材检验的主要内容如下。

（1）检查钢材的数量、品种与订货合同是否相符。

（2）检查钢材的质量保证书与钢材上打印的标志是否相符。每批钢材必须具备生产厂家提供的质量保证书或检验报告，写明钢材的炉号、钢号、化学成分和机械性能。

（3）核对钢材的规格尺寸。各类钢材尺寸的容许偏差可参照有关国标或冶金标准中的规定。

（4）钢材表面质量检验。各类钢材表面均不允许有结疤、裂纹、折叠和分层等缺陷。有上述缺陷者，应另行堆放，以便研究处理。钢材表面的锈蚀深度不得超过其厚度公差。

钢材检验的方法有书面检验、外观检验、理化检验和无损检验四种。

3. 钢材验收标准

钢材验收的主控项目包括钢材牌号以及钢材的抗拉强度、抗弯强度等性能。钢结构所用钢材牌号、抗拉强度、抗弯强度等应符合现行国家产品标准和设计要求，进口的钢材产品质量应符合设计和合同规定的标准要求，经验收合格后使用。

所有钢材进场后，监理人员首先要进行书面检验。钢材的书面检验要求做到全数检查，主要检查钢材质量保证书、中文标志及检验报告等，不论钢材的品种、规格、性能如何，都要求"三证"齐全。为防止假冒伪劣钢材进入钢结构市场，在进行书面检验时，监理人员一定要注意辨别钢材质量保证书、中文标志及检验报告的真伪，最好要求生产厂家提供书面资料原件，并加盖生产厂家及销售单位的公章。

4.3.2 加工制作准备工作

1. 审查图纸

钢构件加工制作前，应由建设单位组织设计、监理、施工等单位的技术人员对图纸再一次进行审查，充分沟通、理解设计意图。在审查图纸时，应多方充分沟通，检查图纸设计的深度能否满足施工的要求，核对图纸上构件的数量和安装尺寸，检查构件之间有无矛盾等。另外，还应对图纸进行工艺审核，即审查设计在技术上是否合理，构造是否便于施工，图纸上的技术要求按加工单位的施工水平能否实现等。

加工单位应负责钢构件的深化设计。在深化设计过程中往往能发现结构施工图在设计过程中的一些问题和错误，同时也能降低钢构件在制作和安装过程中出现问题的风险，大大提高施工效率。

2. 备料与核对

备料时，应根据图样和材料表算出各种材质、规格钢材的净用量，再加一定数量的损耗，提出钢材需用量计划。提料时，需根据钢材的使用尺寸合理订货，以减少不必要的拼接和损耗。如不能按使用尺寸或使用尺寸的倍数订货，则损耗必然会增加，钢材的实际损耗率可参考有关资料给出的数值。工程预算一般可按实际需用量再增加10%进行备料和提料。如果技术要求不允许拼接，则实际损耗还要再增加。

核对来料的规格、尺寸和质量，并仔细核对材质。如果需要替换材料，必须经设计单位同意，并将图样上的相应规格和有关尺寸全部进行修改。

3. 编制工艺流程

钢构件的加工制作是一个严密的流水作业过程，指导这个过程的除生产计划外，主要是依据工艺流程。工艺流程是钢结构工程中的指导性文件，一经制定，必须严格执行，不得随意更改。

工艺流程的内容主要包括成品技术要求和为保证成品达到要求而制定的措施。具体包括关键零件的精度要求，检查方法和使用的量具、工具，主要构件的加工制作工序、工序质量标准、组装次序、焊接方法等，钢构件加工制作所采用的加工设备和工艺设备，等等。

4. 施工工艺准备

（1）划分工号。应根据钢结构的特点、工程量和施工安装进度，把整个工程划分成若干个生产工号（或生产单元），以便分批备料、配套加工。

（2）编制零件流水卡。根据工程设计图纸和技术文件提出的构件成品要求，确定各加工工序的精度要求和质量要求，结合加工单位的设备状态和实际加工能力、技术水平确定各零件下料、加工的流水顺序，编制零件流水卡。零件流水卡是编制工艺过程卡和配料的依据。

（3）编制工艺过程卡。从施工详图中摘出零件，编制工艺过程卡（或工艺流程表）。一个零件的加工制作工序是根据零件加工性质而定的，工艺过程卡是具体反映这些工序的工艺文件，是直接指导生产的文件。工艺过程卡的内容一般包括：各工序所采用的设备和工装模具，各工序的技术参数、技术要求、加工余量、加工公差、检验方法及标准，以及材料定额和工时定额等。

（4）工艺装备的制作。工艺装备的生产周期较长，因此要根据工艺要求提前准备工艺装备，争取先行安装加工，以确保使用。工艺装备的设计方案取决于生产规模的大小、产品结构的形式和制作工艺的过程等。

（5）工艺试验。工艺试验包括焊接试验、摩擦面抗滑移系数试验、工艺性试验。

5. 组织技术交底

钢结构构件的生产从投料开始，要经过下料、加工、组装、涂装等一系列的工序过程，最后制成成品。在这样一个综合性的生产过程中，要执行设计单位提出的技术要求，确保工程质量，就要求加工单位在投产前必须组织技术交底，开展专题讨论会。

技术交底的目的是对某一项钢结构工程中的技术要求进行全面的交底，同时也可对加工制作中的难题进行研究、讨论和协商，以求达到意见统一，解决生产过程中的具体问题，确保工程质量。

技术交底按工程的实施阶段可分为两个层次：第一层次是工程开工前的技术交底；第二层次是在各构件投料加工前进行的施工人员技术交底，这种在制作过程中的技术交底对于贯彻设计意图、落实工艺措施起着不可替代的作用。

4.3.3 零部件加工制作工序

钢结构构件加工制作的工艺流程多且复杂,为了缩短施工周期,提高工作效率,减少往返运输和周转次数,加工顺序要周密安排,每一道工序都要严格遵照相应的工艺流程和质量要求。

1. 放样

放样是整个钢结构加工制作工艺中的第一道工序,也是至关重要的一道工序。放样即按照技术部门审核过的施工详图,以1∶1的比例在样板台上弹出实样,求取实长,根据实长制成样板。所有的构件、部件、零件都必须先进行放样,再根据其尺寸数据、图样进行加工,最后把各个零部件装配成一个整体,因此放样的准确程度将直接影响结构和构件的质量。

2. 划线和号料

划线是根据施工图纸和工艺要求,正确地将待加工零部件的坯料尺寸和形状按1∶1的比例画在钢板上,这一工序适用于零部件数量较少的情况。号料是以样板为依据,在原材料上画出实样,并打上各种加工记号。

3. 切割

经放样、划线和号料以后的钢材,应按其所需的形状和尺寸进行下料切割。钢材的切割可以通过冲剪、切剪、切削、摩擦等机械力来实现,也可利用高温热源进行切割。对于批量生产的产品和定型构件,冲裁是比较合理和高效的切割方法。

4. 制孔

钢结构工程中广泛应用螺栓连接的形式,不仅使制孔数量增加,而且对加工精度要求更高。在钢构件加工制作中,常用的制孔方法有钻孔、冲孔、铰孔等。施工时,应根据不同的技术要求合理选用。

5. 矫正

加工过程中材料、设备、工艺、运输等因素的影响,会引起钢材原材料的变形,如气割变形、剪切变形、焊接变形、运输变形等。为保证钢结构制作安装的质量,必须对不符合技术标准的材料、构件进行矫正。矫正就是通过外力或加热的作用,使钢材较短部分的纤维伸长,或使较长部分的纤维缩短,最后迫使钢材反变形,消除钢材的弯曲、翘曲、凹凸不平等缺陷,以使材料或构件达到平直或一定几何形状的要求,并符合技术标准的工艺方法。

6. 组装

组装也称为拼装、装配、组立。组装工序是把制备完成的半成品和零件按图样规定的运输单元，装配成构件或者部件，然后将其连接成为整体的过程。组装必须按工艺要求的次序进行，当有隐蔽焊缝时，必须先予施焊，经检验合格后方可覆盖。当复杂部位不易施焊时，也必须按工艺规定分别先后拼装和施焊。

组装前，应先将零件、部件的接触面和沿焊缝边缘（每边30～50mm范围内）的铁锈、毛刺、污垢、冰雪等清除干净。布置拼装胎具时，其定位必须考虑预放出焊接收缩量及齐头、加工的余量。为减少变形，尽量采取小件组焊，经矫正后再大件组装。胎具及装出的首件必须经过严格检验，方可大批进行组装。组装时，点固焊缝长度宜大于40mm，间距宜为500～600mm，点固焊缝高度不宜超过设计焊缝高度的2/3。要求磨光顶紧的部位，其顶紧接触面应有75%以上的面积紧贴，并用0.3mm塞尺检查，塞入面积应小于25%，边缘间隙不应大于0.8mm。

板材、型材的拼接应在组装前进行，构件的组装应在部件组装、焊接、矫正后进行，以便减少构件的焊接残余应力，保证产品的制作质量。构件的隐蔽部位应提前进行涂装。框架结构的杆件组装要控制轴线交点，其允许偏差不得大于3mm。组装好的构件应立即用油漆在明显部位编号，注明图号、构件号和件数，以便查找。

7. 防腐涂装

建筑钢材防腐材料的品种、规格、颜色应符合国家有关技术指标和设计要求，应具有产品出厂合格证。防腐材料有底漆、中间漆、面漆、稀释剂和固化剂等。其中防腐涂料有油性涂料、酚醛涂料、醇酸涂料、硝基涂料、建筑乙烯涂料、环氧树脂涂料、橡胶涂料、聚氨酯涂料、无机富锌涂料、有机硅涂料等。

防腐涂装的工艺流程：基（表）面处理→底漆涂装→面漆涂装→检查验收。任务6.4中对钢结构的防腐涂装进行了详细介绍。

8. 防火涂装

钢构件虽然是非燃烧体，但未经保护的钢梁、钢柱、钢楼板和屋顶承重构件的耐火极限仅为0.25h，为满足规范规定的1～3h耐火极限要求，必须施加防火保护。钢结构防火涂装的目的就是在构件表面覆盖一层绝热或吸热的材料以隔离火焰，从而阻止热量迅速传向钢基材，推迟钢结构温度升高的时间，使之达到规范规定的耐火极限要求，同时利于安全疏散和消防灭火，避免和减轻火灾损失。

钢结构防火涂料的选用应符合有关耐火极限的设计要求，同时符合《钢结构防火涂料》（GB 14907—2018）和《钢结构防火涂料应用技术规范》（T/CECS 24—2020）的规定。钢结构防火主要使用B类防火涂料（薄型或超薄型、膨胀型防火涂料）和H类防火涂料（厚型、非膨胀型防火涂料），应根据设计要求采用不同厚度的涂料。

防火涂装的工艺流程：基面处理→调配涂料→涂装施工→检查验收。任务6.4中对钢结构的防火涂装进行了详细介绍。

工作任务

任务4.3 工作任务卡

识读某中学实验楼二层钢梁平面布置图（见附录1附图1-3），完成钢梁加工制作任务卡，并对本次工作任务进行考核评价。

【评价要求】完成学生自评、组内互评、组间互评、专业指导教师评价及综合评价。

总结与提高

钢梁加工制作对于整个钢结构项目而言至关重要，每一道工序都会影响钢结构的质量与安全。钢材检验及储存、加工制作准备工作及零部件加工制作工序中的知识要点繁多，应结合实际工程加以理解和记忆。简单总结知识要点如下。

1．钢构件加工制作的每一道工序都要严格遵照相应的工艺流程和质量要求。

2．放样和号料作为整个钢结构加工制作工艺中的前道工序至关重要，所有的构件、部件、零件都必须先进行放样和号料，再根据其尺寸数据、图样进行加工，最后把各个零部件装配成一个整体。

3．钢材的切割可以采用冲剪、切剪、切削、摩擦、高温热源切割等方式。对于批量生产的产品和定型构件，冲裁是比较合理和高效的切割方法。

4．常用的制孔方法有钻孔、冲孔、铰孔等，施工时应根据不同的技术要求合理选用。

5．板材、型材的拼接应在组装前进行，构件的组装应在部件组装、焊接、矫正后进行，以便减少构件的焊接残余应力，保证产品的制作质量。构件的隐蔽部位应提前进行涂装。

课后练习

一、单项选择题

1．钢材的书面检验要求做到（　　）检查，主要检查钢材质量保证书、中文标志及检验报告等。

  A．全数　　　　B．抽检　　　　C．免检　　　　D．随机半数检查

2．扭剪型高强度螺栓连接应按规定进行预拉力复验。复验用的螺栓应在施工现场待安装的螺栓批中随机抽取，每批应抽取（　　）套连接副，每套连接副只应做（　　）次试验，不得重复使用。

  A．6　3　　　　B．8　1　　　　C．8　3　　　　D．6　3

3．下列钢材中，应进行抽样复检，且复检结果应符合国家产品标准和设计要求的是（　　）。

  A．国内生产的钢材

  B．钢板不大于40mm，且设计有双向性能要求的厚板

  C．钢材混批

D．建筑结构安全等级为二级的大跨钢结构中主要受力构件所采用的钢材

4．高强度大六角头螺栓连接副应按规定复验其扭矩系数。复验用的螺栓应在施工现场待安装的螺栓批中随机抽取，每批应抽取（　　）套连接副。
A．8　　　　　B．6　　　　　C．4　　　　　D．7

5．钢板厚度及允许偏差检验中，用游标卡尺进行量测，每一品种、规格的钢板随机抽查（　　）处。
A．8　　　　　B．6　　　　　C．5　　　　　D．7

6．钢材表面的锈蚀深度，不得超过其厚度的（　　）。
A．公差　　　B．1/10　　　C．1/5　　　　D．误差

7．工程预算一般可按实际用钢量所需的数值再增加（　　）进行提料和备料。
A．5%　　　　B．10%　　　　C．3%　　　　D．15%

8．当设计对涂层厚度无要求时，宜涂装（　　）底（　　）面。
A．2　2　　　B．1　1　　　C．3　3　　　D．5　5

二、填空题

1．根据钢材信息和质量保证资料的具体情况，钢材质量检验程度分为_____、_____、_____三种。

2．钢材的质量检验方法有_____、_____、_____和_____四种。

3．钢构件加工制作前，一般由_____负责进行钢构件的深化设计。

三、简答题

1．请简述零部件加工制作工序。

2．进行钢构件加工准备时，图纸审查的主要内容有哪些？

任务 4.4　钢梁现场安装

引导问题

1．钢结构安装方法有哪些？每种方法各有哪些特点？
2．如何选用钢结构吊装的起重机械？应确定哪些吊装参数？
3．钢梁的安装允许偏差包括哪两个项目？允许偏差限值分别是多少？

知识解答

4.4.1　钢结构安装基本知识

1．钢结构安装的概念和特点

钢结构安装是指使用起重机械将预制钢构件或钢构件组合单元，安放到设计位置上的工艺过程。在工厂加工制造的钢构件运至现场后，经安装就位并连接成为钢结构。

钢结构安装工艺具有以下特点：钢结构安装工艺受预制构件的类型和复杂程度影响较大；选用经济合理的起重机械是完成安装任务的主导因素；安装过程中结构逐步成形，各个安装阶段的杆件应力变化较多；施工环境复杂，高空作业多，事故易发生，必须加强对作业人员的安全教育，并采取可靠措施；对作业人员的素质要求较高，施工经验在安装工作中起到较大作用。

2. 钢结构安装方法

钢梁安装现场

钢结构安装方法有分件安装法、节间安装法和综合安装法。

（1）分件安装法。分件安装法是指起重机在施工场地内每开行一次仅吊装一种或两种构件。如起重机第一次开行先吊装全部柱子，并进行临时固定、校正和最后固定，然后依次吊装地梁、柱间支撑、墙梁、吊车梁、托架（托梁）、屋架、天窗架、屋面支撑和墙板等构件，直至所有构件吊装完成。有时屋面板的吊装也可在屋面上单独用桅杆或屋面小吊车来进行。

分件安装法的优点：起重机吊装内容单一，准备工作简单，吊装效率高；有充分时间进行校正，校正方便；构件可在现场分类顺序预制、排放，场外构件可按吊装先后顺序组织供应；构件预制、吊装、运输、排放条件好，易于布置；可选用起重量较小的起重机，通过改变起重臂的长度分别满足各类构件吊装起重量和起重高度的要求。

分件安装法的缺点：起重机开行频繁，机械台班费用增加；起重机开行路线长，起重臂长度改变需要一定的时间；不能使节间尽快组成稳定的受力体系，无法为后续工程及早提供工作面，阻碍工序的穿插；吊装工期相对较长；屋面板吊装有时需要辅助机械设备。

分件安装法适用于一般中小型钢结构厂房的吊装。

（2）节间安装法。节间安装法是指起重机在施工场地内一次开行中分节间依次吊装所有构件。如先吊装一个节间的柱子，并立即校正和固定，然后吊装地梁、柱间支撑、墙梁（连续梁）、吊车梁、走道板、柱头系统、托架（托梁）、屋架、天窗架、屋面支撑、屋面板和墙板等构件，一个（或几个）节间的全部构件吊装完毕后，起重机再行进至下一个（或几个）节间，进行下一个（或几个）节间全部构件吊装，直至吊装完成。

节间安装法的优点：起重机开行路线短，停机点少，停机一次可以完成一个（或几个）节间全部构件的吊装工作，可为后期工程及早提供工作面，可组织交叉平行流水作业，缩短工期；构件制作和吊装误差能及时发现并纠正；节间可迅速组成稳定的受力体系，结构整体稳定性好，有利于保证工程质量。

节间安装法的缺点：需用起重量大的多台起重机同时起吊各类构件，不能充分发挥起重机效率，无法组织单一构件连续作业；各类构件需交叉配合，场地内构件堆放拥挤，吊具、索具更换频繁，准备工作复杂；校正工作零碎困难；柱子固定时间较长，难以组织连续作业，使吊装时间延长，降低吊装效率；操作面窄，易发生安全事故。

节间安装法适用于采用回转式桅杆进行吊装，或有特殊要求的结构（如门式框架）的吊装，以及由于某种原因有局部特殊需要（如急需施工地下设施）时采用。

（3）综合安装法。综合安装法是将全部或一个区段的柱子以下部分的构件用分件安装法吊装，即柱子吊装完毕并校正、固定后，再按顺序吊装地梁、柱间支撑、墙梁、吊车梁、走道板、托架（托梁），接着按节间综合吊装屋架、天窗架、屋面支撑和屋面板等屋面构件。

整个吊装过程可按三次流水进行,根据结构特性有时也可采用两次流水,即先吊装柱子,再分节间吊装其他构件。吊装时通常采用两台起重机,一台起重量较大的起重机用来吊装柱子、吊车梁、托架(托梁)和屋面系统等构件,另一台起重量较小的起重机用来吊装柱间支撑、走道板、地梁、墙梁等构件,并承担构件卸车和就位排放工作。

综合安装法综合了分件安装法和节间安装法的优点,能最大限度地发挥起重机的能力和效率,缩短工期,是广泛采用的一种安装方法。

4.4.2 钢结构安装的起重机械和设备

吊装作业根据起重量可分为三个级别:大型吊装作业的起重量为 80t 以上,中型吊装作业的起重量为 40~80t,一般吊装作业的起重量为 40t 以下。钢结构安装时,合理选择起重机械(包括起重机类型选择、起重机型号选择和起重机数量确定)和吊装索具设备等,有利于提高安装工作效率,缩短安装工期和节约安装成本。

1. 起重机械的类型

(1)自行式起重机。自行式起重机的起重量必须与起重机尾部配重成比例,起重机的起重力矩必须等于或小于起重机的尾部配重力矩,否则起重机吊装受力时车体将向前倾斜,容易发生吊装事故。自行式起重机包括履带式起重机和汽车式起重机。

① 履带式起重机。履带式起重机如图 4-12 所示,在回转台上装有起重臂、动力装置、门架和操纵室,尾部装有平衡重(配重),回转台能 360°回转,通过回转支承与底部履带行驶机构相连。

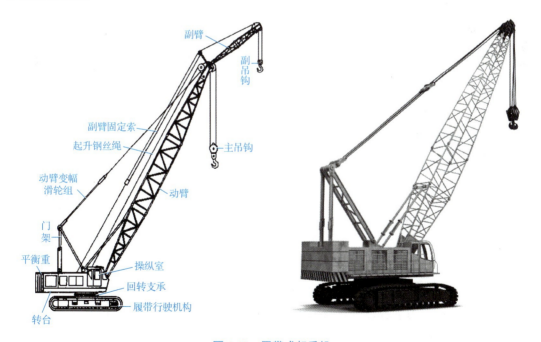

图 4-12 履带式起重机

起重机械操作手册

履带式起重机的起重量一般较大，工作稳定性好，操作灵活，使用方便，在其工作范围内可载荷行驶，对施工场地要求不严，可在一般平整坚实的路面上工作。但其行驶速度慢，自重大，对路面有破坏性。履带式起重机适用于各种场合下吊装大中型构件，是钢结构安装工程中广泛使用的起重机械。

② 汽车式起重机。汽车式起重机是将起重机构安装在普通载重汽车或专用汽车底盘上的起重机，如图 4-13 所示。汽车式起重机按起重量大小分为轻型、中型和重型，起重量在 20t 以内的为轻型，20～50t 的为中型，50t 以上的为重型；按起重臂形式分为桁架臂和箱形臂；按传动装置形式分为机械传动（Q）、电力传动（QD）、液压传动（QY）。目前，液压传动的汽车式起重机应用较广。

汽车式起重机的机动性能好，运行速度快，对路面破坏性小。但不能负荷行驶，吊重物时必须支腿，对工作场地的要求较高。

（2）塔式起重机。塔式起重机是在金属塔架上装有起重机构的一种起重机，如图 4-14 所示。塔式起重机有行走式、固定式、附着式和内爬式几种形式，按起重量的大小，又分为轻型（起重量为 0.5～5t）、中型（起重量为 5～15t）和重型（起重量 15～40t），在使用时按其技术性能和起重特性进行选择。

塔式起重机具有提升高度大、工作半径大、动作平稳、工作速度快、吊装效率高等特点，主要用于高层建筑的安装。

图 4-13　汽车式起重机

图 4-14　塔式起重机

2. 吊装参数的确定

起重机的吊装参数包括起重量 Q（t）、起重高度 H（m）和起重半径 R（m）。

（1）起重量。选择起重机的起重量应大于所吊装构件的质量与起重滑车组的质量或索具质量之和，即

$$Q = Q_1 + Q_2 \tag{4-1}$$

式中　Q——起重机的起重量（t）；

　　　Q_1——构件的质量（t）；

　　　Q_2——索具的质量（t）。

（2）起重高度。起重高度的计算如图 4-15 所示。起重机的起重高度必须满足所吊装构件的吊装高度要求，即

$$H > H_1 + H_2 + H_3 + H_4 \tag{4-2}$$

式中　H——起重机的起重高度（m），从停机面算起至吊钩；

　　　H_1——安装支座表面高度（m），从停机面算起；

　　　H_2——安装间隙（m），应不小于 0.3m；

　　　H_3——绑扎点至构件吊起后底面的距离（m）；

　　　H_4——索具高度（m），绑扎点至吊钩钩口的距离，视具体情况而定。

（3）起重半径。当起重机可以不受限制地行驶到所需吊装的构件附近进行吊装时，可不验算起重半径。但当起重机受到限制而不能靠近吊装位置时，起重半径应满足在起重量与起重高度一定时，能保持一定距离吊装该构件的要求，可按式（4-3）计算求得。

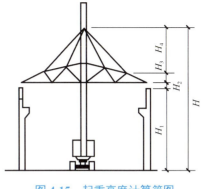

图 4-15　起重高度计算简图

$$R=F+L\cos\alpha \qquad (4-3)$$

式中　R——起重机的起重半径（m）；

　　　F——起重臂下铰点中心至起重机回转中心的水平距离（m），其数值由起重机技术参数表查得；

　　　L——起重臂长度（m）；

　　　α——起重臂的中心线与水平夹角（°）。

3. 吊装索具设备

钢结构安装使用的吊装索具设备主要包括千斤顶、卷扬机、地锚、手拉葫芦、钢丝绳、吊装工具等。以下主要介绍钢丝绳和吊钩、卸扣两种吊装工具的相关知识。

（1）钢丝绳。钢丝绳是吊装中的主要绳索，具有强度高、弹性大、韧性好、耐磨、能承受冲击荷载、工作可靠等特点。钢结构安装施工中常用的钢丝绳是由 6 股 19 丝、6 股 37 丝和 6 股 61 丝拧成的，表示为 6×19 型、6×37 型和 6×61 型。吊索宜采用 6×37 型钢丝绳制作成环式或 8 股头式，吊索与所吊构件间的水平夹角宜大于 45°。

根据《建筑施工起重吊装工程安全技术规范》（JGJ 276—2012），当利用吊索上的吊钩、卡环钩挂重物上的起重吊环时，吊索的安全系数不应小于 6；当用吊索直接捆绑重物，且吊索与重物棱角间已采取妥善的保护措施时，吊索的安全系数应取 6～8；当起吊重、大或精密的重物时，除应采取妥善保护措施外，吊索的安全系数应取 10。

吊索的破坏强度是以整根钢丝绳的破坏强度来计算的，钢丝绳的破断拉力许用值按式（4-4）计算。

$$[P]=\Sigma S_p \psi /K \qquad (4-4)$$

式中　$[P]$——钢丝绳的许用拉力（kN）；

　　　ΣS_p——整根钢丝绳的最小破断拉力总和（kN），查《钢丝绳通用技术条件》（GB/T 20118—2017）附录 A；

　　　ψ——考虑各种附加因素和受力不均匀的折减系数，查表 4-5；

　　　K——安全系数。

GB/T 20118—2017 附录 A

表 4-5 钢丝绳折减系数

钢丝绳规格	折减系数 ψ
6×19+1	0.85
6×37+1	0.82
6×61+1	0.80

【例 4-1】 某钢构件吊装时，标准工况下钢丝绳的内力为 195kN，吊索选用单股普通钢丝绳 6×37 型，1770 级，钢丝绳直径 d=48mm，试求所选用的吊索是否满足要求。

解：查 GB/T 20118—2017 附录 A，该钢丝绳最小破断拉力为 1200kN，整根钢丝绳最小破断拉力总和 ΣS_p=1.249×1200kN=1498.8kN；查表 4-5，折减系数 ψ=0.82；取安全系数 K=6。钢丝绳的容许拉力：

$$[P]=\Sigma S_p \psi / K = 1498.8\text{kN} \times 0.82/6 \approx 204.8\text{kN} > 195\text{kN}$$

因此，所选用的钢丝绳规格满足要求。

（2）吊装工具。

① 吊钩。吊钩常用优质碳素钢锻制而成，分为单吊钩和双吊钩两种。

② 卸扣。卸扣用于吊索之间或吊索与构件吊环之间的连接，由扣体和销轴构成，扣体采用 Q235 钢或 20 号、25 号优质碳素钢锻制，销轴多采用 40 号或 45 号钢。按扣体形式，有 D 形卸扣和弓形卸扣；按销轴与扣体的连接形式，有螺栓式卸扣和活络式卸扣。钢结构安装施工中卸扣的选用应满足《一般起重用 D 形和弓形锻造卸扣》（GB/T 25854—2010）中的规定，表 4-6 中给出了国标 D 形卸扣选用参数。

表 4-6 国标 D 形卸扣选用参数表

额定载荷/t	A/mm	B/mm	C/mm	D/mm	E/mm	F/mm	G/mm
3	45	30	28	28	95	58	90
5	54	38	30	30	114	70	110
8	58	42	35	35	128	80	120
10	64	45	38	38	136	85	130
15	50	50	52	52	200	110	150

续表

额定载荷/t	A/mm	B/mm	C/mm	D/mm	E/mm	F/mm	G/mm
20	78	55	52	52	25	125	165
25	82	60	63	63	226	135	190
32	100	70	70	70	238	157	215
40	119	85	75	75	259	160	240
50	130	90	100	80	280	180	270
60	124	95	105	88	300	190	285
75	135	100	117	90	310	195	340
80	140	100	125	95	320	200	390
100	176	123	128	100	384	225	473
120	182	130	136	105	396	238	506
140	190	145	141	110	430	265	520
150	196	148	165	120	456	270	543
200	246	165	186	130	526	300	628
250	300	187	195	140	600	340	765

4.4.3 钢吊车梁和钢框架梁现场安装

钢吊车梁或钢框架梁应待钢柱吊装完成并校正、固定于基础上后进行现场安装。

1. 钢吊车梁安装

（1）吊点选择。钢吊车梁一般采用两点绑扎，对称起吊。吊钩应在梁的重心两侧对称设置，使梁起吊后保持水平，梁的两端用绳控制，以防吊升就位时左右摆动，碰撞钢柱。

对设有预埋吊环的钢吊车梁，可采用带钢钩的吊索直接钩住吊环起吊；对自重较大的钢吊车梁，应用卸扣将吊环、吊索相互连接起吊。对未设置吊环的钢吊车梁，可在梁端靠近支点处用轻便吊索配合卸扣绕钢吊车梁下部左右对称绑扎吊装，如图4-16所示；或利用工具式吊耳吊装，如图4-17所示。当起重能力允许时，也可采用将吊车梁与制动梁（或桁架）及支撑等组成一个大部件进行整体吊装。

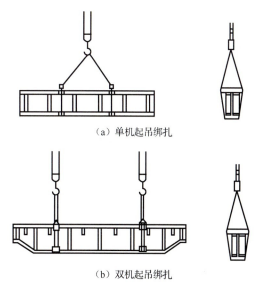

（a）单机起吊绑扎

（b）双机起吊绑扎

图4-16 钢吊车梁的绑扎吊装

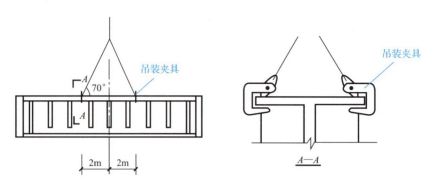

图 4-17　利用工具式吊耳吊装

（2）吊升就位和临时固定。在屋盖安装之前安装钢吊车梁时，对起重机的选择没有限制；在屋盖安装完毕之后安装钢吊车梁时，可采用短臂履带式起重机或独脚桅杆起吊，如无起重机械，也可在屋架端头或柱顶拴滑轮组以安装钢吊车梁，采用此法时对屋架或柱顶的绑扎位置应通过验算确定。

钢吊车梁布置宜接近安装位置，使梁重心对准安装中心。安装顺序可由一端向另一端，或从中间向两端顺序进行。当梁吊升至设计位置离支座顶面约 20cm 时，用人力扶正，使梁中心线与支承面中心线（或已安装相邻梁中心线）对准，两端搁置长度相等，然后缓缓下落。如有偏差，可稍稍起吊用撬杠撬正，如支座不平，可用斜铁片垫平。

钢吊车梁就位后，因梁本身稳定性较好，仅用垫铁垫平即可，一般不需要采取临时固定措施。当梁高度与宽度之比大于 4 或遇五级以上大风时，脱钩前，宜用铁丝将钢吊车梁捆绑在钢柱上作临时固定，以防倾倒。

（3）校正。钢吊车梁校正一般在梁全部安装完毕，屋面构件校正并最后固定后进行，但对质量较大的钢吊车梁，因脱钩后撬动比较困难，宜采取边吊边校正的方法。校正内容包括中心线（位移）、轴线间距（跨距）、标高、垂直度等。纵向位移在就位时已基本校正，故校正位移主要为横向位移。

（4）最后固定。钢吊车梁校正完毕后，应立即将钢吊车梁与柱牛腿上的预埋件焊接牢固，并在梁柱接头处、钢吊车梁与钢柱的空隙处支模浇筑细石混凝土，或将螺母拧紧，将支座与柱牛腿上垫板焊接进行最后固定。

2. 钢框架梁安装

钢框架梁安装关键步骤如下。

（1）安装前的检查。

① 检查定位轴线。

② 复测梁纵横轴线。钢柱校正时已把有柱间支撑的作为标准排架进行钢梁校正，控制其他钢柱的垂直偏差和竖向构件吊装时的累积误差。钢梁安装前，应在已安装完柱间支撑和竖向构件的钢柱上复测梁的纵横轴线，并进行调整。

③ 调整钢柱标高。先用水准仪测出每根钢柱上原先弹出的±0.000 基准线在钢柱校正后的实际变化值，然后调整钢柱高度。

（2）钢梁绑扎。钢梁采用两点绑扎，对称起吊。若钢梁设置有吊环，可用带钢钩的吊索直接钩住吊环起吊；若未设置吊环，则应在梁端靠近支点处用轻便吊索配合卸扣绕梁下部左右对称绑扎，或用工具式吊耳吊装。

（3）吊升就位。钢梁的吊装须在钢柱最后固定、柱间支撑安装后进行。钢梁接近安装位置时，需调整钢梁，使钢梁中心对准安装中心进行安装，可由一端向另一端，或从中间向两端顺序进行。当钢梁吊至离设计位置 20cm 时，用人力扶正，使梁中心线与钢柱中心线对准就位。

（4）连接固定。钢框架梁和钢柱的连接可采用上下翼缘焊接、腹板栓接或全焊接、全栓接。

4.4.4 钢梁安装质量验收

1. 钢吊车梁安装质量要求

钢吊车梁或直接承受动力荷载的类似构件，其安装的允许偏差应满足表 4-7 的要求。检查数量按钢吊车梁数抽检 10%，且不应少于 3 榀。

表 4-7 钢吊车梁安装的允许偏差　　　　　　　　单位：mm

项　目		允许偏差	图　例	检验方法
梁的跨中垂直度 Δ		$h/500$		用吊线和钢尺检查
侧向弯曲矢高		$l/1500$，且不大于 10.0	—	
垂直上拱矢高		10.0		
两端支座中心位移 Δ	安装在钢柱上时，对牛腿中心的偏移	5.0		用拉线和钢尺检查
	安装在混凝土柱上时，对定位轴线的偏移	5.0		
吊车梁支座加劲板中心与柱子承压加劲板中心的偏移 Δ_1		$t/2$		用吊线和钢尺检查

（单位：mm）续表

项目		允许偏差	图例	检验方法
同跨间内同一横截面吊车梁顶面高差 Δ	支座处	$l/1000$，且不大于 10.0		用经纬仪、水准仪和钢尺检查
	其他处	15.0		
同跨间内同一横截面下挂式吊车梁底面高差 Δ		10.0		
同列相邻两柱间吊车梁顶面高差 Δ		$l/1500$，且不大于 10.0		用水准仪和钢尺检查
相邻两吊车梁接头部位 Δ	中心错位	3.0		用钢尺检查
	上承式顶面高差	1.0		
	下承式底面高差	1.0		
同跨间任意一截面的吊车梁中心跨距 l		±10.0		用经纬仪和光电测距仪检查；跨度小时，可用钢尺检查
轨道中心对吊车梁腹板轴线的偏移 Δ		$t/2$		用吊线和钢尺检查

2. 钢梁安装质量要求

钢梁安装的允许偏差应满足表 4-8 的要求。

检查数量按钢梁数抽检 10%，且不应少于 3 榀。

表 4-8 钢梁安装的允许偏差　　　　　　　　　　　　　　单位：mm

项目	允许偏差	图例	检验方法
同一根梁两端顶面的高差Δ	l/1000，且不大于 10.0		用水准仪检查
主梁与次梁上表面的高差Δ	±2.0		用直尺和钢尺检查

总结与提高

钢梁现场安装中的一般技巧和注意事项归纳如下。

1. 钢结构安装方法有分件安装法、节间安装法和综合安装法。其中，综合安装法能最大限度地发挥起重机的能力和效率，缩短工期，是广泛采用的一种安装方法。

2. 钢结构安装的常用起重机械有履带式起重机、汽车式起重机和塔式起重机。

3. 钢结构吊装索具设备主要包括千斤顶、卷扬机、地锚、手拉葫芦、钢丝绳、吊装工具等，其中钢丝绳的选择与计算需要重点掌握。

4. 在钢柱吊装完成并经校正固定于基础上之后，即可安装钢吊车梁或钢框架梁等构件。需要掌握钢吊车梁的安装流程，重点掌握钢梁的吊点选择、吊升就位、标高和垂直度的校正等。另外需要了解钢梁安装质量验收的允许偏差和检验方法。

课后练习

一、单项选择题

1. 钢结构的安装工艺，应保证结构（　　）和不致造成构件永久变形。
   A．强度　　　　　B．刚度　　　　　C．稳定性　　　　　D．柔度
2. 国家对钢结构安装企业明确划分了等级，共有（　　）个等级。
   A．5　　　　　　B．3　　　　　　C．2　　　　　　D．6
3. 在金属塔架上装有起重机构的起重机是（　　）。
   A．履带式起重机　　　　　　　　B．塔式起重机
   C．汽车式起重机　　　　　　　　D．轮胎式起重机

4. 可以用来校正构件的安装偏差和变形的索具设备是（　　）。
    A．千斤顶　　　　B．卷扬机　　　　C．地锚　　　　D．手拉葫芦
5. 钢结构安装方法中，（　　）是指起重机在节间内每开行一次仅吊装一种或两种构件。
    A．随机安装法　　B．节间安装法　　C．综合安装法　　D．分件安装法
6. 主要用于高层建筑安装的起重机械是（　　）。
    A．塔式起重机　　B．汽车式起重机　　C．履带式起重机　　D．轮胎式起重机
7. 吊装索具设备中，常用的千斤顶有螺旋式和（　　）两种。
    A．液压式　　　　B．自卸式　　　　C．重力式　　　　D．磁力式
8. 将全部或一个区段的柱头以下部分的构件用分件安装法吊装，即柱子吊装完毕并校正、固定后，再按顺序吊装地梁、柱间支撑、吊车梁、走道板、墙梁、托架（托梁），接着按节间综合吊装屋架、天窗架、屋面支撑和屋面板等屋面构件的安装方法属于（　　）。
    A．分件安装法　　B．节间安装法　　C．综合安装法　　D．轴线安装法
9. 钢梁安装质量验收的检查数量按钢梁数抽检（　　），且不应少于（　　）榀。
    A．10%　3　　　B．15%　3　　　C．5%　5　　　D．10%　5

二、简答题

1. 如何选用钢结构吊装的起重机械？
2. 请简述钢吊车梁的安装流程。

任务 4.5　钢梁制作安装方案编制

引导问题

1. 钢梁加工制作有哪些主要工序？
2. 钢梁现场安装方案包括哪些内容？

知识解答

4.5.1　钢结构制作方案编制

钢结构制作方案大体上可分为工厂构件制作准备和构件制作工艺两部分。构件制作工艺建议采用文字加流程图的形式，工艺表现清楚明晰。应依据构件形式和特点进行工艺策划，制定合理有效的制作方案，在制作实施过程中严格执行各工艺工序，并根据项目进展不断调整计划，切实保障每一制作工期节点的完成。

钢结构制作方案主要包括以下内容。
（1）加工制作概况。
（2）加工制作重点及关键技术。

(3)加工制作进度计划。结合现场安装分段及安装进度合理制订各构件加工制作进度计划。

(4)加工制作准备。主要包括工艺技术准备和人员准备,根据进度计划进行科学安排。

(5)板材下料工艺。主要包括板材概况、下料总体思路、板材矫平、放样、号料、切割、下料、边缘加工和坡口加工等。

(6)构件制作工艺。当存在如 H 形构件、箱形构件、十字形构件、管材等多种形式的构件时,需按构件分章节进行编写。以 H 型钢梁制作工艺为例,主要包括构件概况、制作总体思路、构件流水线制作流程、构件制作工艺要点、构件制作质量控制等。其中钢构件制作质量控制计划可按表 4-9 制订。

表 4-9 钢构件制作质量控制计划表

序号	作业程序名称	质量控制内容
1	原材料检验	材料品种、规格、型号及质量符合设计及规范要求
2	放样、号料	各部位尺寸核对
3	切割、下料	直角度、各部位尺寸检查、切割面粗糙度、坡口角度
4	钻孔	孔径、孔距、孔边距、光洁度、毛边、垂直度
5	成型组装	钢材表面熔渣、锈、油污等清理,间隙、点焊长度、间距、焊脚、直角度、各部位尺寸检查
6	焊接	预热温度、区域、焊渣清除、焊材准备工作、焊道尺寸、焊接缺陷、无损检测
7	端面加工修整	长度、端口平直度、端面角度
8	包装编号	必要的标识、包装实物核对
9	装运	装车明细表、外观检查

(7)工厂焊接工艺。

(8)构件涂装方案。主要包括除锈及防腐、防火涂装概况,除锈方案和涂装方案。

(9)成品构件标识方案。

(10)钢结构运输方案。主要包括运输概况、构件包装方案、运输管理、运输保证措施、构件保护措施和超限运输保证措施等。

4.5.2 钢结构施工方案编制

施工方案是施工组织设计的核心内容,应根据施工工程性质、规模、特点、复杂程度及施工条件等的不同,找出施工重点、难点和关键问题,编制具有针对性的施工方案。

施工方案的内容应具有可操作性及可控制性。钢结构施工方案主要包括以下内容。

(1)工程概况。主要包括工程简介、建筑概况和结构概况。工程概况的编写应力求简单明了,并辅之以平面简图、立面简图和剖面简图,把和本方案有关的内容说明清楚即可,不必把整个工程的情况都进行说明。

工程简介和建筑概况主要介绍拟建工程的建设单位,建造地点,工程名称,工程性质与用途,资金来源与工程造价,开(竣)工日期,工程的设计单位、监理单位及施工总(分)

包单位，上级有关文件及要求，施工图样情况（是否齐全、会审等），施工合同签订情况。

结构概况主要介绍钢结构的设计特点及主要工作量，材料的种类和特点，设备的系统构成、种类和数量等。对新材料、新工艺及施工要求高、难度大的施工过程应着重说明；对主要的工作量、工程量应列出数量表。

（2）编制依据。施工方案应简单说明编制依据，尤其是当采用的企业标准与国家通用规范不一致时，应重点说明。施工方案的编制依据一般包括文件依据，主要法律、法规、规章制度，相关标准和规范等。

（3）项目实施总体部署及资源投入计划。主要包括总体施工目标、项目管理组织机构、主要施工机械设备配置计划、劳动组织及劳动力和物资配置计划、现场临时用水用电分析及计划、钢结构施工总平面布置等。

（4）现场施工进度计划。主要包括进度计划编制说明、进度计划控制节点和进度计划横道图等。

（5）钢结构现场安装方案。主要包括安装单元划分、各单元结构安装、吊点及吊耳设置、起重机械与吊装索具的选择、卸载方案等。

（6）测量方案。主要包括测量内容、测量步骤、测量管理架构、测量控制网布置、安装测量等。

（7）高强度螺栓方案。主要包括高强度螺栓施工前的准备工作、施工过程的步骤和要求、施工后的验收标准等内容。

（8）焊接方案。主要包括适用范围、焊接内容及特点、焊接方法选择、焊接准备、焊接施工要求、典型构件焊接顺序和焊接质量控制措施等。

（9）涂装方案。主要包括现场涂装说明、涂料类型、现场涂装的一般步骤及方法、构件表面处理、涂装环境要求、涂膜损坏处的修补、涂膜检测等。

（10）质量保证措施。主要包括质量管理体系、质量保证措施和各阶段质量控制流程等。

（11）安全生产保证措施。主要包括安全管理目标、组织机构及岗位职责、管理制度及管理流程、安全生产各项保证措施和季节性施工措施等。

（12）安全应急预案。主要包括应急救援组织机构、应急救援小组岗位职责、紧急事件处理程序和应急就医管理等。

（13）附件。附件主要指施工方案中涉及的临时措施相关计算书等。

钢梁制作安装方案编制实训任务书

一、实训目的

钢梁制作安装方案编制实训的目的是通过一项具体工程，学生能够综合运用本项目所学知识，在教师的指导下识读施工图纸并查阅施工手册，计算和统计钢梁构件材料表，编制钢梁制作方案和施工方案，进行钢梁安装的质量检验及验收，进而提高独立分析问题和解决问题的综合素质，养成安全文明施工的工作习惯和精细操作的工作态度。

二、实训任务

识读某中学实验楼钢框架结构施工图（见附录1）、施工平面布置图及吊装分析图（见附录3），独立完成钢梁制作方案编制任务单和钢梁施工方案编制任务单。

三、工程资料

1. 工程简介

本工程为某中学实验楼，平面尺寸为35.1m×14.4m，建筑高度11.56m，共三层。建筑采用钢框架结构体系，钢框架梁与柱刚接，钢次梁与钢框架梁铰接。楼板、屋面板采用钢筋桁架楼承板组合楼板（屋面板）。基础采用C40现浇混凝土条形基础形式。

本次实训任务选取顶层楼面钢梁，重点关注H型钢梁的制作安装。吊装钢丝绳采用1770级别，FC纤维芯；起重机吊钩、吊索质量均取0.2t，钢丝绳的拉力通过查《建筑施工起重吊装工程安全技术规范》（JGJ 276—2012）附录A选用。

2. 施工条件

（1）场地条件：场地东边为空地，可供施工使用，场地内施工道路与城市道路相通。钢梁现场施工平面布置图见附录3附图3-1。

（2）吊装条件：钢梁均采用工厂加工、现场吊装的方式，构件按进度提供。本次实训任务中的钢梁吊装均采用50t汽车起重机，其性能参数请扫描本页二维码查看。

3. 结构施工图和深化图

顶层钢梁平面布置图见附录1附图1-4。1号钢梁和2号钢梁深化图见附录3附图3-2，1号钢梁和2号钢梁吊装分析示意图见附录3附图3-3。

JGJ 276—2012附录A

50t 汽车起重机性能参数

任务4.5实训任务单

项目 5　钢柱制作与安装

知识目标：
- 掌握钢柱结构施工图基本知识和图纸表达技巧
- 掌握钢柱及各类节点的一般构造要求
- 掌握钢柱构件图、零件图识读的知识要点
- 掌握钢柱加工制作基本方法和工艺

能力目标：
- 能够正确识读钢柱结构施工图
- 能够正确理解钢柱及各类节点的构造要求
- 能够正确识读钢柱构件图，统计各构件材料用量
- 能够正确识读钢柱零件图，确定零件具体尺寸和数量
- 能够编制钢柱制作安装方案

素质目标：
- 通过识读施工图纸，树立全局观念，培养系统性思维
- 勇于尝试钢构件制作安装的新技术、新工艺，提高创新创造能力
- 通过开展工作任务，建立自身职业道德规范，具备尽职尽责处理突发情况的专业态度

项目 5 钢柱制作与安装

任务 5.1 钢柱结构施工图识读

引导问题

1. 如何通过施工图确定钢柱的规格和数量？
2. 钢柱总高度需要结合哪些图纸来确定？柱脚底板标高对于钢柱总高度有何影响？
3. 钢柱柱脚底板下部有哪些构造措施？这些构造的主要作用是什么？
4. 对于有吊车的厂房结构，其钢柱有哪些构造措施？
5. 如何根据施工图得到钢柱各组成部件的具体规格和尺寸？

知识解答

5.1.1 钢柱总高度

钢结构耐久性能较差，其基础一般采用钢筋混凝土结构，钢柱与基础内的预埋锚栓相连，以保证传力可靠。为了保证结构能够承受足够大的水平荷载，钢柱柱脚底板下部需焊接抗剪键，抗剪键一般采用槽钢或角钢。钢柱与钢梁的连接节点可采用端板竖放、平放和斜放三种形式，如图 5-1 所示。统计钢柱总高度时，应从抗剪键底部计算至钢柱最高点，保证下料准确，总高度大于最大运输长度时需要对钢柱进行分段。

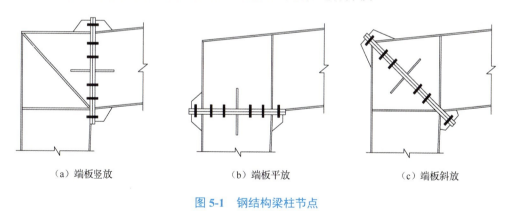

（a）端板竖放　　　　　　（b）端板平放　　　　　　（c）端板斜放

图 5-1　钢结构梁柱节点

5.1.2 钢柱柱脚零件拆分

钢结构柱脚节点可采用铰接柱脚节点（图 5-2），也可采用刚接柱脚节点（图 5-3）。

柱脚锚栓应采用 Q235 或 Q355 钢制作，锚栓的直径应满足受拉承载力的要求，且不宜小于 24mm；锚栓锚固长度应符合现行国家相关标准的规定，锚栓端部应设置弯钩和锚件，

钢结构制作与安装

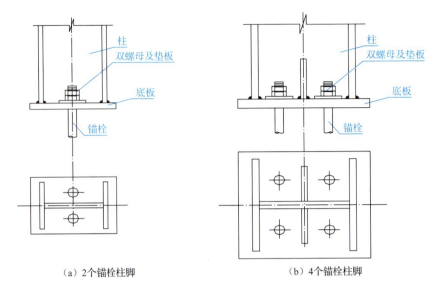

（a）2个锚栓柱脚　　　　　　　（b）4个锚栓柱脚

图 5-2　铰接柱脚节点

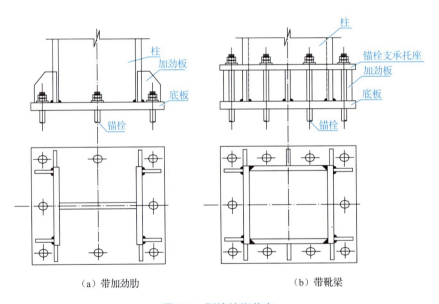

（a）带加劲肋　　　　　　　　　（b）带靴梁

图 5-3　刚接柱脚节点

且应采用双螺帽。锚栓不宜抗剪，水平剪力应由底板与混凝土基础间的摩擦力来承受，不满足时应设置抗剪键。

例如，图 5-4 所示的柱脚节点详图，该节点包含的零件有 1 个柱脚底板、2 个螺栓垫片、4 个 M20 螺帽；图 5-5 所示的柱脚节点详图，该节点包含的零件有 1 个柱脚底板、4 个螺栓垫片、8 个 M22 螺帽、2 个加劲板。

项目 5 钢柱制作与安装

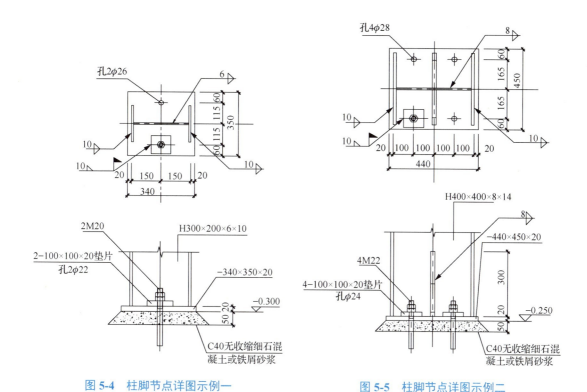

图 5-4 柱脚节点详图示例一　　　　　图 5-5 柱脚节点详图示例二

5.1.3 钢柱主零件拆分

图 5-6 所示为常见钢柱的施工图表达。其中，H 型钢柱两个方向刚度相差较大，有常规 H 型钢柱和变截面 H 型钢柱两种截面形式；箱形截面钢柱根据需要可以采用方形或矩形截面。

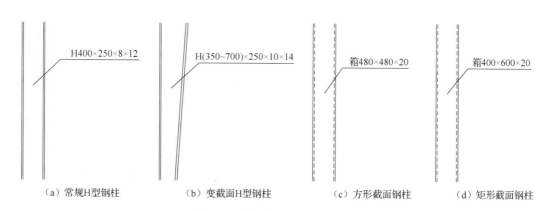

(a) 常规H型钢柱　　(b) 变截面H型钢柱　　(c) 方形截面钢柱　　(d) 矩形截面钢柱

图 5-6 常见钢柱的施工图表达

H 型钢柱由 2 块翼缘板和 1 块腹板组成，图 5-6(a)中翼缘宽度为 250mm，厚度为 12mm，腹板宽度为 400mm−2×12mm=376mm，厚度为 8mm，板件长度与柱高度相等；图 5-6（b）

125

中翼缘宽度为250mm，厚度为14mm，腹板为直角梯形，梯形上底宽为700mm−2×14mm=672mm，梯形下底宽为350mm−2×14mm=322mm，厚度为10mm。

箱形截面钢柱通常由4块钢板组合而成，图5-6（c）可由2块宽度为480mm和2块宽度为440mm的板组合而成，钢板厚度为20mm；图5-6（d）可由2块宽度为600mm和2块宽度为360mm的板组合而成，钢板厚度为20mm。

5.1.4 钢柱牛腿零件拆分

牛腿又称梁托，作为工业建筑中常见的受力构件，具有施工简单、理论计算可靠、截面小、承载力高等优点，一般设置于有吊车的工业厂房结构中用以支撑有轨吊车梁。常见的钢柱牛腿形式如图5-7所示，钢柱右边凸出的短梁即为牛腿，顶部一般为水平的面板，其中工字形和变截面工字形牛腿使用较多。牛腿一般由上翼缘、下翼缘、腹板和加劲板组成。

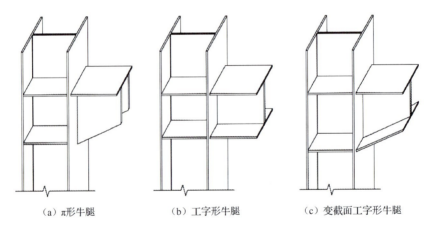

（a）π形牛腿　　（b）工字形牛腿　　（c）变截面工字形牛腿

图5-7　钢柱牛腿形式

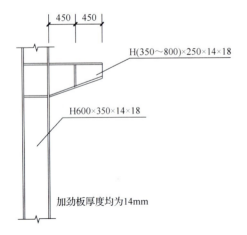

图5-8　钢牛腿柱施工图示例

图5-8所示为钢牛腿柱施工图，牛腿采用变截面H型钢，上翼缘长度为900mm，宽度为250mm，厚度为18mm；下翼缘长度为$\sqrt{450mm^2+900mm^2}\approx1006mm$，宽度为250mm，厚度为18mm；牛腿节点中有2块竖向加劲板，其长度为（350mm+800mm）/2−2×18mm=539mm，宽度为（250mm−14mm）/2=118mm，厚度为14mm；牛腿翼缘位置共有4块水平加劲板，其长度为600mm−2×18mm=564mm，宽度为（350mm−14mm）/2=168mm，厚度为14mm。

5.1.5 梁柱节点零件拆分

钢结构梁柱节点从受力角度分为铰接节点与刚接节点两大类。梁柱铰接节点中的钢梁仅靠腹板与钢柱通过螺栓相连,梁柱可以发生相对转动;梁柱刚接节点中的钢梁上下翼缘与钢柱焊接,抗弯刚度大,梁柱不能相对转动。

1. 铰接节点

图 5-9 所示的梁柱铰接节点施工图中,梁柱均采用 H 型钢,钢梁腹板通过 2 块连接板与钢柱翼缘相连接,该连接包含 8 个 M20 螺栓。其中一块连接板通过双面角焊缝与钢柱翼缘焊接,另一块连接板通过现场单面角焊缝与钢柱翼缘焊接,2 块连接板规格均为 175mm×300mm×12mm。该连接的三维示意图如图 5-10 所示。

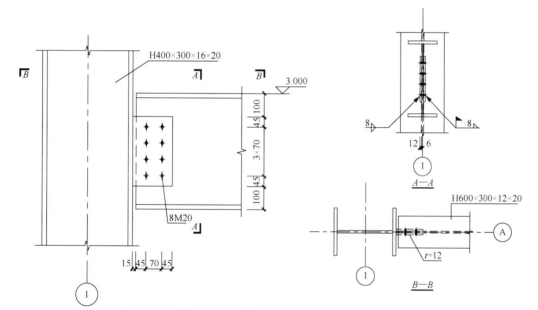

图 5-9 梁柱铰接节点施工图示例一

图 5-10 梁柱铰接节点施工图示例一的三维示意图

图 5-11 所示的梁柱铰接节点施工图中，钢梁腹板通过 2 块连接板与钢柱腹板相连接，该连接包含 8 个 M20 螺栓。其中一块连接板通过双面角焊缝与钢柱翼缘焊接，另一块连接板通过现场单面角焊缝与钢柱翼缘焊接，2 块连接板规格及尺寸如图 5-12 所示，其备料尺寸为 317mm×460mm×12mm。该连接的三维示意图如图 5-13 所示。

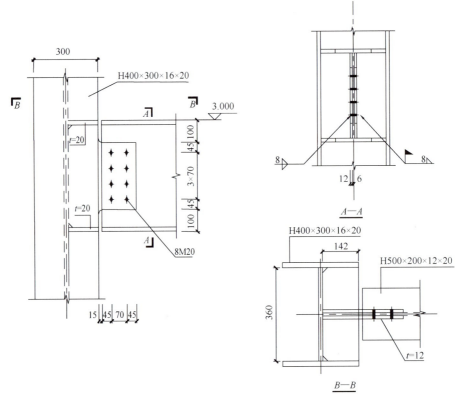

图 5-11 梁柱铰接节点施工图示例二

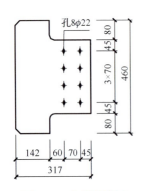

图 5-12 连接板详图

图 5-13 梁柱铰接节点施工图示例二的三维示意图

2. 刚接节点

图 5-14 所示的梁柱刚接节点施工图中,梁柱均采用 H 型钢,钢梁腹板通过 2 块竖向连接板与钢柱翼缘相连接,钢梁翼缘与钢柱翼缘通过现场焊缝相连接,连接的抗弯刚度较大,梁柱相对转动受限。该连接共包含 2 块竖向连接板和 4 块水平加劲板,2 块竖向连接板的尺寸均为 175mm×300mm×12mm,4 块水平加劲板的尺寸均为 142mm×360mm×20mm。一块竖向连接板在工厂焊接在钢柱翼缘上,在施工现场通过螺栓与钢梁腹板连接;另一块竖向连接板通过螺栓与钢梁腹板连接,并通过现场焊缝与钢柱翼缘焊接。在钢梁上下翼缘高度处通过水平加劲板对钢柱进行加固,以防止钢柱翼缘和腹板发生局部屈曲。该连接的三维示意图如图 5-15 所示。

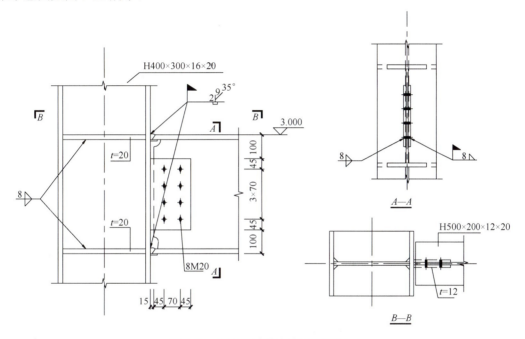

图 5-14 梁柱刚接节点施工图示例一

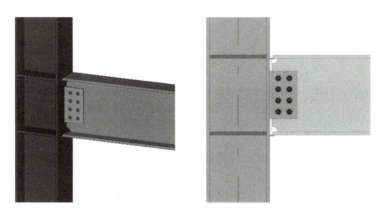

图 5-15 梁柱刚接节点施工图示例一的三维示意图

图 5-16 所示的梁柱刚接节点施工图中，钢梁腹板通过 2 块竖向连接板与钢柱腹板相连接，连接共包含 2 块竖向连接板和 4 块水平加劲板。2 块竖向连接板规格及尺寸如图 5-17 所示，其备料尺寸为 437mm×460mm×12mm。水平加劲板分为两种规格，其中 2 块小加劲板尺寸为 142mm×360mm×20mm，2 块大加劲板备料尺寸为 262mm×360mm×20mm。该连接的三维示意图如图 5-18 所示。

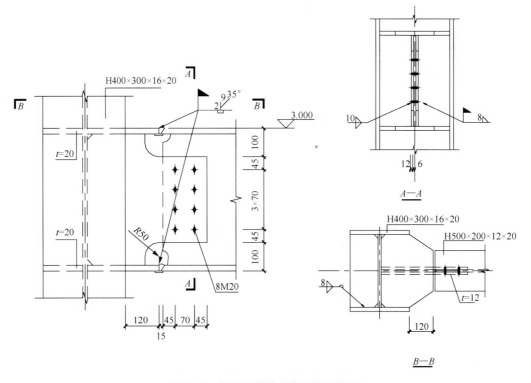

图 5-16 梁柱刚接节点施工图示例二

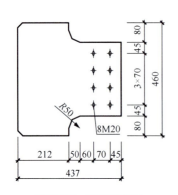

图 5-17 连接板详图

图 5-18 梁柱刚接节点施工图示例二的三维示意图

项目 5 钢柱制作与安装

工作任务

识读某中学实验楼首层钢柱平面布置图（见附录 1 附图 1-5），完成钢柱结构施工图识读任务卡，并对本次工作任务进行考核评价。

【评价要求】完成学生自评、组内互评、组间互评、专业指导教师评价及综合评价。

任务 5.1 工作任务卡

总结与提高

钢柱结构施工图识读过程中的一般技巧和注意事项归纳如下。

1．首先要根据工程特点和需要对整个工程进行分区，然后分区块按要求仔细查看各钢柱的具体图纸。

2．统计钢柱规格及进行钢梁定位时，应按照从左往右、从上往下的顺序查看结构布置图，不得遗漏重要构件，统计时可以借助铅笔等在图中做出标记，避免多计或漏计。

3．对于部分不明确的信息需要借助结构设计总说明或图纸下方的简单说明来解答，这些说明一般是针对本套或本页图纸中的一些共性问题，通过文字的方式将共性问题表达清楚。

4．读图时不能孤立地看某一张图纸，而要将这张图纸与其他图纸联系起来看，如将建筑施工图与结构施工图结合起来看；结构体系的布置图和构件详图往往不会出现在同一张图纸上，此时就要根据索引符号将这两张图纸联系起来，这样才能准确理解图纸表达的意思。

5．图纸的绘制一般是按照施工过程不同的工种和工序进行的，读图时应与生产和安装的实际情况结合起来，以提高识图速度和准确度。

课后练习

一、填空题

1．图 5-19 中，H 型钢柱翼缘宽度为_____mm，图中尺寸 A 为_____mm，翼缘厚度为_____mm，螺栓垫片中心的圆孔直径为_____mm。

2．图 5-19 中，柱脚节点中螺帽（螺母）的数量为_____个，柱脚底板下的后浇混凝土层厚度为_____mm，柱脚底板厚度为_____mm。

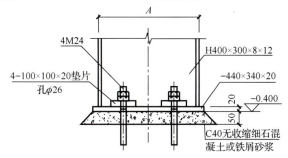

图 5-19 填空题 1、2 图

3．图 5-20 中，H 型钢柱翼缘与柱脚底板焊缝的焊脚尺寸为_____mm，钢柱腹板与柱脚底板的焊脚尺寸为_____mm，螺栓垫片安装完成后通过现场焊接的焊脚尺寸为_____mm，角焊缝焊接至柱脚底板上，柱脚底板上有_____个直径为_____mm 的圆孔。

4．图 5-21 中，梁截面高度 A 为_____mm，安装梁时与柱翼缘侧有宽度为_____mm 的间隙，梁顶标高为_____m（小数点后保留 3 位有效数字）。

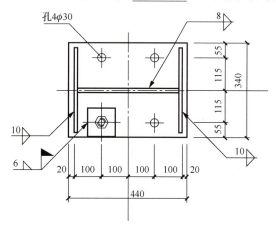

图 5-20　填空题 3 图　　　　　　　　图 5-21　填空题 4 图

5．图 5-22 中，A 表示钢柱_____（翼缘或腹板）的尺寸，其数值为_____mm，柱翼缘内侧水平加劲板厚度为_____mm。

6．图 5-23 中，尺寸 A 为钢梁的_____（翼缘或腹板）尺寸，其数值为_____mm，竖向加劲板厚度为_____mm。

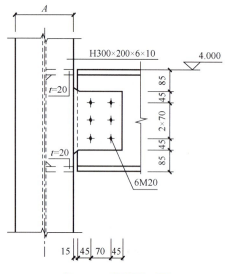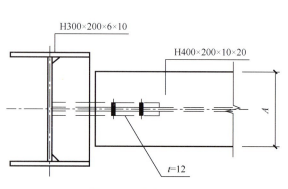

图 5-22　填空题 5 图　　　　　　　　图 5-23　填空题 6 图

7. 图 5-24 中，点画线一般表示钢柱中心线，故尺寸 A 为_____mm，钢梁底面标高为_____m，钢柱的腹板厚度为_____mm（小数点后保留 3 位有效数字）。

8. 图 5-25 中，梁柱节点中水平加劲板的备料尺寸：长边为_____mm，短边为_____mm，翼缘上有_____块连接板。

9. 图 5-26 所示翼缘栓接节点，钢柱焊接的外伸梁段长度为_____mm，钢梁腹板上的竖向连接板水平方向边长为_____mm，竖向边长为_____mm，栓接时钢梁与钢柱上的外伸梁段间隙为_____mm。

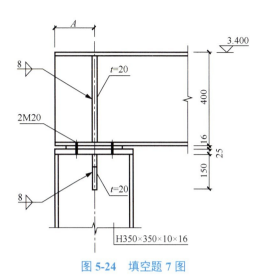

图 5-24 填空题 7 图

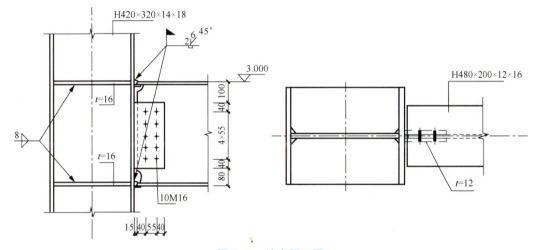

图 5-25 填空题 8 图

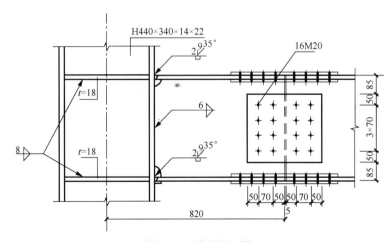

图 5-26 填空题 9 图

10．图 5-27 中所示翼缘栓接节点，翼缘外侧连接板长度为_____mm，宽度为_____mm，单个外侧连接板上有_____个螺栓孔。翼缘内侧连接板宽度为_____mm，单个内侧连接板上有_____个螺栓孔。

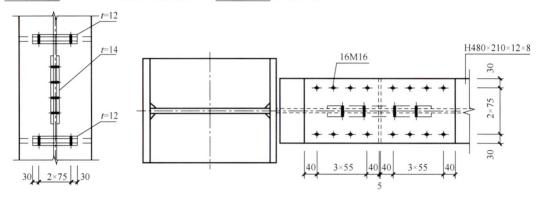

图 5-27　填空题 10 图

二、简答题

1．图 5-20 所示梁柱节点是刚接节点还是铰接节点？连接板的下料尺寸是多少？

2．图 5-28 所示梁柱节点是刚接节点还是铰接节点？连接板的备料尺寸是多少？

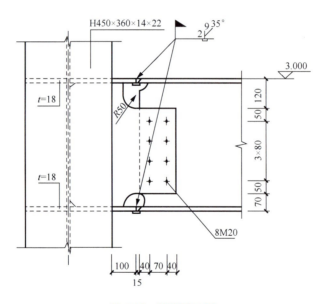

图 5-28　简答题 2 图

3．图 5-29 所示梁柱节点中，水平加劲板有哪几种尺寸？

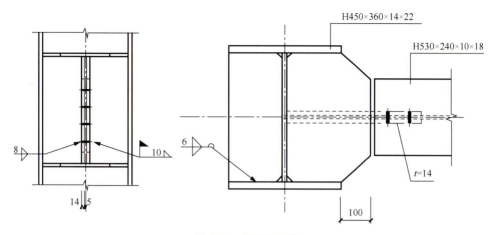

图 5-29　简答题 3 图

任务 5.2　钢柱深化图识读

引导问题

1. 钢柱采用的截面形式有哪些？与钢梁有何区别？
2. 钢柱采用的截面型材有哪些？钢材材质有哪些？
3. 钢柱的主零件有哪几种类型？如何确定其编号和数量？
4. 钢柱的次零件有哪几种类型？如何确定其编号和数量？
5. 钢柱的直发板件有哪几种类型？如何确定其编号和数量？

知识解答

钢柱一般可采用工字形、十字形、箱形和圆形等截面形式。钢柱深化图中应给出钢柱的主视图，为了完整显示钢柱在高度方向的构造细节，还应在主视图上创建钢柱的剖面图（如图 5-30 中的 $A—A$ 剖面图）。钢柱节点区域构造相对复杂，可在钢柱的柱脚节点及梁柱节点区域均创建水平方向的剖面图（如图 5-30 中的 $B—B \sim F—F$ 剖面图）。此外，与钢梁深化图类似，钢柱深化图中也包含位置信息表、螺栓表、构件材料表和零件图。

箱形截面钢柱构件主要包含三种类型的板件，分别是 B 系列主零件板、P 系列次零件板和 ZF 系列直发板。其中，B 系列主零件板是指钢柱中长度较长的零件，是构件的主体部分，一般构成箱形截面钢柱的壁板；P 系列次零件板是指焊接到构件上的各类小板，尺寸相对较小，数量较多；ZF 系列直发板是指尺寸不大，但在工厂加工成型后不与任何构件焊接成整体，独立装车运输至现场安装的板件。

本任务以编号为 1GZ-1 的箱形截面钢柱深化图（见附录 2 附图 2-8）为例，介绍钢柱深化图的识读。

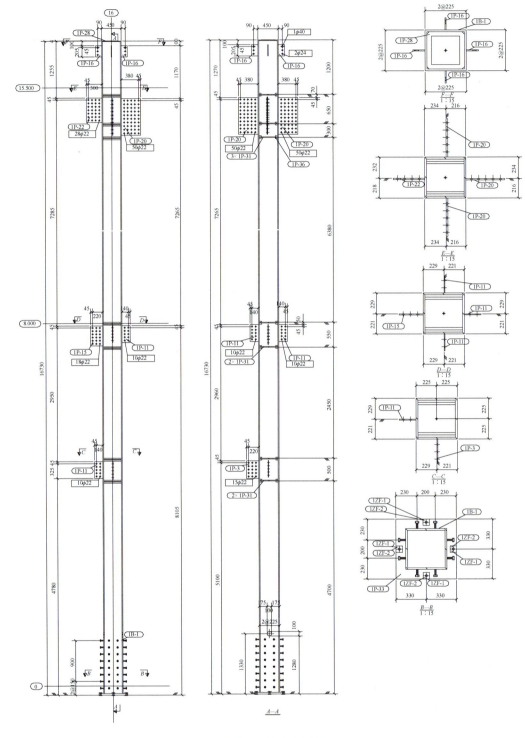

图 5-30 1GZ-1 深化图

5.2.1 主视图识读

图 5-30 为钢柱 1GZ-1 的深化图。图中最左侧部分为钢柱的主视图。识读主视图，该钢柱位于 16 号轴线，标高大致范围为±0.000~15.500m；$A—A$ 剖面对钢柱前后方位的构造进行了表达；钢柱底部约 1m 范围壁板外侧焊接有栓钉，柱脚节点范围构造详见 $B—B$ 剖面；5.000m 标高位置焊有梁柱连接节点板，编号为 1P-11，节点板焊接在构件左侧，此处构造详见 $C—C$ 剖面；8.000m 标高位置焊有梁柱连接节点板，构件左侧连接板编号为 1P-15，右侧连接板编号为 1P-11，此处构造详见 $D—D$ 剖面；15.500m 标高位置焊有梁柱连接节点板，构件左侧连接板编号为 1P-22，右侧连接板编号为 1P-20，此处构造详见 $E—E$ 剖面；16.500m 标高位置焊有梁柱连接节点板，构件左右两侧连接板编号均为 1P-16，此处构造详见 $F—F$ 剖面；钢柱柱顶封板编号为 1P-28，钢柱总长度为 16730mm。

5.2.2 剖面图识读

为了更清晰地表达钢柱的构造做法，对本钢柱共创建了 6 个剖面图，具体介绍如下。

$A—A$ 剖面图的作用与主视图类似，作为主视图的补充图纸，主要介绍箱形截面钢柱另外一对壁板连接板的构造做法。识读 $A—A$ 剖面图，钢柱底部约 1m 范围壁板外侧焊接有栓钉，前后壁板距离柱底 1330mm 位置处开有直径为 100mm 的圆孔；5.000m 标高位置焊有梁柱连接节点板，钢柱左侧焊有编号为 1P-3 的连接板，该节点区域共设置有 2 块编号为 1P-31 的内隔板；8.000m 标高位置焊有梁柱连接节点板，构件左右两侧连接板编号均为 1P-11，该节点区域共设置有 2 块编号为 1P-31 的内隔板；15.500m 标高位置焊有梁柱连接节点板，构件左右两侧连接板编号均为 1P-20，该节点区域共设置有 3 块编号为 1P-31 的内隔板；16.500m 标高位置焊有梁柱连接节点板，构件左右两侧连接板编号均为 1P-16。

$B—B$ 剖面图主要表达柱脚节点区域的构造做法。识读 $B—B$ 剖面图，柱脚底板编号为 1P-33，并配有 4 块直发板 1ZF-1 和 4 块直发板 1ZF-2，柱脚节点范围内箱形截面柱四侧壁板均焊接有栓钉，栓钉中心距钢柱对称轴 100mm，每个高度共 8 颗栓钉。

识读 $C—C$ 剖面图，该节点区域箱形截面柱内设有内隔板，钢柱左侧壁板焊有连接板 1P-11，钢柱下侧壁板焊有连接板 1P-3。

识读 $D—D$ 剖面图，该节点区域箱形截面柱内设有内隔板，钢柱左侧壁板焊有连接板 1P-15，钢柱上侧、下侧和右侧壁板均焊有连接板 1P-11。

识读 $E—E$ 剖面图，该节点区域箱形截面柱内设有内隔板，钢柱左侧壁板焊有连接板 1P-22，钢柱上侧、下侧和右侧壁板均焊有连接板 1P-20。

识读 $F—F$ 剖面图，钢柱柱顶封板编号为 1P-28，钢柱上侧、下侧、左侧和右侧壁板均焊有连接板 1P-16。

5.2.3 位置信息表识读

本任务采用位置信息表的形式表达钢柱 1GZ-1 在整个结构中的位置信息。识读位置信息表（表 5-1），钢柱 1GZ-1 位于⑯轴和Ⓓ轴交点上，钢柱顶面标高为+16.534m。

识读螺栓表（表 5-2），钢柱采用栓钉的直径为 19mm，长度为 80.0mm，数量合计需要 64 根。

识读构件材料表（表 5-3），钢柱包含 1 种类型的主零件板、10 种类型的次零件板和 2 种类型的直发板，单根箱形截面钢柱总重为 5111.06kg，表面积为 66.9m²。

表 5-1 位置信息表

构件名称	构件位置	构件顶面标高/m
1GZ-1	16/D	+16.534

表 5-2 螺栓表

螺栓标准	直径/mm	长度/mm	数量/个
栓 钉	ϕ19	80.0	64

表 5-3 构件材料表

构件编号：1GZ-1		制作构件：1 件		本页构件总重：		5111.06×1 = 5111.06 kg	
编号	规格/mm	长度/mm	材质	数量/个	表面积/m²	单重/kg	总重/kg
1B-1	箱 450×450×20×20	16695	Q355B	1	57.5	4505.89	4505.89
1P-3	PL10×265	390	Q235B	1	0.2	8.11	8.11
1P-11	PL10×185	370	Q355B	4	0.1	5.37	21.49
1P-15	PL12×265	440	Q355B	1	0.3	10.98	10.98
1P-16	PL12×135	250	Q355B	4	0.1	3.18	12.72
1P-20	PL18×425	810	Q355B	3	0.7	48.64	145.93
1P-22	PL14×345	540	Q355B	1	0.4	20.47	20.47
1P-28	PL16×410	410	Q355B	1	0.4	18.75	18.75
1P-31	PL16×360	410	Q355B	7	0.3	18.54	129.77
1P-33	PL35×660	660	Q355B	1	1.0	119.68	119.68
1P-36	PL25×50	410	Q355B	28	0.1	4.02	112.65
1ZF-1	PL20×70	70	Q355B	4	0.0	0.77	3.08
1ZF-2	PL10×70	70	Q355B	4	0.0	0.38	1.54
合计					66.9	—	5111.06

5.2.4 零件图识读

零件图绘出了本工程箱形截面钢柱结构中的所有零件详图，对所有零件按统一规则进行编号后，按编号大小顺序排列。本工程箱形截面钢柱零件组合图包含主零件板、次零件板和直发板三类板件的详图，可扫描下方的二维码查看。图 5-31 给出了钢柱 1GZ-1 中主零件板 1B-1、次零件板 1P-3 和直发板 1ZF-1 的零件图。表 5-4 为主零件板 1B-1 的零件信息表。

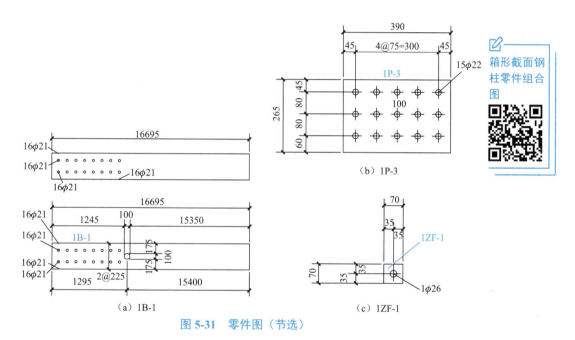

图 5-31 零件图（节选）

表 5-4 零件信息表

零件编号	1B-1	数量	4	比例	1∶300	材质	Q355B
零件规格	箱 450×450×20×20×16695（mm）			单重	4505.9kg	总重	18023.6kg

✦ 工 作 任 务 ✦

识读某屋面钢柱深化图中箱形截面钢柱 1GZ-2 详图（见附录2附图2-9），完成钢柱深化图识读任务卡，并对本次工作任务进行考核评价。

【评价要求】完成学生自评、组内互评、组间互评、专业指导教师评价及综合评价。

任务 5.2 工作任务卡

总结与提高

钢柱深化图识读过程中的一般技巧和注意事项归纳如下。

1．要遵循先整体后局部的识读顺序，通过钢柱布置图或者钢柱深化图中的位置信息表确定钢柱所在的位置，结合整个结构的布局来更好地理解深化图。

2．识读钢柱深化图时，应从下往上统计各组成板件的规格，并按照板件具体类型进行分类汇总，统计出各板件的型号和数量。

3．识读主零件图时，应根据主视图正确区分其位置和放置方向，同时要注意柱脚柱底的详细构造，准确确定主零件的尺寸。

4．识读次零件图时，要结合主视图和剖面图正确确定其数量和放置位置，形状相似的零件板务必分清其构造或尺寸上的区别，连接板放置方向不能弄错。

5．直发板规格和数量不能弄错，否则将严重影响工程工期和运输成本，运输前要再次对直发板归属构件加以确认，并认真核对直发板的规格尺寸是否正确。

课 后 练 习

一、填空题

1．图 5-32 中，H 型钢柱中心位于Ⓐ轴和_____轴的交点处，柱脚底板长度为 440mm，宽度为_____mm，该节点中一共有_____个螺栓垫片。

2．图 5-33 中，H 型钢柱型材属于_____（宽、中或窄）翼缘的 H 型钢，翼缘宽度为_____mm。柱脚底板厚度为_____mm，柱脚底板顶面标高为_____m（带"+"或"－"号，小数点后保留 3 位有效数字）。

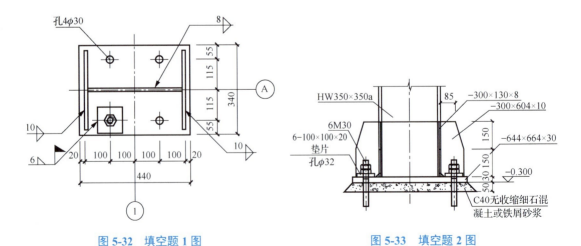

图 5-32 填空题 1 图　　图 5-33 填空题 2 图

3．图 5-34 中，钢柱为圆钢管，其外径为_____mm，厚度为 12mm，柱脚共有_____

块加劲板，加劲板备料尺寸：长度为_____mm，宽度为 80mm，厚度为_____mm。圆钢管上开了一个直径为 100mm 的圆孔，其圆心标高为_____m。

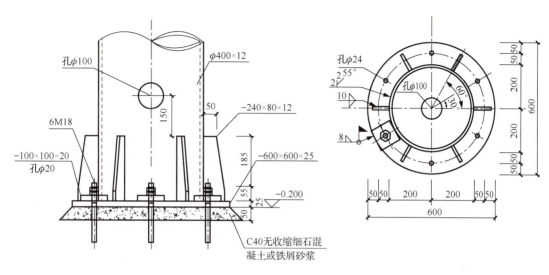

图 5-34　填空题 3 图

4. 图 5-35 所示柱顶连接节点立面图，尺寸 A 为_____mm，尺寸 B 为_____mm，图中梁加劲板有_____块，柱加劲板有_____块。

5. 图 5-36 所示柱顶连接节点俯视图，螺栓间距为_____mm，边距为_____mm，垫板为方形，边长为_____mm。

6. 图 5-37 所示梁柱节点中，支托板厚度为_____mm，根据图中标注确定以下尺寸：支托加劲板其中一边尺寸为_____mm，柱加劲板长为_____mm，连接完成后梁端部距离钢柱翼缘的间隙为_____mm。

7. 图 5-38 中左图为翼缘支托连接的正视图，右图为俯视图，根据图中标注确定以下尺寸：支托板长边尺寸为_____mm，短边尺寸为_____mm，支托板上两螺栓孔中心距为_____mm，支托板螺栓孔中心到板边缘的最小距离为_____mm。

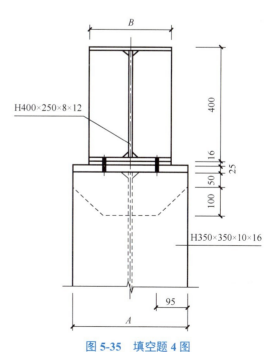

图 5-35　填空题 4 图

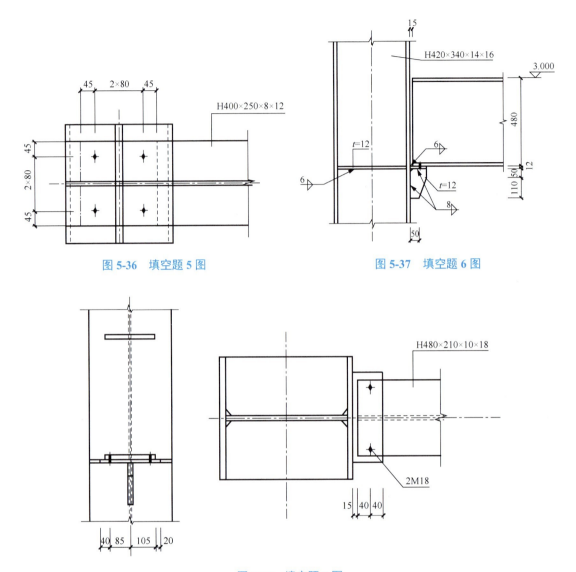

图 5-36 填空题 5 图

图 5-37 填空题 6 图

图 5-38 填空题 7 图

8. 图 5-39 所示箱形截面内肋焊接节点，节点中衬条板厚度为_____mm，宽度为_____mm。根据图中标注可以确定的内隔板边长为_____mm，厚度为_____mm。为了保证钢柱的局部稳定性，在钢梁焊接位置应设置与钢梁翼缘等高的内隔板，图中内隔板共_____块，内隔板采用衬条板与钢柱焊接，图中节点衬条板共_____块，内隔板稍有区别，主要区别在于其中一块上开有直径为_____mm 的圆孔。

9. 图 5-40 所示箱形截面钢柱俯视图，该钢柱由厚度为_____mm 的钢板组成，组成该钢柱的钢板共有_____种规格，其中最宽的钢板宽度为_____mm，最窄的钢板宽度为_____mm。

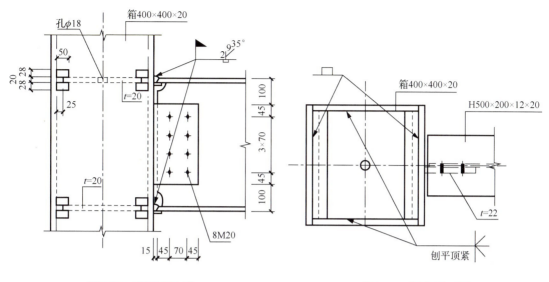

图 5-39　填空题 8 图　　　　　　　图 5-40　填空题 9 图

10．图 5-41 所示箱形截面钢柱通肋栓焊节点，图中单块竖向连接板中有_____个螺栓孔，其水平间距分别为_____mm，竖向间距相同，均为_____mm，梁左端腹板共有_____个螺栓孔。最右侧图为单块水平加劲板的加工图，图中尺寸 A 为_____mm，B 为_____mm，C 为_____mm，节点共设置_____个这种水平加劲板。

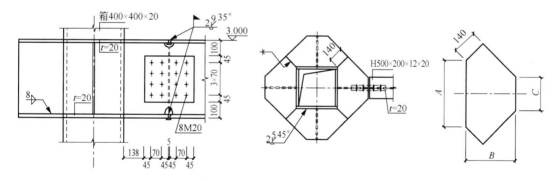

图 5-41　填空题 10 图

二、简答题

1．请简述图 5-42 中所示零件的备料尺寸及构造特点。

2．为完成图 5-43 中零件板 1P-42 的加工，需要准备什么规格的型材？图中是否还需要补充其他尺寸标注？

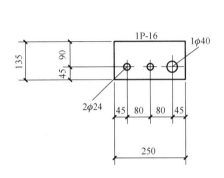

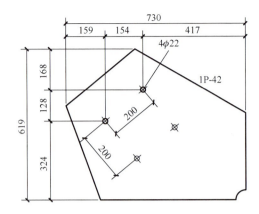

图 5-42　简答题 1 图

图 5-43　简答题 2 图

3. 请列出完成图 5-44 中零件板 1P-17 所需全部材料的尺寸和质量。

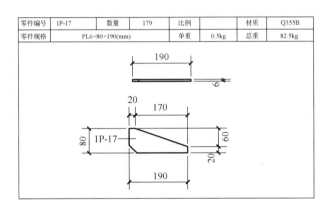

图 5-44　简答题 3 图

任务 5.3　钢柱加工制作

引导问题

1. 钢柱加工与钢梁加工有哪些相同之处？
2. 箱形截面钢柱如何保证壁板的局部稳定性？内隔板与四侧壁板是否都需焊接？
3. 钢板厚度较大时，如何保证焊缝的质量？
4. 箱形截面钢柱的零件如何定位？选定定位基准的依据是什么？
5. 钢柱总装配要受哪些硬件设备的约束？如果不考虑这些限制将导致什么后果？

知识解答

5.3.1 零件开孔及边缘处理

由于钢柱在强弱轴两个方向都有可能存在弯矩，因此在钢结构工程中除了采用常规 H 型钢柱，部分钢柱还采用了箱形（矩形或方形）截面。H 型钢构件在钢梁加工制作部分已经介绍，此处重点介绍箱形截面钢柱的加工制作。

箱形截面钢柱是指由四块钢板经下料、组立、焊接、矫正、端铣后再与零件经过装配、焊接等各道工序加工制成的钢柱。钢材经原材料检验合格后方可拼板和下料，具体知识要点同钢梁加工制作。与钢梁不同的是，钢柱零件板中带多个孔的情况较为常见，且钢板厚度一般较大，如图 5-45（a）所示。为加工多孔零件板，可以采用数控等离子或者火焰切割技术，一般流程是：摆料→编程→点火调锋线→切割→标识→清渣→收料。加工时应遵循以下原则：先割内轮廓，再割外轮廓；先割小孔，再割大孔；留设足够的引出长度；预留割缝损耗。

为了保证厚钢板焊接牢固，零件板靠近焊接位置边缘应进行坡口加工，如图 5-45（b）所示。坡口加工的一般流程是：摆料→划线、铺轨道→调枪、调锋线→切割→标识→清渣→收料。

（a）多孔零件板　　　　　　　　　（b）厚钢板坡口加工

图 5-45　零件开孔及边缘处理

5.3.2 内隔板组立

梁柱连接节点区域内，钢梁对钢柱壁板有一定的集中应力，将导致壁板发生局部屈曲，为了提高钢柱壁板的局部稳定性，需要在柱内侧增设水平加劲板，箱形截面钢柱一般通过内隔板增加壁板稳定性。内隔板通常利用胎模法进行加工，内隔板上下表面外侧均设置有衬条，一般步骤是：清理完胎膜后，在胎膜上先放置下侧衬条，利用弹性支撑将其定位；然后将内隔板放置在下侧衬条上并焊接为一体；再放置上侧衬条，同样利用弹性支撑进行定位，并将上侧衬条与内隔板焊接成整体；最后拆除弹性支撑。其工艺流程是：调胎膜工装→放下侧衬条→弹性支撑定位→放内隔板→点焊→放上侧衬条→弹性支撑定位→点焊→拆除弹性支撑，如图 5-46 所示。

（a）调胎膜工装

（b）内隔板

（c）内隔板点焊

图 5-46　内隔板加工

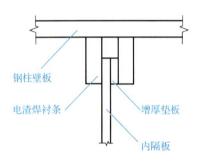

图 5-47　内隔板增厚垫板

内隔板组立前应完成矫正和铣平，当内隔板厚度较小（小于焊枪直径+4mm）时，需要在内隔板的同侧设置增厚垫板，以确保此处焊缝能顺利完成，如图 5-47 所示。

箱形截面钢柱内隔板通常采用 U 形组立方法。组立平台由钢板平台和马凳组成，钢板平台厚度不应小于 16mm，马凳需与钢板平台固定牢固，且马凳间距不宜大于 1m。组立时，要保证内隔板中心线与翼缘中心线对齐，内隔板与箱形截面钢柱壁板垂直，铣平端各壁板组立基准线对齐，腹板中心线与隔板中心线对齐，可利用 U 形夹具辅助调整壁板间距和垂直度。组立完成后，需要对箱形截面的尺寸进行检验，达标后方能进行盖板的组装与焊接。检验时应着重校核箱形截面的长和宽，同时保证对角线尺寸满足精度要求，如图 5-48 所示。

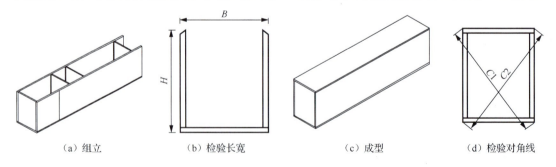

（a）组立　　　　（b）检验长宽　　　　（c）成型　　　　（d）检验对角线

图 5-48　箱形截面尺寸检验

检验合格后组装盖板，盖板与两侧壁板的焊缝应满足图纸和规范要求，盖板与内隔板应利用埋弧焊焊接牢固，保证节点区域盖板满足稳定性要求。U 形组立与盖板装配如图 5-49 所示。

项目 5 钢柱制作与安装

（a）U形组立

（b）盖板装配

图 5-49　U 形组立与盖板装配

5.3.3 钢柱总装配

钢柱上设置有牛腿、支撑、连接梁段等外伸零部件，为了保证现场施工方便，在不影响运输的前提下，以上零部件均在工厂完成总装配。对于装配后总尺寸超过抛丸机最大抛丸尺寸的构件，应先抛丸并预涂一道底漆后再装配。

装配的第一道工序是划线。划线前应先清除杂物，划线的要点如下：以铣平面为基准，在考虑焊接和矫正收缩余量的基础上划定长切割线；以端铣面为基准划出各零部件的纵向装配线，连接板以距离端铣面的首个安装孔为定位基准；以中心轴线为基准划出各零部件横向装配线，零部件最外侧安装孔作为其定位基准；在距柱下端 100mm 处划衬条装配基准线；⑤以端铣面为基准，在钢柱加工主视图正面、右侧面距底端 1000mm 及上端 500mm 处划出十字中心线（轴线）并打样冲，如图 5-50 所示。

装配完成后应在距柱底 600mm 处打印构件编号，保证构件安装位置正确。钢柱节点部件和钢梁连接件的竖向垂直度检验应以端铣面为测量基准，横向垂直度检验应以构件截面两个方向的中心线为测量基准。钢柱柱脚底板应注意底板平整度和垂直度的检验。带牛腿的钢柱，装配后应再次检验牛腿两个方向的垂直度是否满足要求，牛腿顶面标高是否与图纸要求一致，如图 5-51 所示。

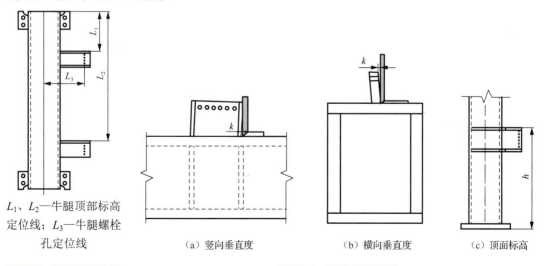

L_1、L_2—牛腿顶部标高定位线；L_3—牛腿螺栓孔定位线

图 5-50　钢柱划线定位

（a）竖向垂直度　（b）横向垂直度　（c）顶面标高

图 5-51　钢柱牛腿检验

工作任务

任务 5.3 工作任务卡

识读某中学实验楼首层钢柱平面布置图（见附录 1 附图 1-5），完成钢柱加工制作任务卡，并对本次工作任务进行考核评价。

【评价要求】完成学生自评、组内互评、组间互评、专业指导教师评价及综合评价。

总结与提高

钢柱作为钢结构工程的竖向承重构件，其加工制作对于整个结构至关重要。钢柱由于其受力和构造特点，在加工上有着与钢梁不同的独特的技术要点，简单总结如下：

1. 箱形截面钢柱是由四块钢板经下料、组立、焊接、矫正、端铣后再与零件经过装配、焊接等各道工序加工制成的，钢材经质量检验合格后方可进行拼板和下料，进入下一道工序。

2. 箱形截面钢柱连接节点区域有较大的局部应力，需要通过设置内隔板来提高壁板的局部稳定性。内隔板在胎模上完成制作，内隔板上下表面外侧均需设置衬条。

3. 箱形截面钢柱内隔板通常采用 U 型组立方法，点焊固定后应检验各位置处截面尺寸和对角线长度是否满足精度要求，满足要求后则利用夹具固定并焊接牢固。

4. 钢柱总装配工序实际操作时要考虑抛丸机的最大构件尺寸限制，确保每个构件都能够经历抛丸流程，保证后续涂装的质量。

5. 钢柱的分段和装配应考虑最大运输长度的影响，在不影响构件运输的前提下合理分段和装配，在保证构件加工质量的前提下提高施工效率，保证工期。

6. 装配过程中，各零部件质量检验的基准要正确选定，一般而言应保证装配后的构件能够顺利完成现场安装。

课后练习

一、填空题

1. 为了提高钢柱壁板的局部稳定性，一般需要在柱内侧增设_____。
2. 箱形截面钢柱加工中，在_____后应完成内隔板的制作。
3. 钢柱总装配的第一道工序是_____。
4. 钢柱柱脚底板应注意底板_____和_____的检验。
5. 钢柱节点部件和梁连接件横向垂直度检验应以构件截面两个方向的_____为测量基准。

二、简答题

1. 加工多孔零件板应遵循哪些原则？
2. 厚钢板坡口加工的一般流程是什么？

任务 5.4　钢柱现场安装

引导问题

1. 梁和柱的连接方式有哪些？多高层框架结构中常见的刚性连接做法有哪些？
2. 钢柱起吊方法有哪些？其中能最大限度发挥起重机能力和效率、缩短工期而广泛采用的方法是哪种？
3. 钢柱吊装顺序是什么？起重机的吊装参数有哪些？
4. 钢柱安装质量验收包括哪些项目？

知识解答

5.4.1　钢柱安装要求

钢柱安装质量与基础标高、基础和柱脚螺栓的定位轴线直接相关，钢柱安装必须在钢筋混凝土基础经验收合格后才能进行。钢柱安装要求如下。

（1）柱脚安装时，锚栓宜使用导入器或护套。

（2）首节钢柱安装后应及时进行垂直度、标高和轴线位置校正，垂直度可采用经纬仪或线坠测量。校正合格后，钢柱应可靠固定，并应进行二次灌浆。二次灌浆工作应采用无收缩、微膨胀的水泥砂浆，灌浆前清除柱底板与基础面间的杂物，用水泥砂浆将柱脚底板面与基础间的空隙浇筑密实。

（3）首节以上的钢柱定位轴线应从地面控制轴线直接引测，不得从下层柱的轴线引测。钢柱校正垂直度时，应确定钢梁接头焊接的收缩量，并预留焊缝收缩变形值。

（4）倾斜钢柱可采用三维坐标测量法进行测校，也可采用柱顶投影点结合标高进行测校，校正合格后宜采用刚性支撑固定。

5.4.2　钢柱安装施工

1. 测量放线

钢柱安装前，应设置标高观测点和中心线标志，同一工程的观测点和标志设置位置应一致，并应符合下列规定。

（1）标高观测点的设置。以牛腿（肩梁）支撑面为基准，将标高观测点设在柱身便于观测处。无牛腿（肩梁）柱，应以柱顶端与屋面梁连接的最上一个安装孔中心为基准。

（2）中心线标志的设置。在柱底板上表面上行线方向设一个中心线标志，列线方向两侧各设一个中心线标志。在柱身表面上行线和列线方向各设一条中心线，每条中心线在柱底部、中部（牛腿或肩梁部）和顶部各设一处中心线标志。双牛腿（肩梁）柱在上行线方向两个柱身表面分别设中心线标志。

2. 确定起重机械

起重机械的选择应根据 4.4.2 节中的选取原则及有关技术要求确定。吊装时，应将待安装钢柱按照钢柱位置、方向按确定的吊装方法移运至吊装位置。为充分利用起重机能力和减少连接，一般以 3~4 层为一节柱，节与节之间用坡口焊连接，一个节间的柱网必须安装三层的高度后再安装相邻节间的柱。

3. 确定起吊方法

钢柱起吊方法应根据钢柱类型、起重机械和现场条件确定，可采用旋转法、滑行法和递送法。

（1）旋转法。旋转法是起重机边起钩边回转，使钢柱绕柱脚旋转而将钢柱吊起，如图 5-52 所示。

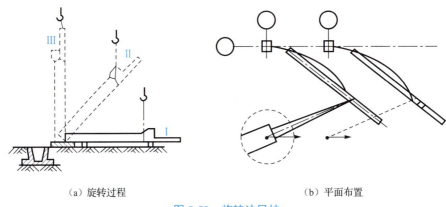

(a) 旋转过程　　　　　　　　　(b) 平面布置

图 5-52　旋转法吊柱

（2）滑行法。滑行法是采用单机或双机抬吊钢柱，起重机只起钩，使柱滑行而将钢柱吊起，如图 5-53 所示。为减少钢柱与地面的摩擦阻力，需要在柱脚下铺设滑行道。

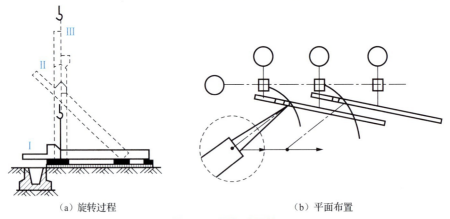

(a) 旋转过程　　　　　　　　　(b) 平面布置

图 5-53　滑行法吊柱

（3）递送法。递送法采用双机或三机抬吊钢柱。其中一台为辅机，吊点选在钢柱下面，起吊时配合主机起钩，随着主机的起吊行走或回转，在递送过程中承担了一部分荷载，从而将钢柱柱脚递送到柱基顶面，辅机脱钩卸去荷载，此时主机满荷，将柱就位，如图 5-54 所示。

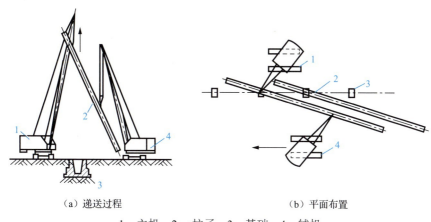

(a) 递送过程　　　　　　　　(b) 平面布置

1—主机；2—柱子；3—基础；4—辅机

图 5-54　双机递送法吊柱

4. 设置吊点

钢柱吊装属于竖向垂直吊装，为使钢柱保持垂直，便于就位，需根据钢柱的种类和高度确定吊点。钢柱吊点一般采用焊接吊耳（图 5-55）、吊索绑扎、专用吊具等设置。钢柱的吊点位置及吊点数量应根据钢柱形状、断面、长度、起重机性能等具体情况确定。

5. 吊装作业

吊装前，应将待安装钢柱按位置、方向移运至吊装位置。为防止钢柱根部在起吊过程中变形，钢柱吊装一般采用双机抬吊，主机吊在钢柱上部，辅机吊在钢柱根部，如图 5-56（a）所示。待钢柱根部离地一定距离（2m 左右）后，辅机停止起钩，主机继续起钩和回转，直至将钢柱吊直后，将辅机松钩。也可采用单机抬吊，如图 5-56（b）所示。对于重型钢柱，可采用双机递送抬吊或三机抬吊、一机递送的方法吊装；对于细长的钢柱，可采取分节吊装的方法，在下节柱及柱间支撑安装并校正后，再安装上节柱。

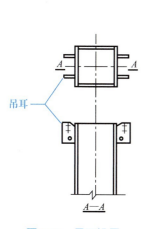

图 5-55　吊耳设置

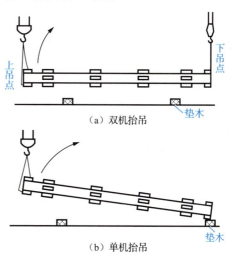

图 5-56　双机或单机抬吊钢柱

6. 临时固定

对于采用杯口基础的钢柱，钢柱插入杯口就位，初步校正后即可用钢（硬木）楔临时固定。方法是当柱身中心线对准杯口（或杯底）中心线后刹车，用撬杠拨正初校，在钢柱与杯口壁之间的四周空隙内，每边塞入两个钢（硬木）楔，再将钢柱下落到杯底后复查对位，同时打紧两侧的楔块，起重机脱钩，完成一个钢柱吊装，如图 5-57 所示。

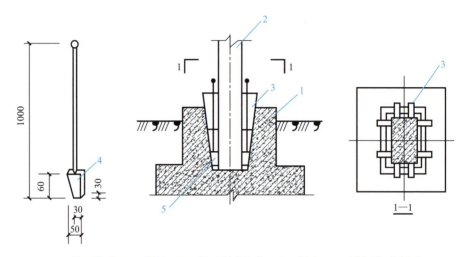

1—杯口基础；2—钢柱；3—钢（硬木）楔；4—钢塞；5—嵌钢塞或卵石

图 5-57 钢柱临时固定

7. 钢柱校正

钢柱的校正工作一般包括校正平面位置、标高及垂直度三个内容。钢柱的平面位置在钢柱吊装时已基本校正完毕，钢柱安装时的校正工作主要是复查标高和校正垂直度。

（1）复查标高。根据钢柱实际长度、柱底平整度、钢柱牛腿顶部距柱底部距离确定基础标高调整数值，主要保证牛腿顶面标高偏差在允许范围内。对于采用杯口基础的钢柱，可采用抹水泥砂浆或设钢垫板来校正标高；对于采用柱脚螺栓连接的钢柱，首层钢柱安装后，通过调整螺母来控制钢柱标高。如安装后还有偏差，则在安装吊车梁时予以纠正；如偏差过大，则应将柱拔出重新安装。

（2）校正垂直度。钢柱垂直度校正可以采用两台经纬仪或吊线坠进行测量，如图 5-58 所示。可以通过松紧楔块，用千斤顶顶推柱身，使钢柱绕柱脚转动来校正垂直度；或采用不断调整柱脚底板下的螺母进行校正，直到校正完毕，将板下的螺母拧紧。

8. 最后固定

钢柱最后校正完毕后，应立即进行最后固定。对采用柱脚螺栓连接的钢柱，在钢柱校正后拧紧螺母进行最后固定。

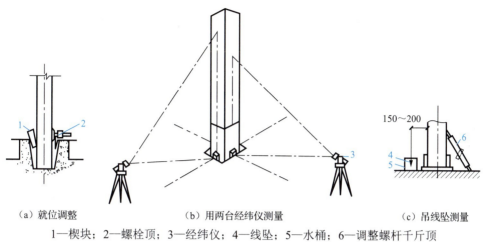

(a) 就位调整　　　　　(b) 用两台经纬仪测量　　　　(c) 吊线坠测量

1—楔块；2—螺栓顶；3—经纬仪；4—线坠；5—水桶；6—调整螺杆千斤顶

图 5-58　钢柱校正

5.4.3　钢柱安装质量验收

钢柱等主要构件的中心线及标高基准点等标志应齐全。钢柱安装的允许偏差应符合表 5-5 的规定，如有偏差必须校正。检查数量按钢柱数量抽查 10%，且不应少于 3 件。

表 5-5　钢柱安装的允许偏差　　　　　　　　　　　　　　　单位：mm

项　目		允许偏差	图　例	检验方法
柱脚底座中心线对定位轴线的偏移 Δ		5.0		用吊线和钢尺等实测
柱定位轴线 Δ		1.0		—
柱基准点标高	有吊车梁的柱	+3.0 −5.0		用水准仪等实测
	无吊车梁的柱	+5.0 −8.0		

（单位：mm）续表

项目			允许偏差	图例	检验方法
弯曲矢高			$H/1200$，且不大于15.0	—	用经纬仪或拉线和钢尺等实测
柱轴线垂直度Δ	单层柱		$H/1000$，且不大于25.0		用经纬仪或吊线和钢尺等实测
	多层柱	单节柱	$H/1000$，且不大于10.0		
		柱全高	35.0		
钢柱安装偏差Δ			3.0		用钢尺等实测
同一层柱的各柱顶高度差Δ			5.0		用全站仪、水准仪等实测

柱的工地拼接接头焊缝组间隙的允许偏差应符合表 5-6 的规定。

表 5-6 柱的工地拼接接头焊缝组间隙的允许偏差　　　　　　　单位：mm

项目	允许偏差
无垫板间隙	+3.0，0
有垫板间隙	+3.0，-2.0

总结与提高

钢柱作为钢结构工程的竖向承重构件，其现场安装质量对于整个结构至关重要。钢柱现场安装的技术要点简单总结如下。

1. 钢柱安装质量与基础标高、基础和柱脚螺栓的定位轴线直接有关，钢柱安装必须在钢筋混凝土基础验收合格后才能进行。

2. 钢柱安装施工的工序主要包括测量放线、确定起重机械、确定起吊方法、设置吊点、吊装作业、临时固定、钢柱校正和最后固定。

3. 在开展钢柱安装工作时，要重点关注钢柱安装的流程，以及钢柱安装质量控制和验收的要点。

课后练习

一、填空题

1. 钢柱最后校正完毕后，应立即进行_____。
2. 首节钢柱安装后应及时进行_____、_____和_____位置校正，钢柱的垂直度可采用经纬仪或线坠测量。
3. 钢柱吊装时，通常采用的起吊方法是_____。
4. 钢柱的校正工作一般包括_____、_____和_____。
5. 钢柱安装时的校正工作主要是_____和_____。

二、简答题

双机或多机抬吊钢柱时应注意哪些要点？

任务 5.5　钢柱制作安装方案编制

引导问题

1. 钢柱常见的截面形式有哪些？
2. 箱形截面梁柱焊接生产线主要包括哪些设备？
3. 箱形截面梁柱加工制作工艺包括哪些工序？

知识解答

与钢梁制作安装方案编制类似，钢柱制作安装方案可参照以下内容进行编制。

（1）编制依据。
（2）工程概况。
（3）施工部署。
（4）钢柱加工制作工艺及要求。
（5）钢柱制作质量保证措施。
（6）钢柱安装施工前准备。
（7）钢柱安装方案及主要施工方法。
（8）钢柱安装质量保证措施。
（9）安全文明施工措施。
（10）其他规定。

实训任务

钢柱制作安装方案编制实训任务书

一、实训目的

钢柱制作安装方案编制实训的目的是通过一项具体工程，学生能够综合运用本项目所学知识，在教师的指导下识读施工图纸并查阅施工手册，计算和统计钢柱构件材料表，编制钢柱制作方案和施工方案，进行钢柱安装的质量检验及验收，进而提高独立分析问题和解决问题的综合素质，养成安全文明施工的工作习惯和精细操作的工作态度。

二、实训任务

识读某中学实验楼钢框架结构施工图（见附录1）、施工平面布置图及吊装分析图（见附录3），独立完成钢柱制作方案编制任务单和钢柱施工方案编制任务单。

三、工程资料

1. 工程简介

本工程为某中学实验楼，平面尺寸为35.1m×14.4m，建筑高度11.56m，共三层。建筑采用钢框架结构体系，钢框架梁与柱刚接，钢次梁与钢框架梁铰接。楼板、屋面板采用钢筋桁架楼承板组合楼板（屋面板）。基础采用C40现浇混凝土条形基础形式。

本次实训任务选取⑤轴交Ⓑ轴和Ⓒ轴两个位置的钢柱，重点关注箱形截面钢柱的制作安装。吊装钢丝绳采用1770级别，FC纤维芯；起重机吊钩、吊索质量均取0.5t，钢丝绳的拉力通过查《建筑施工起重吊装工程安全技术规范》（JGJ 276—2012）附录A选用。

2. 施工条件

（1）场地条件：场地东边为空地，可供施工使用，场地内施工道路与城市道路相通。钢柱现场施工平面布置图见附录3附图3-4。

（2）吊装条件：钢柱均采用工厂加工、现场吊装的方式，构件按进度提供。本次实训任务中的钢柱吊装均采用50t汽车起重机，其性能参数请扫描本页二维码查看。

3. 结构施工图和深化图

钢柱平面布置图见附录1附图1-5～附图1-7。1号钢柱首节和二节深化图见附录3附图3-5和附图3-6，1号钢柱首节和二节吊装分析示意图见附录3附图3-9。

JGJ 276—2012附录A

50t 汽车起重机性能参数

任务5.5 实训任务单

学习情境三

典型钢结构安装

项目 6　单层门式刚架结构安装

知识目标：
- 掌握单层门式刚架结构施工图识读技巧和基本方法
- 掌握钢结构施工图的基本组成和识读的一般顺序
- 掌握结构设计总说明的内容组成和识读方法
- 掌握钢结构施工图中各类布置图的识读技巧
- 掌握钢结构施工图中节点详图的识读要点和注意事项

能力目标：
- 能够正确识读单层门式刚架结构施工图
- 能够正确、完整识读钢结构施工图
- 能够通过结构设计总说明获取结构的关键信息
- 能够正确识读钢结构施工图中的各类布置图
- 能够正确识读钢结构施工图中的节点详图

素质目标：
- 通过开展工作任务，提高团队协作和沟通表达能力
- 通过开展实训任务，养成优秀的职业操守和敬业精神
- 作为钢结构从业人员，要坚持开展绿色施工，以党的二十大报告提出的"推进生态优先、节约集约、绿色低碳发展"为工作方向
- 树立创新意识，争做创新型人才

项目 6 单层门式刚架结构安装

任务 6.1 单层门式刚架结构施工图识读

引导问题

1. 如何通过结构施工图确定工程项目的体量和抗震级别？
2. 钢结构项目一般需要采购哪些材料？其等级和类别信息一般在哪里获取？
3. 钢结构施工图有哪些基本组成单元？图纸有哪些组成部分？
4. 钢结构施工图有哪几类布置图？确定预埋件数量和位置时一般以什么图纸为基准？
5. 任务学习之后，你能否通过钢结构施工图，正确完成一榀门式刚架的制作与安装？

知识解答

6.1.1 单层门式刚架结构的组成

单层门式刚架结构是建筑工程中广泛使用的一类结构形式，其设计、加工、制作及安装工艺均非常成熟，在轻钢厂房、重钢厂房等建筑结构中得到大量使用。单层门式刚架结构在受力性能上与一般钢框架结构不同，尽管两者均为空间结构，但前者在受力分析上一般按二维结构考虑，施工过程是先在厂房两端通过支撑系统固定两屋架，形成稳定的几何不变体，然后将其余部分框架结构与两端的几何不变体相连；而钢框架结构则与传统框架结构的设计、施工方法基本相同。

基于上述原因，单层门式刚架结构具有不同于一般钢框架结构的组成特点。单层门式刚架结构一般由屋盖系统、横向框架、支撑系统、吊车梁系统、围护系统及附属部件等组成。各部分的构成及作用分别如下。

（1）屋盖系统：包括横向框架的横梁、托架、中间屋架、天窗架、檩条等，主要作用是承担屋面上的竖向荷载。

（2）横向框架：由柱和屋架组成，是结构在横向的主要承重体系，承受结构的自重以及风、雪和起重荷载，并将这些荷载传至基础。

（3）支撑系统：包括屋面支撑和柱间支撑两大部分，主要作用是将单个平面结构的主要承重体系连成空间整体的三维受力体系，保证结构所必需的刚度和稳定。

（4）吊车梁系统：包括吊车梁、制动系统等，主要承担竖向及水平荷载，并将荷载传至横向框架及纵向框架。

（5）围护系统：主要作用是将室内外空间隔开以形成封闭的室内空间，通常具有良好的保温隔热和隔声降噪的性能，同时能够承受一定的荷载，保证自身结构安全和变形满足使用需求。

（6）附属部件：如梯子、走道、门窗等，是构成厂房不可缺少的部件。

6.1.2 钢屋架的类型

钢屋架的常见类型有三角形屋架、梯形屋架、人字形屋架及平行弦桁架等，如图6-1所示。钢屋架外形与厂房用途、屋面材料、施工方法、屋架与其他构件的连接及结构的刚度等因素有关，如三角形屋架与柱只能铰接，结构在屋架平面方向刚度较差，故不宜用于重钢厂房中，但适用于陡坡屋面的有檩体系。

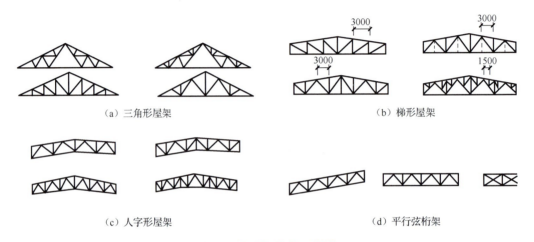

图 6-1 钢屋架的常见类型

6.1.3 单层厂房檩条

有檩体系中檩条的作用：一是作为屋面板的支撑，将屋面板的荷载有效传递给钢屋架；二是作为上弦杆的平面外支点，与纵向支撑一起保持屋面的纵向刚度，抵御纵向风力及吊车梁系统的纵向作用力。檩条有实腹式和桁架式两种。实腹式檩条常采用工字钢、Z型钢、角钢、槽钢或冷弯薄壁型钢制作，如图6-2所示。桁架式檩条又包括平面桁架式、T形桁架式、空间桁架式等，如图6-3所示。

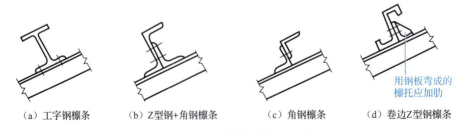

图 6-2 实腹式檩条的常见形式

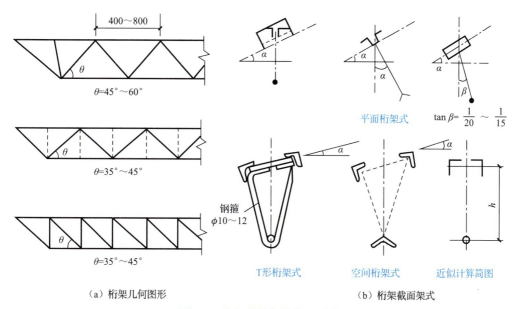

(a) 桁架几何图形　　　　　　　(b) 桁架截面架式

图 6-3　桁架式檩条的常见形式

由于檩条在顺屋面坡向及垂直屋面方向均发生弯曲，工程上一般用拉条将檩条在顺屋面坡向拉住，以控制檩条在顺屋面坡向的挠曲变形及挠度，并减小檩条尺寸，而用撑杆支撑垂直屋面方向。檩条之间拉条及撑杆的常规布置如图 6-4 所示。

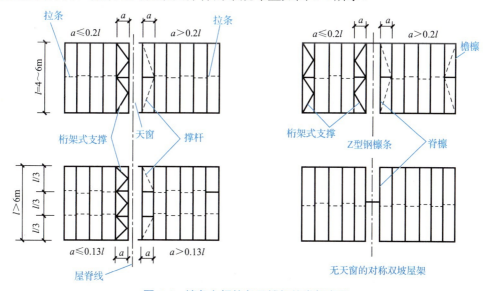

图 6-4　檩条之间拉条及撑杆的常规布置

6.1.4　柱间支撑

单层门式刚架结构属于三维结构，而作为基本组成单元的排架结构或框架结构属于二维受力结构，因此结构在纵向上需要坚强的连系构件将二维钢框架组成三维受力整体，这种连系构件就是柱间支撑。柱间支撑的作用包括以下几点。

（1）组成坚强的纵向框架，保证结构的纵向刚度。

（2）承受结构端部山墙的风荷载、起重机的纵向和水平荷载及可能存在的温度应力。

（3）可以为框架柱提供纵向的支点，提高框架柱在结构纵向的稳定性。

根据《钢结构设计标准》（GB 50017—2017）的要求，当单层房屋和露天结构的温度区段长度不超过表 6-1 中的数值时，一般情况下可不考虑温度应力和温度变形的影响。无桥式起重机房屋的柱间支撑和有桥式起重机房屋吊车梁或吊车桁架以下的柱间支撑，宜对称布置于温度区段中部，如图 6-5 所示。当不对称布置时，柱间支撑的中点（两道柱间支撑时为两柱间支撑的中点）至温度区段端部的距离不宜大于表 6-1 中纵向温度区段长度的 60%。

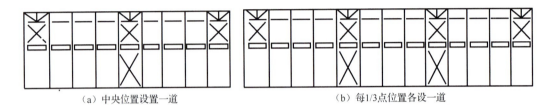

（a）中央位置设置一道　　　　　　　（b）每1/3点位置各设一道

图 6-5　柱间支撑的布置

表 6-1　温度区段长度值　　　　　　　　　　　　　　　　　　　　　单位：m

结构情况	纵向温度区段（垂直屋架或构架跨度方向）	横向温度区段（沿屋架或构架跨度方向）	
		柱顶为刚接	柱顶为铰接
采暖房屋和非采暖地区的房屋	220	120	150
热车间和采暖地区的非采暖房屋	180	100	125
露天结构	120	—	—
围护结构为金属压型钢板的房屋	250	150	

柱间支撑按其结构形式分为十字交叉式、门架式、八字式等，如图 6-6 所示。十字交叉式支撑具有构造简单、传力明确的优点，为了有效传递荷载及增强纵向刚度，其斜杆倾角一般为 45°左右，如图 6-6（a）所示。上层支撑在柱间距较大时可改用斜撑杆，下层支撑高而不宽时，为满足斜杆 45°倾角的要求，可以使用两个十字交叉式支撑［图 6-6（b）］或占用两个开间［图 6-6（c）］。若采用十字交叉式支撑妨碍生产，可采用门架式支撑，如图 6-6（d）所示。图 6-6（e）为较为常见的八字式支撑，在简单的厂房结构中采用较多。

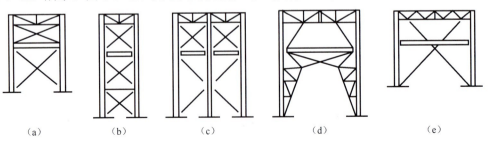

（a）　　　（b）　　　（c）　　　（d）　　　（e）

图 6-6　柱间支撑的形式

6.1.5 吊车梁系统

吊车梁系统通常由吊车梁、制动结构、辅助桁架及支撑构成，如图 6-7 所示。图 6-8 是工程中常见的吊车梁截面类型。

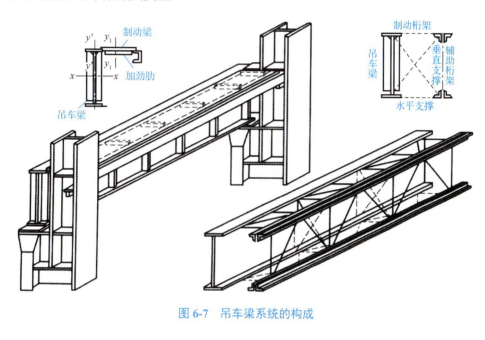

图 6-7 吊车梁系统的构成

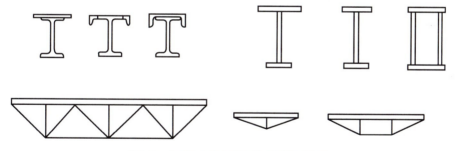

图 6-8 工程中常见的吊车梁截面类型

6.1.6 门式刚架结构施工图基本内容

门式刚架结构施工图一般包括：图纸目录、结构设计总说明、基础平面布置图、地脚螺栓布置图、结构布置图、刚架详图、节点详图。对主要图纸内容的简要解释如下。

（1）结构设计总说明：对一个建筑物的整体结构形式和结构构造等方面的要求所作的总体概述，通常放在整套图纸的首页，是施工图的重要组成部分。不同的钢结构施工图中的结构设计总说明的内容也不尽相同。

（2）基础平面布置图：反映基础形式，承台平面的位置、标高，以及基础配筋、材料强度等级。

（3）地脚螺栓布置图：反映地脚螺栓类型、定位轴网信息、螺栓规格及详图、柱脚防护措施、抗剪键构造、施工注意事项。

（4）结构布置图：包括屋面结构布置图和立面结构布置图，主要体现刚架、抗风柱、屋面檩条、墙面檩条、柱间支撑、水平支撑的详细信息，反映各结构构件定位及规格信息。

（5）刚架详图：反映门式刚架主要构件的详细信息，包含刚架柱、刚架梁的截面型号和定位，构件材料表，梁柱节点构造，柱脚节点构造，焊缝及螺栓连接构造要求。

（6）节点详图：主要包括梁与柱连接，梁与梁连接，支撑与梁、柱连接等部位连接的关系（如详细构造尺寸、轴线关系及标高等），反映节点处焊缝、螺栓及节点板的设置。

6.1.7 门式刚架结构施工图识读方法

识读一套完整的门式刚架结构施工图，一般应按下述步骤进行。

（1）查看结构设计总说明，了解建筑物的总体结构形式、柱子类型、屋架类型、屋面材料、围护材料等，对总体结构做到心中有数，为进一步详细识读做好准备。

（2）遵循从整体到局部、从平面到立面、从构件到节点的顺序识读。识读施工图时，需要记住基本的图例、引出标注，以及剖面图、截面图的表示方法。

（3）遵循从上往下看、从外往里看、从粗往细看、图样与说明对照看、建筑施工图与结构施工图对照看的要求识读。

图面上的各种线条纵横交错，各种图例、符号繁多，对于初学者来说，开始识读时要有耐心，做到认真细致。电子版图纸能极大地减小识读难度，利用软件阅读 CAD 版图纸时，可以利用图层工具进行筛选，将某些图层关闭或打开，使得图纸内容简洁直观，对于按比例绘制的图纸，可以利用软件中的测量工具对图纸上的相关内容进行测量。

6.1.8 单层门式刚架结构施工图识读实例

本节以方舱医院门式刚架结构施工图（见附录 4）为例，介绍单层门式刚架结构施工图的识读。

1. 结构设计总说明

本工程结构安全等级为二级，主体结构设计使用年限为 50 年，抗震设防烈度为 7 度。

本工程基础采用钢筋混凝土基础，上部主体结构均采用钢结构。基础混凝土强度等级为 C30，钢材需满足以下几点要求：钢材的屈服强度实测值与抗拉强度实测值的比值不应大于 0.85；钢材应具有明显的屈服台阶，且伸长率不应小于 20%；钢材应具有良好的焊接性和合格的冲击韧性。钢柱、钢梁采用 Q235B 焊接 H 型钢，支撑构件及型钢采用 Q235 钢，屋面檩条采用冷弯薄壁 Z 型钢，墙面采用冷弯薄壁 C 型钢（Q235 钢）。

结构设计总说明对连接提出了明确的要求：除特殊注明外，高强度螺栓钻孔直径比螺栓直径大 1.5mm；端板与柱、梁翼缘和腹板的连接焊缝为全熔透坡口焊，质量等级为二级，其他为三级。

此外，对于钢结构的运输、堆放、涂装及安装，结构设计总说明也作出了具体明确的规定。

2. 基础平面布置图

识读基础平面布置图（附图 4-2），本工程包含两种规格的阶形基础，编号分别为 JC-1 和 JC-2。其中 JC-1 基底标高为-1.500m，基底截面尺寸为 3.1m×3.2m；JC-2 基底标高为-1.500m，基底截面尺寸为 1.5m×1.5m。两种基础底部均配有双向$\phi12@150$受力钢筋，通过轴网定位尺寸标示各基础的具体位置。

本工程基础地基承载力f_{ak}=3500kPa，本工程±0.000m 对应的绝对标高为 67.10m。

3. 地脚螺栓布置图

识读地脚螺栓布置图（附图 4-3），与两种基础相对应，本工程的预埋件有两种（MJ-1、MJ-2），其中 MJ-1 是由 6 个 M33 锚栓组成的材质为 Q235 的普通机制螺栓，考虑到安装的可行性，基础中预留钢柱底部抗剪键的槽，留槽尺寸为 150mm×150mm×100mm。

钢柱安装同时要满足以下要求：锚栓埋设前应与基础图纸仔细核对，锚栓定位后应可靠固定，避免浇筑时偏移，浇筑时锚栓螺纹应包裹以避免污染，锚栓定位误差应满足规范要求；锚栓定位与施工图核实无误后方可施工，基础顶面施工至-0.050m，待钢柱定位后，用 C35 微膨胀细石混凝土二次浇筑。

4. 结构布置图

本工程结构布置图包括支撑布置图和檩条布置图。识读屋面支撑布置图（附图 4-4），横向有 6 根轴线，竖向有 2 根轴线，包含两种主体门式刚架（GJ-1、GJ-2），第一榀刚架和第六榀刚架中间设有抗风柱，相邻榀刚架之间均通过系杆（XG-1，$\phi89\times2.5$圆管）相连，第 1 跨、第 3 跨和第 5 跨均设有支撑体系，支撑体系包含柱间支撑（ZC-1、ZC-2）和水平支撑（SC-1）。

檩条布置图主要包含屋面檩条布置图和墙面檩条布置图，说明屋面檩条和墙面檩条的位置、数量和规格，反映檩条与梁柱的连接构造。识读屋面檩条布置图（附图 4-5），屋面檩条（WL）规格为 C200×70×20×2.2，相邻檩条间通过拉条（LT）相连，拉条采用$\phi12$圆钢，屋檐和屋脊位置处相邻檩条的拉条套有$\phi32\times2.5$圆管，同时附加有斜拉条（XLT），斜拉条也采用$\phi12$圆钢，檩条与钢梁间通过∟50×4 的角钢隅撑连接，提高檩条的稳定性。识读墙面檩条布置图（附图 4-6），墙面檩条（QL）规格为 C200×70×20×2.5，墙面门梁（ML）规格为 C200×70×20×2.5，门柱（MZ）规格为 2C200×70×20×2.5，窗柱（CZ）规格为 C200×70×20×2.5，墙面檩条的拉条（LT）和斜拉条（XLT）均采用$\phi12$圆钢。

5. 刚架详图

识读刚架详图（附图 4-7），刚架 GJ-1 跨度为 17.6m；为充分利用材料性能，刚架柱和刚架梁均采用变截面 H 型钢,其中刚架柱的截面型材为 H400×200×6×10,刚架梁的截面型材为 H(350~450)×200×6×8,梁柱节点均通过规格为—200×18 的连接板相连;刚架柱侧连接板高度为 720mm,刚架梁侧连接板高度为 620mm,梁梁节点通过规格为—200×18 的连接板相连,连接板高度为 530mm;梁柱节点和梁梁节点均采用 M20 的 10.9 级摩擦型高强度螺栓连接;刚架柱通过 6 个 M33 的高强度螺栓与基础相连,柱脚底板规格为—680×450×25。

6. 节点详图

识读节点详图(附图 4-8),屋面檩托板规格为—180×180×6,檩托板开有 4 个 ϕ14 圆孔,加劲板备料尺寸为—190×100×6;与钢柱翼缘连接的墙梁檩托板规格为—280×160×6,檩托板开有 4 个 ϕ14 圆孔,加劲板备料尺寸为—180×100×6;系杆规格为 ϕ89×2.5 圆管,端部连接板下料尺寸为—230×170×10;水平支撑(SC-1)采用两个交叉的 ϕ20 圆钢张紧拉直而成,中间通过花篮螺栓调节长度,钢梁开有 ϕ45×35 长圆孔以便与水平支撑连接;柱间支撑 ZC-1 由∟160×12 双角钢组成,双角钢间通过∟75×5 连接形成整体,ZC-1 通过厚度为 12mm 的钢板与钢柱相连;柱间支撑 ZC-2 由∟100×6 双角钢组成,双角钢间通过—130×60×10 连接形成整体,ZC-2 通过厚度为 10mm 的钢板与钢柱相连。

任务 6.1 工作任务卡

工 作 任 务

识读某仓库门式刚架结构施工图(见附录 5),完成门式刚架结构施工图识读任务卡,并对本次工作任务进行考核评价。

【评价要求】完成学生自评、组内互评、组间互评、专业指导教师评价及综合评价。

总结与提高

单层门式刚架结构施工图识读技巧和注意事项归纳如下。

1. 钢结构施工图的一般识读顺序是,先看图纸目录,了解图纸的基本组成,再按从整体到局部、从上向下、从前往后的顺序识读。

2. 结构设计总说明是对整个项目结构信息的系统介绍,包含的信息量比较大,应根据具体的需要找到对应的小节,以快速获取想要的信息。

3. 钢结构施工图包含的布置图有多种类型,在确定某些构件位置信息时不能将各布置图割裂开来看,而要灵活结合多个布置图来确定。

4. 某种刚架可能有多榀,不同榀刚架间可能也有较多共性的构件,在识图过程中要以全局性思维对结构构件进行合理归并、分类和统计,提高识图的效率和正确率。

5. 识读过程中还要注意将布置图与节点详图相结合,需要记住索引符号所代表的含义,以便准确理解图纸表达的含义。

课后练习

一、单项选择题

1. 图 6-9 中的构件 B 的名称为（　　）。

构件材料表

名称	编号	截面规格	材质
屋面檩条	WLT-1	C250×75×20×2.5	Q355B
檩条拉条	LT	φ12圆钢	Q235B
檩条斜拉条	XLT	φ12圆钢	Q235B
檩条撑杆	CG	φ12圆钢+φ32×2.5圆管	Q235B

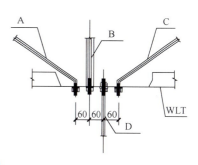

图 6-9　单项选择题 1 图

A．屋面檩条　　　B．檩条拉条　　　C．檩条斜拉条　　　D．檩条撑杆

2．永久螺栓的图例为（　　）。

A． 　　　B．　　　C．　　　D．

二、填空题

1．图 6-10 为一榀双跨刚架，其中Ⓐ～Ⓔ轴的刚架跨度为_____m，柱脚底板标高为_____m，檐口标高为_____m。

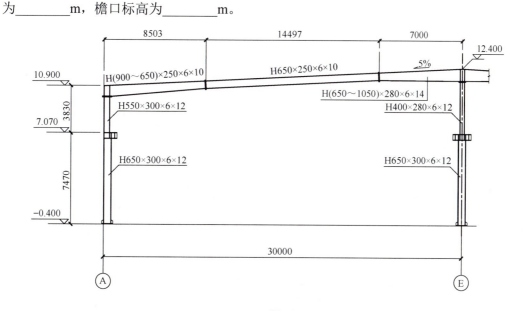

图 6-10　填空题 1 图

2．图 6-10 中的刚架，在Ⓐ轴位置的钢柱采用变截面的形式，其中上节柱的截面规格为_____，下节柱的截面规格为_____。

3．图 6-10 中的刚架，在Ⓐ～Ⓔ轴之间的钢梁共分为三段，屋面坡度为_____，其中最左段的钢梁截面规格为_____。

4．图 6-11 为刚架柱与刚架梁连接节点，采用梁贯通的形式，其中，封板的规格为_____，螺栓的直径及数量分别为_____mm、_____；螺栓孔直径为_____mm，螺栓的级别为_____；加劲板与封板的焊脚尺寸为_____mm。

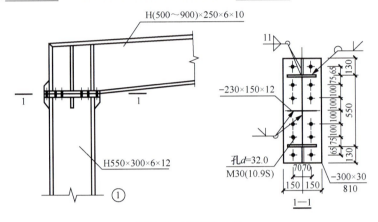

图 6-11　填空题 4 图

5．图 6-12 为刚架柱脚节点，其中，柱脚底板的规格为_____；底板下部设置的抗剪键规格为_____，长度为_____mm；锚栓的直径及数量分别为_____mm、_____；加劲板 1 的规格为_____，数量为_____；垫板的规格为_____，数量为_____，垫板孔直径为_____mm。

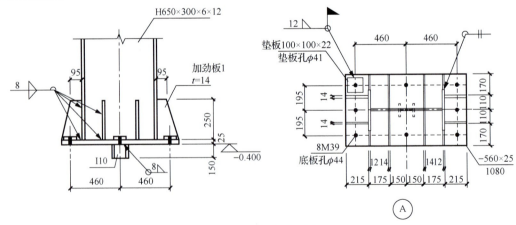

图 6-12　填空题 5 图

6．图 6-13 中，屋面檩条和隅撑的截面高度分别为_____mm 和_____mm。

7．门式刚架的屋面系统通常包含屋面板和_____。

8．门式刚架一般由主结构、_____、辅助结构和基础组成。

9. 门式刚架围护结构通常指屋面系统和_____。
10. 门式刚架的支撑系统通常包括屋面支撑和_____。

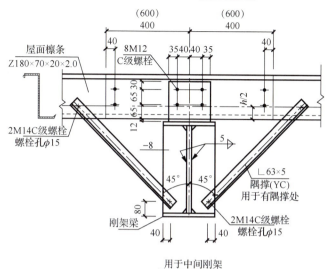

图 6-13 填空题 6 图

三、简答题

识读单层门式刚架结构施工图，可以获得哪些信息？

任务 6.2 单层门式刚架结构深化设计

引导问题

1. 如何将抽象的二维图纸转化为具体的三维模型？这种转换有何意义？
2. 钢结构深化设计的一般步骤有哪些？重点和难点有哪些？
3. 钢结构深化图与施工图有何区别？深化设计为何能大大减少现场施工问题？
4. 钢结构深化设计模型如何服务于后期的生产与施工？
5. BIM 模型如何保证深化图纸的正确性？图纸绘制要点有哪些？

知识解答

BIM（building information model，建筑信息模型）在钢结构工程中有着重要的作用，可以帮助设计师更加快捷地完成钢结构设计、施工和管理。BIM 技术是一种将数字信息技术应用于设计、施工和管理的数字化方法，通过建立建筑的三维信息化模型，并结合虚拟建筑模型进行交互，可极大地提高工程效率。党的二十大报告提出，"推动战略性新兴产业融合集群发展，构建新一代信息技术、人工智能、生物技术、新能源、新材料、高端装备、绿色环保等一批新的增长引擎"。BIM 技术对钢结构建筑工业化、数字化、智能化和绿色化具有重要意义，是每个工程师都应该掌握的技能之一。

钢结构制作与安装

本任务所使用的 BIM 软件为 Tekla Structures 2023 教育版。Tekla Structures 是一套多功能的三维智能建模软件，可以精确地设计和创建出任意尺寸的、复杂的钢结构三维模型，并且模型中包含加工、制造及安装时所需的一切信息。软件支持多个用户对同一个模型进行操作，在大型建设项目中可真正做到多人同时协同工作。该软件包含一系列同其他软件的数据接口，可在设计全过程中有效地向上连接设计分析软件，向下连接制造控制系统，在规划、设计、加工和安装全过程实现信息共享，避免了因信息不畅所导致的效率低下和工程风险。

本任务依据附录 4 方舱医院门式刚架结构施工图的图纸要求建模。

6.2.1 建模准备

Step 01 打开软件。双击 Tekla Structures 图标（图 6-14），进入"Tekla Structures 设置"界面，如图 6-15 所示。进行 Tekla Structures 设置，"环境"选择"China"，用于钢结构深化设计时，"角色"选择"Steel Detailer"，"配置"按默认即可，单击"确认"进入操作界面。

图 6-14　Tekla Structures 图标　　　　图 6-15　"Tekla Structures 设置"界面

Step 02 新建/打开模型。选择"新建"选项卡开始建模，名称可以用工程项目名称，也可用简称，放置位置本任务采用默认位置，也可自由更改，如图 6-16 所示。后续可以在"所有模型"或者"最新"选项卡中打开已有模型。

图 6-16　新建/打开模型

Step 03 修改轴网参数。选中轴网，如图 6-17 中的①所示，窗口右侧"矩形轴线"属性对话框将显示轴网的参数，对照施工图修改轴网坐标和标签，如图 6-17 中的②所示。

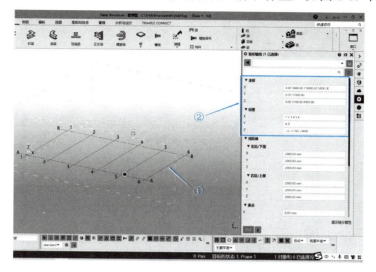

图 6-17 修改轴网参数

Step 04 创建视图。为了便于后续建模和检查模型，正式建立钢结构深化设计模型前一般应先创建模型视图，如图 6-18 所示。

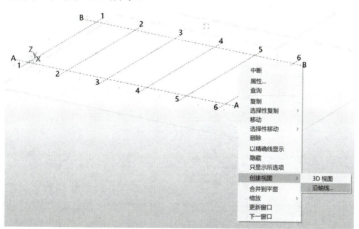

图 6-18 创建视图

6.2.2 钢柱建模

Step 01 创建Ⓐ轴和①轴交点处钢柱。单击菜单栏中的"钢"—"柱"，如图 6-19（a）所示，可以创建常规的钢柱。对于不常规的钢柱，需要用"创建钢梁"的命令进行。

对于常规的钢柱，单击"钢"—"柱"后，窗口右侧会显示"钢柱"属性对话框，如图 6-19（b）所示。在"通用性"模块可以修改钢柱名称、型材/截面/型号、材料和等级（显示颜色）等。"编号序列"模块主要对后续的零件编号规则进行了规定。"位置"模块可以调整钢柱与轴网的对齐方式，可以通过调整钢柱顶面和底面标高修改钢柱高度。"变形"模块可以修改钢柱的扭曲、起拱和减短等特殊构造。

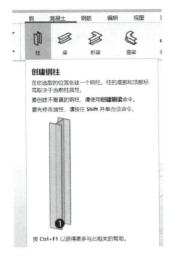 

（a）创建界面　　　　　　　　　　（b）修改钢柱属性

图 6-19　创建钢柱

根据结构施工图的要求，本任务钢柱采用 HI400-6-10×200 的截面型材，材料采用 Q355B，顶面标高为 9000.00mm，然后单击Ⓐ轴和①轴交点处，完成钢柱的创建。

Step 02 调整钢柱平面位置。单击"视图"—"视图列表"，选中"PLAN +0"视图，打开标高为±0.000m 位置处的平面图，如图 6-20（a）所示。通过 Ctrl+P 键可切换视图的二维和三维状态，为了准确定位和显示，此处将该平面图切换为二维状态。根据图纸要求调整钢柱平面位置，在"钢柱"属性对话框中，"位置"模块的垂直方向选择"向上"，水平方向选择"右边"，旋转方向选择"前面"，如图 6-20（b）所示。

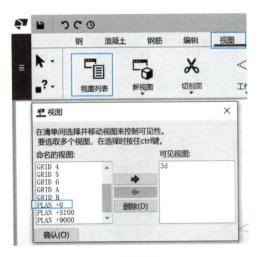 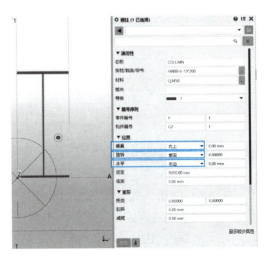

（a）视图列表　　　　　　　　　　（b）修改位置属性

图 6-20　调整钢柱平面位置

Step 03 创建柱脚节点。创建柱脚节点时可以借助系统节点辅助建模。打开窗口右侧"应用程序和组件"—"钢结构"—"柱脚",在缩略图中找到与图纸最相似的系统节点(本任务柱脚节点选用 1014 号系统节点),如图 6-21 所示。单击钢柱底部边缘±0.000m 标高的任意位置,完成系统节点创建。

Step 04 调整柱脚节点。系统节点创建完成后,双击节点可修改其属性参数,详见图 6-22。系统节点与图纸节点尺寸不同之处不便修改时,可以通过分解组件后完成修改,具体操作:选中"系统节点"右击,选择"分解组件",组件分解后,选中任意一种单一零件可以完成相应参数的修改,如图 6-23(a)所示。选中柱脚底板,在其

图 6-21 创建系统节点

属性对话框中将"型材/截面/型号"修改为"PL25*450",如图 6-23(b)所示;选中柱脚螺栓,修改其直径和间距,以确保与图纸一致,如图 6-23(c)所示。

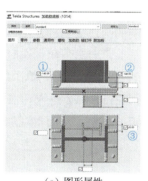

(a)图形属性

(b)零件属性

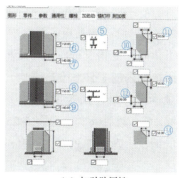

(c)加劲肋属性

图 6-22 修改系统节点属性参数

(a)分解组件

(b)修改底板尺寸

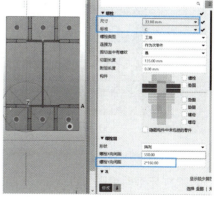

(c)修改柱脚螺栓参数

图 6-23 通过分解组件修改系统节点属性参数

单击"视图"—"视图列表",可以看见已经创建的和已经打开的视图,如图6-24(a)所示。从软件右上角的"窗口"菜单也可以看到已经打开的视图,并可快速选择和打开需要的视图,如图6-24(b)所示。打开±0.000m标高处的平面视图"PLAN +0",如图6-24(c)所示,观察到柱脚节点与图纸不完全一致,需要进一步修改柱脚节点的加劲板。

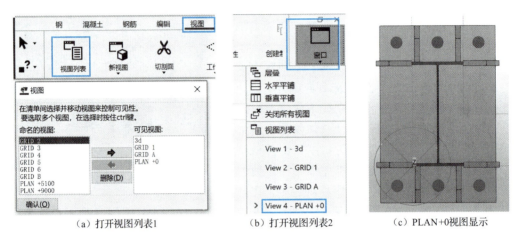

(a)打开视图列表1　　　　　(b)打开视图列表2　　　　　(c)PLAN+0视图显示

图6-24　视图窗口的切换

Step 05 修改加劲板。打开"GRID A"视图,同时选中右侧的两块加劲板〔小技巧:从右下角向左上角框选时,与选框相交的零件都会被选中;从左上角向右下角框选时,完全处于选框内的零件才会被选中。图6-25(a)采用第一种选择方法,即先在①处单击鼠标,拖动鼠标至②处再松开鼠标〕,选中后,按住 Alt 键的同时选中右边 3 个角点,右击选择"移动",然后依次点选图6-25(b)所示的①和②,完成角点的移动,从而实现加劲板尺寸的调整。左侧加劲板用同样的方法调整,不再赘述。

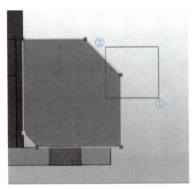 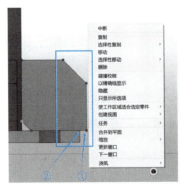

(a)同时选中多块加劲板　　　　　(b)移动加劲板角点

图6-25　加劲板尺寸调整

再次打开平面视图"PLAN +0",选中加劲板①,按住 shift 键的同时选中加劲板②,如图6-26(a)所示。右击选择"复制",创建腹板处的加劲板③和④,如图6-26(b)所示。修改腹板处加劲板③④的尺寸,具体如下:选中加劲板③,按图6-26(c)框选 3 个角点,右击选择"移动",选择点⑤,移动鼠标单击腹板左侧边缘处垂足⑥,完成加劲板③的修改,用同样的方法修改加劲板④。

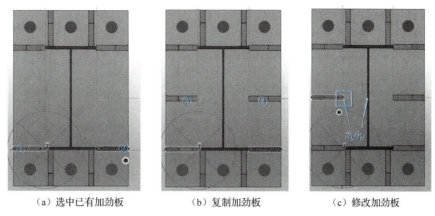

(a) 选中已有加劲板　　(b) 复制加劲板　　(c) 修改加劲板

图 6-26　腹板处加劲板的创建

6.2.3　牛腿建模

识读刚架详图(见附录 4 附图 4-7)中的剖面图 6—6 和剖面图 7—7,牛腿位置处钢板厚度均为 10mm,牛腿与钢柱翼缘同宽,水平方向长 350mm,牛腿为变截面 H 型钢,截面高度为 200~370mm,顶面标高为 5.100m,据此进行牛腿建模。

Step 01　创建上翼缘及加劲板。打开"PLAN +5100"视图,按 Ctrl+P 键切换为平面显示状态,单击"钢"—"板",在"压型板"属性对话框中将"型材/截面/型号"修改为"PL10",再依次选择加劲板的 4 个角点(图 6-27 所示的①②③④),按鼠标中键确认,完成牛腿上翼缘位置处水平加劲板的创建。

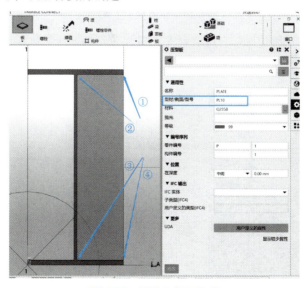

图 6-27　创建水平加劲板

单击"编辑"—"辅助对象"—"线",如图 6-28 所示,选择钢柱上翼缘外侧边缘上的两个角点,以这两个参照点为基准创建一条辅助线。

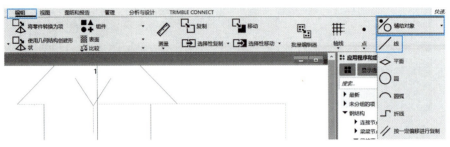

图 6-28 创建辅助线

选中创建好的辅助线,右击选择"选择性移动",在"dY"文本框中输入"350.00",将辅助线向上移动 350mm,如图 6-29(a)所示。再按与创建水平加劲板相同的操作,依次选择 4 个角点后创建牛腿上翼缘,如图 6-29(b)所示,其中①②为辅助线的两个参照点。

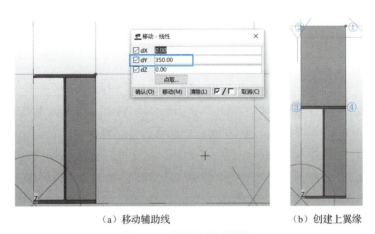

(a)移动辅助线　　　　　　(b)创建上翼缘

图 6-29 创建牛腿上翼缘

选中创建好的水平加劲板,右击选择"复制",依次单击起始点①和目标点②,完成左侧加劲板的创建,如图 6-30 所示。

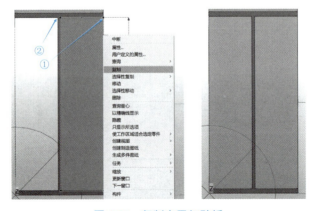

图 6-30 复制水平加劲板

Step 02 创建下翼缘及加劲板。打开"GRID 1"视图，框选已经创建好的两块水平加劲板和一块牛腿上翼缘，将右侧属性对话框中的"位置"模块的"在深度"改为"后面"，单击修改，将3块板的顶面标高调整至5.100m处，如图6-31所示。再同时选择这3块板，右击选择"选择性复制"，在"dZ"文本框中输入"-360.00"，完成牛腿下翼缘及水平加劲板的创建。

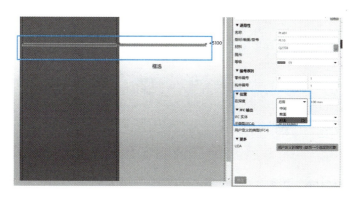

图 6-31 调整板的位置

Step 03 创建腹板。选中下翼缘，从左上角①向右下角②位置框选，选中翼缘右边的两个角点，右击选择"选择性移动"，在"dZ"文本框中输入"170.00"。单击"板"，确认右侧型材为PL10，然后依次选择①②③④4个角点，按鼠标中键确认，完成牛腿腹板的创建，如图6-32所示。

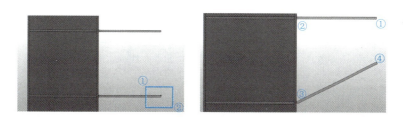

图 6-32 创建牛腿腹板

打开"PLAN +5100"视图，可以看到牛腿腹板与钢柱腹板未对齐，通过"移动"命令将其调整对齐。

Step 04 创建牛腿加劲板及垫板。打开"GRID 1"视图，通过牛腿外侧边缘创建一条竖向辅助线，然后向左移动200mm。单击"钢"—"梁"，在属性对话框中将"型材/截面/型号"修改为"PL95*10"，选中辅助线与牛腿上翼缘的下侧边缘交点①，然后鼠标放置在辅助线与牛腿下翼缘的交点②上但不要单击鼠标，输入"270"，完成左侧牛腿加劲板的创建，如图6-33（a）所示。

打开"GRID A"视图，调整牛腿加劲板位置，在属性对话框中将"位置"模块的"在深度"改为"前面",修改牛腿加劲板位置,如图6-33(b)所示。通过"复制"命令创建右侧牛腿加劲板。

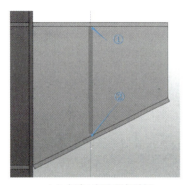

(a) 创建左侧牛腿加劲板　　　　(b) 修改加劲板位置

图 6-33　创建牛腿加劲板

打开"PLAN +5100"视图,单击"钢"—"梁",在属性对话框中将"型材/截面/型号"修改为"PL160*10",选中点①,然后鼠标放置在点②上但不要单击鼠标,输入"160",完成牛腿垫板的创建,如图6-34所示。

选中创建好的牛腿垫板,调整牛腿垫板的位置,在属性对话框中将"位置"模块的"旋转"改为"前面",修改牛腿的摆放方向,然后将其向右移动20mm,使其居中,完成牛腿垫板位置的调整,如图6-35所示。

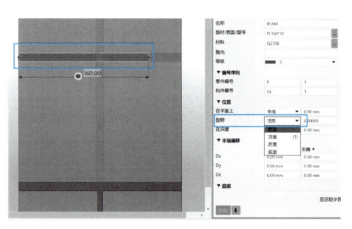

图 6-34　创建牛腿垫板　　　　　　图 6-35　调整牛腿垫板位置

打开"GRID 1"视图,单击"钢"—"焊缝",再单击"钢柱",框选牛腿柱部位所有零件,完成焊接。

6.2.4 钢梁建模

Step 01 创建钢梁翼缘、腹板。打开"GRID 1"视图，创建两条平行于Ⓐ轴的辅助线①②，距离Ⓐ轴分别为 6600mm、8800mm。为便于建模，屋面坡度定为 10%，将+9000mm 标高线向上偏移 880mm，创建一条水平辅助线③，连接屋面两个角点形成辅助线④，如图 6-36（a）所示。

此处钢梁采用 3 块钢板焊接而成，即采用工厂常见的焊接 H 型钢建模。创建上翼缘，将"型材/截面/型号"改为"PL200*8"，位置属性设置如图 6-36（b）所示。建模完成后可以切换成三维视图观看实际效果，再切换回平面视图，继续下一流程建模。

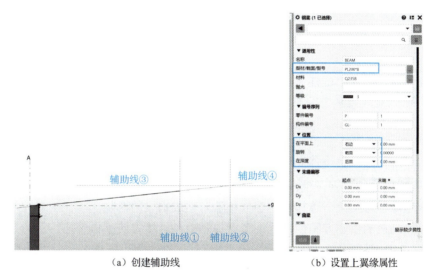

（a）创建辅助线　　　　　　（b）设置上翼缘属性

图 6-36　创建钢梁上翼缘

复制上翼缘并向下移动 442mm，再单独选中右边端点，向上移动 100mm，完成下翼缘的创建。

单击"钢"—"板"，"型材/截面/型号"改为"PL6"，选中腹板的 4 个角点，创建腹板，位置属性的"在深度"改为"中间"。打开"PLAN +5100"视图，将其向右移动 100mm 至与钢柱腹板对齐。

Step 02 创建梁柱端连接板。打开"GRID 1"视图，"型材/截面/型号"改为"PL200*18"，修改位置属性，然后选择柱右上角点，鼠标放置在其正下方输入"720"，完成柱端连接板的创建，如图 6-37 所示。

复制该连接板，将其下端点向上移动 100mm（按住 Alt 键并框选下角点，右击"移动"），创建梁端连接板。将梁柱端连接板同时向上移动 90mm，如图 6-38 所示。

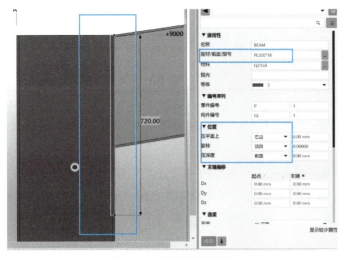

图 6-37 创建柱端连接板

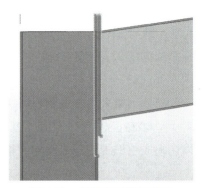

图 6-38 创建梁柱端连接板

Step 03 创建梁柱节点。打开"GRID A"视图，选中"柱端连接板"和"梁端连接板"，按鼠标中键确认，然后单击柱端连接板上边缘中点和柱端连接板下边缘中点，完成螺栓建模。按图 6-39 修改螺栓属性，右侧菜单下拉至"从……偏移"的"Dx"处，起点和末端都改为 45mm。打开"GRID 1"视图，将螺栓右移 400mm，完成螺栓位置的调整，如图 6-39 所示。

为避免碰撞，应切割钢柱和钢梁。单击"编辑"—"零件切割"—"钢柱"—"柱端连接板"，完成钢柱的切割。单击"编辑"—"线切割"，框选钢梁翼缘和腹板，单击梁端连接板右侧边缘任意两点，选择左侧部分移除，完成钢梁的切割。

按牛腿加劲板的创建方法创建梁柱节点加劲板，具体方法不再赘述。

打开"GRID 1"视图，单击"钢"—"板"，"型材/截面/型号"改为"PL10"，创建 3 块三角形小加劲板，并将其移动至与梁柱腹板对齐，如图 6-40 所示。

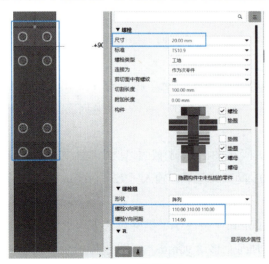

图 6-39 创建螺栓

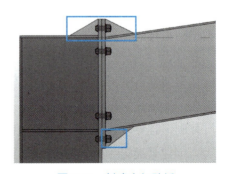

图 6-40 创建小加劲板

单击"钢"—"焊缝",再单击"钢柱",框选梁柱节点中所有属于钢柱部分的零件,完成焊接。

Step 04 创建第二梁段。打开"GRID 1"视图,用同样的方法创建第二梁段的翼缘和腹板。也可以通过复制第一梁段移动角点的形式创建第二梁段,具体步骤如下:按住 Shift 键,选中第一梁段的两个翼缘和一个腹板,右击选择"复制",双击视图空白位置,弹出"视图属性"对话框,单击"显示"后出现"显示"对话框,勾选"切割和添加材质""接合",单击"修改",然后通过①②两点框选切割线,右击选择"删除",如图 6-41 所示。

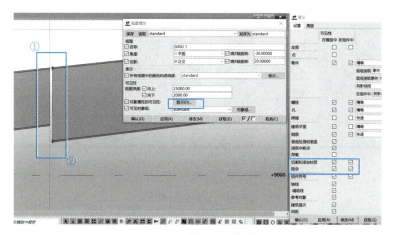

图 6-41 创建第二梁段

调整腹板位置,如图 6-42 所示,复制辅助线①并向右移动 2200mm 得到辅助线②,创建水平辅助线③,将第二梁段下翼缘和腹板右侧角点移动至辅助线②上,选中腹板后可以调整腹板右上角的角点,拖动角点可以调整其形状和大小。

将上翼缘镜像复制到另一侧,具体操作如图 6-43 所示。上翼缘复制完成后,将腹板右上角点移动至上翼缘右侧角点,完成第二梁段的创建。

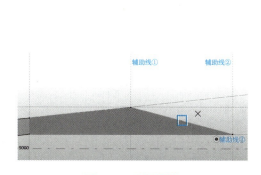

图 6-42 腹板调整

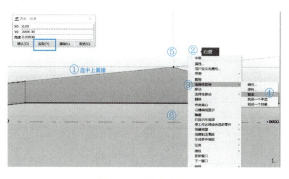

图 6-43 翼缘复制

Step 05 创建梁梁节点。复制梁柱节点的两个端板和螺栓至梁梁节点处。修改螺栓属性,"螺栓 X 向间距"改为"110.00 220.00 110.00",两个端板长度均改为 530mm。选中节点板和螺栓,右击选择"选择性移动"—"到另一个平面",按左下角提示先依次选择①②③角点，再依次选择④⑤⑥角点，其中⑤是④在下翼缘上的垂足，完成节点零件的旋转，如图 6-44（a）所示。

选中节点零件，右击选择"移动"，依次选择①②两点完成一次移动，再依次选择两个连接板的接触面上的任意点③，鼠标放置在其上方④处输入"90"，如图 6-44（b）所示，从而将节点零件移动至满足图纸要求的位置。

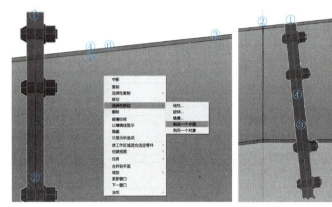

（a）旋转节点零件　　　　　　　　　　（b）移动节点零件

图 6-44　创建梁梁节点

Step 06 调整翼缘、腹板位置。单击"编辑"—"适合零件末端"，框选左侧翼缘、腹板（依次单击①②两点），单击左侧连接板边缘任意两点③④，完成左侧梁段翼缘的接合，如图 6-45 所示。右侧相同操作。腹板形状通过移动角点调整。

Step 07 梁柱镜像复制。打开"GRID 1"视图，选择梁梁节点及左侧所有完成的模型，右击选择"选择性复制"—"镜像"，单击辅助线上任意两点①②，完成构件的镜像复制，如图 6-46 所示。调整屋脊处梁段腹板右侧角点位置，完成翼缘接合。

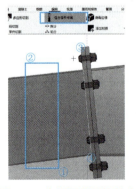 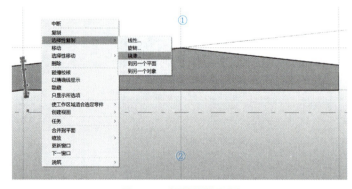

图 6-45　左侧梁段翼缘接合　　　　　　图 6-46　梁柱镜像复制

6.2.5　系杆建模

Step 01 复制门式刚架。打开"GRID 1"视图，选中所有创建好的零构件，打开"PLAN

"+5100"视图，右击选择"复制"，选中钢梁腹板厚度方向中心点作为起点，在各轴线上找到该点的垂足作为目标点，完成门式刚架的复制。

Step 02 创建系杆连接板。打开"GRID A"视图，单击"钢"—"梁"，修改"型材/截面/型号"为"PL190*10"，单击钢柱腹板右侧与+9000mm 标高处交点①，鼠标放置在右侧+9000mm 标高处任意位置②，输入"210"，完成系杆连接板的创建，如图 6-47 所示。

打开"GRID 1"视图，选中连接板，右击选择"选择性移动"—"线性"，观察右下角的坐标系，设置"dX""dY""dZ"的数值，将连接板向右和向下均移动 200mm，如图 6-48 所示。单击"焊接"—"钢柱"—"连接板"，完成连接板与柱的焊接。

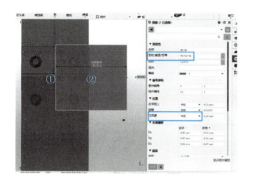 

图 6-47 创建系杆连接板　　　　　　　　图 6-48 调整系杆连接板

Step 03 创建系杆端板。打开"GRID A"视图，沿着系杆连接板右侧边缘创建竖向辅助线①，经过系杆连接板中点创建水平辅助线②，将水平辅助线②向上、向下均偏移 85mm，得到辅助线③和④；复制竖向辅助线①并向左移动 110mm，得到辅助线⑤，再次复制竖向辅助线①向右移动 120mm 得到辅助线⑥，如图 6-49（a）所示。

单击"钢"—"板"，"型材/截面/型号"改为"PL10"，选择辅助线③④⑤⑥的 4 个交点创建板，并修改右侧角点属性，"类型"选择"线"，"距离 X"和"距离 Y"填写"120.00mm"和"40.00mm"，顺序互换将得到不同的形状，最终调整为如图 6-49（b）所示的形状。打开"GRID 1"视图，将该板右移 190mm，移动至与系杆连接板相贴合的位置。

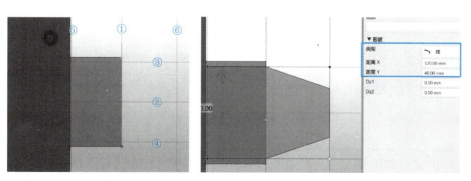

（a）创建辅助线　　　　　　　　（b）调整板形状

图 6-49 创建系杆端板

Step 04 创建系杆连接螺栓。打开"GRID A"视图,选中螺栓,螺栓尺寸为20mm,"螺栓 X 向间距"填写"80.00","Dx"的"起点""末端"均填写"45.00mm",依次单击①②两点选择两块板,完成螺栓的创建,如图 6-50 所示。然后将其左移 60mm,再打开"GRID 1"视图,将螺栓右移 195mm。

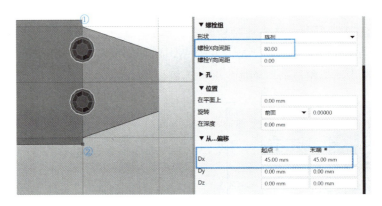

图 6-50　创建系杆连接螺栓

Step 05 创建系杆。打开"GRID A"视图,单击"视图"—"工作平面"—"平行于视图平面",再单击视图空白位置,设置工作平面。选中已创建的系杆连接板、端板和螺栓,右击选择"选择性复制"—"镜像",然后将系杆连接板移动至右侧钢柱的翼缘内侧,即右移 5034mm,如图 6-51 所示。

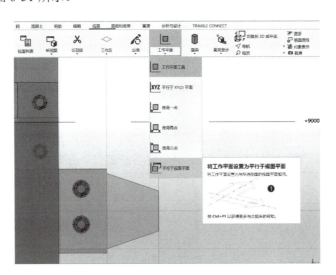

图 6-51　系杆节点板的复制

单击"钢"—"梁",将"型材/截面/型号"改为"O89*2.5",依次选择①②两点,完成系杆的创建,如图 6-52 所示。打开"GRID 1"视图,将系杆右移 195mm。

单击"编辑"—"零件切割",选中系杆和端板,完成两端的切割。

单击"焊接",选中系杆和端板,完成焊接。

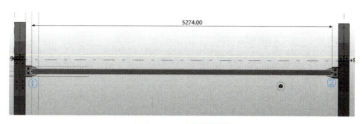

图 6-52 创建系杆

根据屋面支撑布置图（见附录 4 附图 4-4），将系杆复制至各指定位置，完成门式刚架结构主体部分建模。

6.2.6 生成图纸报告

通过上述操作步骤可以完成单层门式刚架结构三维模型的创建。在完成模型创建后，可以利用三维模型生成后续与生产相关的报告和深化图纸。

在出图之前必须对各零构件进行编号，通过状态和零构件前缀的设置，可以根据需要筛选和显示一部分模型，以便后续的检查和出图。在编号之前务必要认真检查模型，统一且合理地对零构件前缀进行命名，确保后续的零构件归并和分类，从而有效提高生产效率。焊缝的正确性是确保零件分类正确的前提，检查焊缝包括两方面的内容：构件的组成是否正确，焊缝的主零件是否正确。构件的组成是检查零件归属的正确性的关键，对主零件的检查可以通过过滤显示来辅助进行。

运行编号之前要进行编号设置，应根据不同工程和不同生产车间的习惯要求修改默认的编号设置。设置完成后再运行编号，以完成对整个模型的构件和零件的编号。

报告和图纸均有不同的模板，模板设置的好坏直接影响后续成图的质量和效率。完成模板设置后可以生成想要的报告和图纸，报告和图纸的精确度直接由模型的质量决定。

工 作 任 务

任务 6.2 工作任务卡

识读某仓库门式刚架结构施工图（见附录 5），完成门式刚架结构深化设计任务卡，并对本次工作任务进行考核评价。

【评价要求】完成学生自评、组内互评、组间互评、专业指导教师评价及综合评价。

总 结 与 提 高

单层门式刚架结构深化设计的技巧和注意事项归纳如下。

1. 在深化设计之前，务必认真识读结构施工图，对结构总体体量和特殊构造有一个系统的认识，合理设置轴网参数，减小返工的概率，提高模型质量。

2．建模顺序一般是从左向右、从下往上，在建模之前要完成各视图的创建，建模过程中合理利用多视图切换，提高建模效率。

3．建模过程中要善于总结，建模方法有很多，要学会归纳成适合自己的、效率最高的建模方法。

4．深化设计一定要认真细致，对于图纸中不明确的信息要标明和询问，对于设计失误或遗漏应及时反馈，降低因图纸错误导致后续成本浪费或工期延误的可能。

5．检查模型要分层分类进行，尽可能保证出图前模型的正确性，同时想办法降低出图后模型更改对于图纸编号的影响，避免因修改模型导致的生产施工错误。

课后练习

一、填空题

1．建模准备的主要步骤有_____、_____、_____、_____。
2．钢柱建模过程中，对于不常规的钢柱，需要用_____命令进行。
3．钢梁建模过程中，首先创建钢梁的_____和_____。
4．完成模型创建后，可以利用三维模型生成后续与生产相关的报告和_____。
5．_____的正确性是确保零件分类正确的前提。

二、判断题

1．建立钢结构深化设计模型之前，应对图纸进行分析，归并相同类型的构件，合理利用"复制"命令可以提高建模效率。（　　）

2．任何视图中都可以直接使用"选择性复制"命令，而与"工作平面"命令无关。（　　）

任务6.3　单层门式刚架结构现场安装

引导问题

1．单层门式刚架主结构包括哪些构件？
2．门式刚架安装的重点和难点有哪些？
3．门式刚架可以采用哪些连接施工方式？

知识解答

单层门式刚架结构安装工艺流程图如图 6-53 所示。

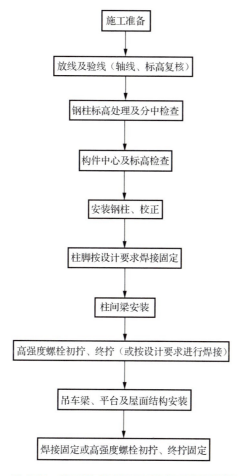

图 6-53 单层门式刚架结构安装工艺流程图

6.3.1 施工准备

施工准备主要包括文件资料准备、场地准备、构件材料准备、机械设备准备、土建部分准备、基础验收等钢结构主体施工前的准备工作。下面对单层门式刚架结构施工准备中的重点内容进行介绍。

1. 文件资料准备

（1）钢结构安装前，应具备钢结构建筑图、基础图、结构施工图和其他相关图纸及设计文件，并进行图纸自审和会审。

（2）钢结构安装前，应编制施工组织设计，并由总工程师审批通过。

2．构件运输和堆放

构件运输和堆放是安装工序中的一个重要组成部分。当堆放场地受到限制时，要对现场作出详细的规划。构件的搬运、堆放、拼装应由有经验的人员负责，并应尽可能减少材料在现场的搬运次数。

3．柱底二次灌浆

为保证柱底二次灌浆达到强度要求，应按下列工艺要求进行。

（1）在用垫铁调整或校核标高、垂直度时，应保持基础支承面与钢柱底座板下表面之间的距离不小于40mm，以利于灌浆，并全部填满空隙。

（2）灌浆所用的水泥砂浆应采用高强度等级水泥。

4．地脚螺栓埋设

地脚螺栓的固定方式可采用下列两种方法。

（1）先浇筑预留孔洞后埋螺栓，在埋螺栓时，应进行型钢两次校正，检查无误后浇筑预留孔洞。

（2）将每根柱的柱脚螺栓（8个或4个）用预埋钢架固定，一次浇筑混凝土，定位钢板上的纵横轴线允许误差为0.3mm。

5．基础验收

钢结构安装前，应对建筑物的定位轴线、基础轴线和标高、地脚螺栓位置等进行检查，并办理交接验收。基础分批交接验收时，每次交接验收数量不应少于一个安装单元的柱基。符合下列规定的基础经验收合格。

（1）基础混凝土强度达到设计要求，基础周围回填夯实完毕。

（2）基础的轴线标志和标高基准点准确、齐全，允许偏差符合设计规定。

（3）基础支承面准确达到标高，当基础顶面直接作为柱的支承面或以基础顶面预埋钢板或支座作为柱的支承面时，其支承面、地脚螺栓（锚栓）的允许偏差应符合表 6-2 的规定。检查数量：按柱基数抽查10%，且不应少于3个。检查方法：用全站仪、经纬仪、水准仪和钢尺实测。

表 6-2 支承面、地脚螺栓（锚栓）的允许偏差　　　　单位：mm

项　目		允许偏差
支承面	标高	±3.0
	水平度	$l/1000$
地脚螺栓（锚栓）	螺栓中心偏移	5.0
	预留孔中心偏移	1.0

注：l 为柱脚底板最大平面尺寸。

（4）钢垫板面积应根据混凝土抗压强度、柱脚底板承受的荷载和地脚螺栓（锚栓）的紧固拉力计算确定。垫板应设置在靠近地脚螺栓（锚栓）的柱脚底板加劲板或柱肢下，每根地脚螺栓（锚栓）侧应设 1~2 组垫板，每组垫板不得多于 5 块。垫板与基础面和柱底面的接触应平整、紧密。当采用成对斜垫板时，其叠合长度不应小于垫板长度的 2/3。柱底二次灌浆前垫板间应焊接固定。

（5）采用座浆垫板时，应采用无收缩砂浆。座浆垫板的允许偏差应符合表 6-3 的规定。检查数量和检查方法同前述（3）。

表 6-3　座浆垫板的允许偏差　　　　　　　　　　　　　　　　　　　　　　　　　单位：mm

项　目	允许偏差
顶面标高	0，-3.0
水平度	l/1000
平面位置	20.0

注：l 为垫板长度。

（6）采用杯口基础时，杯口尺寸的允许偏差应符合表 6-4 的规定。检查数量：按基础数抽查 10%，且不应少于 3 处。检验方法：观察及尺量检查。

表 6-4　杯口尺寸的允许偏差　　　　　　　　　　　　　　　　　　　　　　　　　　单位：mm

项　目	允许偏差
底面标高	0，-5.0
杯口深度 H	±5.0
杯口垂直度	h/1000，且不大于 10.0
柱脚轴线对柱定位轴线的偏差	1.0

注：h 为底层柱的高度。

（7）地脚螺栓（锚栓）尺寸的允许偏差应符合表 6-5 的规定。地脚螺栓（锚栓）的螺纹应受到保护。检查数量：按基础数抽查 10%，且不应少于 3 处。检验方法：用钢尺现场实测。

表 6-5　地脚螺栓（锚栓）尺寸的允许偏差　　　　　　　　　　　　　　　　　　　　单位：mm

螺栓（锚栓）直径	项　目	
	螺栓（锚栓）外露长度	螺栓（锚栓）螺纹长度
d≤30	0，+1.2d	0，+1.2d
d>30	0，+1.0d	0，+1.0d

6.3.2 单层门式刚架主结构安装

单层门式刚架主结构安装主要包括钢柱安装、吊车梁安装、钢屋架安装等。安装过程中的注意事项如下。

（1）安装顺序宜先从靠近山墙的有柱间支撑的两端刚架开始。刚架安装宜先立钢柱，再将在地面组装好的斜梁吊装就位，与柱连接。刚架安装完毕后，应将其间的檩条、支撑、隅撑等全部装好，并检查其垂直度。以这两榀刚架为起点，向房屋另一端顺序安装。在形成空间刚度单元并校正完毕后，应及时对钢柱底板和基础顶面的空隙采用细石混凝土二次浇筑。柱基二次浇筑的预留空间，当柱脚铰接时不宜大于 50mm，当柱脚刚接时不宜大于 100mm。

（2）对跨度大、侧向刚度小的构件，在吊装前要确定构件重心，选择合理的吊点位置和吊具；对重要的构件和细长构件应进行吊装前的稳定性验算，并根据验算结果进行临时加固。构件安装过程中宜采取必要的牵拉、支撑、临时连接等措施。

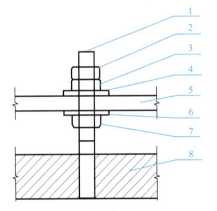

1—柱脚螺栓；2—止退螺母；3—紧固螺母；4—螺母垫板；5—钢柱底板；6—底部螺母垫板；7—调整螺母；8—钢筋混凝土基础

图 6-54　柱脚安装

（3）安装过程中应减少高空安装工作量。在起重机械设备能力允许的条件下，宜在地面组拼成扩大安装单元，对受力大的部位宜进行必要的固定，可增加铁扁担、滑轮组等辅助手段，应避免盲目冒险吊装。对大型构件的吊点应进行安装验算，使各部位产生的内力小于构件的承载力，不至于产生永久变形。

（4）钢结构安装的测量和校正，应事前根据工程特点编制测量工艺和校正方案。刚架柱、梁、支撑等主要构件安装就位后，应立即校正。校正后，应立即进行永久性固定。

（5）柱脚安装时，应对柱标高进行精度控制，可采用在底板下的柱脚螺栓上加调整螺母的方法进行，如图 6-54 所示。

6.3.3 钢构件连接施工

1. 高强度螺栓安装

门式刚架斜梁的安装重点是高强度螺栓安装。

（1）施工机具。高强度螺栓安装的主要施工机具是各种电动工具及手动工具，各种工具的名称、图例及用途见表 6-6。

表 6-6 高强度螺栓安装施工机具

机具类型	名 称	用 途	图 例
电动工具	扭矩型电动高强度螺栓扳手	高强度螺栓初拧 因构造原因扭剪型电动高强度螺栓扳手无法终拧节点	
	扭剪型电动高强度螺栓扳手	高强度螺栓终拧	
	角磨机	清除摩擦面上浮锈、油污	
手动工具	钢丝刷	清除摩擦面上浮锈、油污	
	手工扳手	普通螺栓及安装螺栓初、终拧	
	棘轮扳手	普通螺栓及安装螺栓初、终拧	

（2）高强度螺栓安装工艺及方法。高强度螺栓安装工艺流程图如图 6-55 所示，安装方法如下。

① 待吊装完成一个施工段，刚架形成稳定框架单元后，开始安装高强度螺栓。

② 扭剪型高强度螺栓安装时应注意方向，螺栓的垫圈安在螺母一侧，垫圈孔有倒角的一侧与螺母接触。

③ 螺栓穿入方向以方便施工为准，每个节点应整齐一致。穿入高强度螺栓用扳手紧固，再卸下临时螺栓，以高强度螺栓替换。因空间狭窄扳手不易操作的部位，可加高管套或用手动扳手紧固。

④ 高强度螺栓的紧固必须分两次进行。初拧的目的是使连接接触面密贴，使螺栓"吃上劲"。终拧是在初拧的基础上再将螺母拧转一定角度，使螺栓轴力达到施工（标准）预拉力。初拧和终拧完毕的螺栓都应做好标记，避免漏拧、超拧，当天安装的螺栓应当天（24h 内）终拧完毕。

（3）大六角头高强度螺栓安装。安装前，按出厂批号进行大六角头高强度螺栓连接副的扭矩系数平均值及标准偏差（8 套）计算，扭矩系数平均值应作为施拧时扭矩计算的主要参数。大六角头高强度螺栓安装可采用扭矩法或转角法施工。

① 扭矩法施工。首先进行初拧，对螺栓多的大接头还需进行复拧，最后终拧。初拧、复拧、终拧的次序一般从中间向两边或四周对称进行。初拧扭矩一般为终拧的 50%～60%，

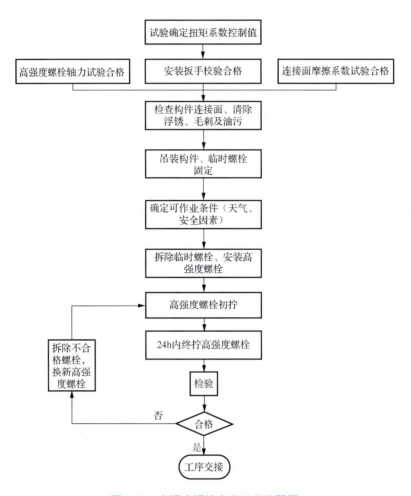

图 6-55 高强度螺栓安装工艺流程图

常用规格螺栓（M20、M22、M24）的初拧扭矩一般为 200~300N·m。初拧螺栓轴力达到 10~50kN 即可，在实际操作中，由一个操作工用普通扳手手工拧紧即可。

② 转角法施工。转角法施工分初拧和终拧两步进行（必要时需增加复拧）。初拧扭矩与扭矩法相同，但螺栓轴力要求比扭矩法严格，原则上以使连接板缝密贴为准。

终拧后的大六角头高强度螺栓施工（标准）预拉力应达到表 6-7 的要求。高强度螺栓设计预拉力值见表 6-8。

表 6-7 大六角头高强度螺栓施工（标准）预拉力   单位：kN

螺栓的性能等级	螺栓公称直径/mm						
	M12	M16	M20	M22	M24	M27	M30
8.8 级	50	75	120	150	170	225	275
10.9 级	60	110	170	210	250	320	390

表 6-8　高强度螺栓设计预拉力值　　　　　　　　　　　　　　　　单位：kN

螺栓的性能等级	螺栓公称直径/mm						
	M12	M16	M20	M22	M24	M27	M30
8.8 级	45	70	110	135	155	205	250
10.9 级	55	110	155	190	220	290	355

（4）扭剪型高强度螺栓连接施工。扭剪型高强度螺栓连接副的紧固扭矩平均值及变异系数（5套）应符合标准。扭剪型高强度螺栓连接施工比大六角头高强度螺栓要简便得多，正常情况下采用专用电动扳手进行终拧，梅花头拧掉即标志终拧结束，对检查人员来说也更直观明了。对于个别部位无法使用专用电动扳手的螺栓，应按同直径大六角头高强度螺栓的扭矩法施拧，可采用亮灯式扭矩扳手以确保达到要求的最小力矩。

扭剪型高强度螺栓连接副的初拧扭矩可适当加大，一般初拧螺栓轴力可以控制在终拧螺栓轴力的 50%～80%，常用规格螺栓（M20、M22、M24）的初拧扭矩一般为 400～600N·m。若用转角法初拧，初拧转角控制在 45°～75°，一般以 60°为宜。

扭剪型高强度螺栓是利用螺尾梅花头切口的扭断力矩来控制紧固扭矩的，因此终拧时螺母必须处于转动状态，即在螺母转动一定角度后扭断切口，才能起到控制终拧扭矩的作用，否则将无法判定螺栓的紧固状态，造成工程安全隐患。

（5）高强度螺栓安装质量保证措施。高强度螺栓安装质量保证措施如下。

① 雨天不得进行高强度螺栓安装，摩擦面上和螺栓上不得有水及其他污染物。雨后作业要用氧气、乙炔火焰吹干作业区连接摩擦面。

② 安装前，应对钢构件清除飞边、毛刺、氧化铁皮、污垢等，已产生的浮锈等杂质应用电动角磨机刷除。构件制作时在节点部位不应涂刷油漆。

③ 螺栓不能自由穿入孔位时不得硬性敲入，应用铰刀扩孔后插入，扩孔后栓孔直径不应大于 1.2 倍螺栓公称直径，扩孔数量应征得设计单位同意。螺栓在栓孔内不得受剪，穿入后应及时拧紧。

④ 若构件制作精度相差大，应现场测量螺栓孔位，更换连接板。

⑤ 因土建相关工序配合等原因拆下来的高强度螺栓不得重复使用。

2. 焊接及其他紧固件安装

（1）定位焊接应符合下列规定。

① 现场焊接应由具有焊接合格证的焊工操作，严禁无合格证者施焊。

② 采用的焊接材料型号应与焊件材质相匹配。

③ 焊缝厚度不应超过设计焊缝高度的 2/3，且不应大于 8mm。

④ 焊缝长度不宜小于 25mm。

（2）普通螺栓连接应符合下列规定。

① 每个螺栓一端不得垫两个以上垫圈，不得用大螺母代替垫圈。

② 螺栓拧紧后，尾部外露螺纹不得少于 2 个螺距。

③ 螺栓孔不应采用气割扩孔。

（3）当构件的连接为焊接和高强度螺栓综合连接时，应按先栓接后焊接的顺序施工。

（4）自钻自攻螺钉、拉铆钉、射钉等与连接板应紧固密贴，外观排列整齐。其规格尺寸应与连接板相匹配，间距、边距等应符合设计要求。

（5）射钉、拉铆钉、柱脚螺栓应根据制造厂商的相关技术文件和设计要求进行工程质量验收。

总结与提高

单层门式刚架结构现场安装的技巧和注意事项归纳如下。

1. 单层门式刚架结构的施工准备主要包括文件资料准备、场地准备、构件材料准备、机械设备准备、土建部分准备、基础验收等钢结构主体施工前的准备工作。

2. 单层门式刚架主结构安装主要有钢柱安装、吊车梁安装、钢屋架安装等。其中，钢柱的安装顺序为：基础放线→绑扎→吊升→校正→固定；钢梁的安装顺序为：钢梁组装→扶直→绑扎→吊升→校正→固定。

3. 采用分件安装法、节间安装法或综合安装法进行钢梁吊装，并完成高强度螺栓连接，即可完成门式刚架斜梁的安装。高强度螺栓安装是门式刚架斜梁的安装重点。

4. 钢结构安装工程安全技术主要包括高处作业、临边作业、洞口作业、攀登作业、悬空作业、交叉作业、防止起重机倾翻、防止高空坠落和物体落下伤人、防止触电和防止氧乙炔瓶爆炸等。

课后练习

一、单项选择题

1. 钢结构焊接的焊缝长度不宜小于（　　）。
   A．25mm　　　　B．10mm　　　　C．15mm　　　　D．20mm

2. 扭剪型高强度螺栓终拧完成，进行检查时，以拧掉尾部为合格，螺栓丝扣外露应为（　　）扣，其中允许有10%的螺栓丝扣外露1扣或4扣。
   A．2～3　　　　B．1～2　　　　C．4～5　　　　D．5～6

二、填空题

1. 钢结构的运输与安装应按施工组织设计进行，运输与安装程序必须保证结构的_____和_____。

2. 钢构件安装前，应对构件的外形尺寸、螺栓孔位置及直径、_____、_____、摩擦面处理、防腐涂层等进行详细检查。

3. 单层门式刚架结构的施工准备工作有_____、_____、_____、_____、_____。

4. 在柱底二次灌浆时，应保持基础支承面与钢柱底座板下表面之间的距离不小于_____，以利于灌浆，并全部填满空隙。

5．用座浆或灌浆法处理后的基础强度必须符合设计要求，基础的强度必须达到_____的养护强度标准，强度应达到_____及其以上时，方可安装钢结构。

6．钢结构安装前应对建筑物的定位轴线、基础轴线和标高、地脚螺栓位置等进行检查，并应办理_____。

7．钢垫板面积应根据_____、柱脚底板承受的荷载和地脚螺栓（锚栓）的紧固拉力计算确定。

8．采用座浆垫板时，应采用_____。

9．单层门式刚架主结构安装主要有_____、_____、钢屋架安装等。

10．钢柱的安装顺序为：基础放线→_____→吊升→_____→固定。

11．钢梁的安装顺序为：钢梁组装→_____→_____→吊升→校正→固定。

12．门式刚架斜梁的安装重点是_____安装。

13．悬空作业处应有牢固的_____，并必须视具体情况，配置防护网、栏杆或其他安全设施。

14．进行洞口作业，以及在因工程和工序需要而产生的使人与物有坠落危险或危及人身安全的其他洞口进行高处作业时，必须设置_____。

任务 6.4　单层门式刚架结构涂装施工

引导问题

1．常温下钢材的锈蚀分为哪两类？
2．钢材在高温下有哪些性能特点？

知识解答

6.4.1　防腐涂装工程

1．主要机具

防腐涂装的主要机具见表 6-9。

表 6-9　防腐涂装的主要机具

序 号	机具名称	用 途	序 号	机具名称	用 途
1	喷砂机	喷砂除锈	7	回收装置	喷砂除锈
2	气泵	喷砂除锈	8	喷漆气泵	涂漆
3	喷漆枪	涂漆	9	铲刀	人工除锈
4	手动砂轮	机械除锈	10	砂布	人工除锈
5	电动钢丝刷	机械除锈	11	油漆小筒	涂漆
6	小压缩机	涂漆	12	刷子	涂漆

2. 工艺流程

基（表）面处理→底漆涂装→面漆涂装→检查验收。

3. 涂装前钢材表面处理

基面清理质量的好坏，直接影响到涂层质量的好坏。因此在涂刷防腐涂料前，应采取适当的方法将需要涂装部位的铁锈、焊缝药皮、焊接飞溅物、油污、尘土等杂物清理干净。

4. 涂装施工方法

目前常用的涂装施工方法有刷涂法、手工滚涂法、浸涂法、空气喷涂法、雾气喷涂法等。

（1）刷涂法。刷涂法使用的主要工具为各种刷子。刷涂法适用于油性涂料、酚醛涂料、醇酸涂料等，涂装后干燥速度较慢，塑性小，主要用于钢结构一般构件及建筑物各种设备管道的防腐涂装。

刷涂法的优点是费用低，施工方法简单，适于各种形状的涂装；缺点是装饰性较差，施工效率低。

（2）手工滚涂法。手工滚涂法使用的主要工具为辊子。手工滚涂法适用于油性涂料、酚醛涂料、醇酸涂料等，涂装后干燥速度较慢，塑性小，主要用于钢结构大型平面构件和建筑物管道的防腐涂装。

手工滚涂法的优点是费用低，施工方法简单，适于大面积构件的涂装；缺点是装饰性较差，施工效率低。

（3）浸涂法。浸涂法是将被涂物放入油漆槽中浸渍，经一定时间后取出吊起，多余的涂料尽量滴净，再晾干或烘干的涂漆方法，使用的主要工具有浸漆槽、离心机等。浸涂法适用于各种合成树脂涂料，涂装后干性适当，干燥速度适中，处变性好，主要用于小型零件、设备和机械部件的防腐涂装。

浸涂法的优点是设备价格低，施工方法简单，涂料损失少，适于构造复杂构件的涂装；缺点是流平性较差，有流挂现象，污染现场，溶剂易挥发。

（4）空气喷涂法。空气喷涂法是利用压缩空气的气流将涂料带入喷枪，经喷嘴吹散成雾状，并喷涂到被涂物表面上的一种涂装方法，使用的主要工具为喷枪、压缩机、油水分离器等。空气喷涂法适用于各种硝基涂料、橡胶涂料、建筑乙烯涂料、聚氨酯涂料等，涂装后挥发快，干燥速度适中，黏度小，主要用于各种大型构件及设备和管道的防腐涂装。

空气喷涂法的优点是设备价格低，施工效率较刷涂法高；缺点是施工方法较复杂，消耗溶剂量大，易污染和引起火灾。

（5）雾气喷涂法。雾气喷涂法利用特殊形式的气动或其他动力驱动的液压泵，将涂料增至高压，当涂料经由管路通过喷枪的喷嘴喷出后，体积骤然膨胀而雾化，从而高速地分散在被涂物表面上,形成漆膜。其使用的主要工具为高压喷枪、压缩机等。雾气喷涂法适用于厚浆型涂料和具有高不挥发性的涂料,涂装后具有高沸点、高不挥发性和触变性,主要用于各种大型钢结构建筑及桥梁、车辆和船舶等的防腐涂装。

雾气喷涂法的优点是施工效率较空气喷涂法高,能获得厚涂层;缺点是设备价格高,施工方法较复杂,损失部分涂料,装饰性较差。

6.4.2 防火涂装工程

1. 主要机具

防火涂装的主要机具见表 6-10。

表 6-10 防火涂装的主要机具

序 号	机具名称	单位	用 途
1	便携式搅拌机	台	配料
2	压送式喷涂机	台	厚涂型涂料喷涂
3	重力式喷枪	台	薄涂型涂料喷涂
4	空气压缩机($0.6\sim0.9m^3/min$)	台	喷涂
5	抹灰刀	把	手工涂装
6	砂布	张	基层处理

2. 工艺流程

基面处理→调配涂料→涂装施工→检查验收。

3. 防火涂料及其涂装施工方法

按所用黏结剂的不同,防火涂料可分为有机防火涂料和无机防火涂料两大类。其中,有机防火涂料又分为膨胀型防火涂料和非膨胀型防火涂料,无机防火涂料只有非膨胀型防火涂料。按涂料厚度及性能特点,防火涂料可分为超薄型(CB)、薄型(B)及厚型(H)。按使用场所的不同,防火涂料又可分为室内防火涂料(N)和室外防火涂料(W)。

钢结构防火涂装工程主要使用 B 类和 H 类防火涂料。

(1)B 类防火涂料的涂装施工。B 类防火涂料指薄型或超薄型防火涂料,又指膨胀型防火涂料。涂层厚度不超过 3mm 的为超薄型,涂层厚度大于 3mm 且不超过 7mm 的为薄型。其基本成分组成(质量分数):黏结剂(有机树脂或有机与无机复合物)为 10%~30%,有机和无机绝热材料为 30%~60%,颜料和化学助剂为 5%~15%,溶剂和稀释剂为 10%~25%。这类涂料涂层薄、质量轻、抗震性好,具有较好的装饰性,高温时能膨胀增厚。

B 类防火涂料分为底涂、中涂和面涂(装饰层)涂料。底涂和中涂涂料宜采用重力式喷枪喷涂，配备能够自动调压的 0.6～0.9m³/min 空气压缩机，喷嘴直径为 4～6mm，空气压力为 0.4～0.6MPa。局部修补和小面积施工，可用手工抹涂。面层（装饰层）涂料可刷涂、喷涂或滚涂，一般采用喷涂施工。

（2）H 类防火涂料的涂装施工。H 类防火涂料指厚型防火涂料，又指非膨胀型防火涂料。涂层厚度大于 7mm，一般不超过 45mm。其基本成分组成（质量分数）：黏结剂（硅酸盐水泥无机化合物）为 10%～40%，骨料（膨胀蛭石、膨胀珍珠岩或空心微珠等）为 30%～50%，化学助剂为 1%～10%，溶剂和稀释剂为 10%～30%。这类涂料无毒、干密度小、热导率低、耐火隔热性好，能将钢结构耐火极限由 0.25h 提高到 1.5～4h。

H 类防火涂料适用于永久性建筑。室内隐蔽钢结构、高层全钢结构及多层厂房钢结构，当规定其耐火极限在 1.5h 以上时，宜选用 H 类防火涂料。露天钢结构所选用的防火涂料除与室内防火涂料具有相同耐火极限要求外，还应具有优良的耐候性，也宜选用 H 类防火涂料。H 类防火涂料宜采用压送式喷涂机喷涂，配备能自动调压的 0.6～0.9m³/min 空气压缩机，空气压力为 0.4～0.6MPa，喷嘴直径宜为 6～10mm。局部修补施工可采用抹灰刀等工具手工抹涂。

6.4.3 钢结构涂装施工

1. 涂装施工注意事项

（1）钢构件涂装应在构件制作质量经检验合格后进行。

（2）钢构件涂装前，应对构件表面进行喷砂处理，以彻底清除脏物及油污，严格除锈，除锈等级应达到 Sa2.5 级。

（3）钢构件经除锈后，应立即喷涂底漆一度，保养后再涂面漆两度（需喷涂防火涂料的构件除外）；高强度螺栓结合面、插入式固接柱脚埋入混凝土的钢构件表面及需现场焊接的全熔焊 50mm 范围内等部位不得涂漆。

（4）对需防火涂装的构件，所采用的防火涂料应符合现行国家相关规范的规定；防火涂装应在构件安装完成后进行，且应将所选用的防火涂料与底漆进行兼容试验，合格后方可使用。

2. 底漆涂装

（1）调和防锈漆，控制油漆的黏度、稠度，兑制时充分搅拌，使油漆色泽、黏度一致。

（2）喷第一层底漆时涂刷方向应保持一致，接槎整齐。

（3）喷涂漆时应遵循勤移动、短距离的原则，防止喷漆太多而流坠。

（4）待第一遍干燥后，再喷第二遍，第二遍喷涂方向与第一遍方向垂直，使漆膜厚度均匀一致。

（5）喷涂完毕后，在构件上按原编号标注，重要构件还需要标明质量、重心位置和定位标号。

3．面漆涂装

（1）面漆涂装应按设计要求，不得随意改动，并应注意底层和面层涂料的性质兼容。

（2）面漆涂装需待现场安装结束后进行，面漆涂装前同样需对钢结构表面进行处理。

（3）面漆调制需确保颜色一致，兑制稀稠合适，使用前充分搅拌，保持色泽均匀，其工作黏度、稠度应保证涂装时不流坠、不显刷纹。涂刷方法与方向同底漆涂装。

4．检查验收

（1）涂装后进行涂层检查验收，应颜色一致，色泽鲜明光亮，不起皱皮、疙瘩。

（2）测定涂装漆膜厚度，用角点式漆膜测厚仪测定，一般测定3点厚度，取其平均值。

（3）对涂装工作进行保护，防止飞扬尘土和其他杂物污染漆膜。

总结与提高

钢结构涂装施工的技巧和注意事项归纳如下。

1．钢结构防腐涂装的工艺流程：基（表）面处理→底漆涂装→面漆涂装→检查验收。

2．钢结构防火涂装的工艺流程：基面处理→调配涂料→涂装施工→检查验收。

3．留意涂装施工中的注意事项。

课后练习

一、填空题

1．建筑钢结构工程防腐材料、品种、规格、颜色应符合国家有关技术指标和设计要求，应具有产品_____。

2．钢结构防腐涂装作业不得使用_____代替除锈和底漆。

3．涂装时的环境温度和相对湿度应符合涂料产品说明书的要求，当产品说明书无要求时，环境温度宜在 5～38℃之间，相对湿度不应大于_____；涂装时构件表面不得有结露、水汽等，涂装后_____内应保护不受雨淋。

4．防腐涂装的工艺流程为：基（表）面处理→_____→面漆涂装→检查验收。

5．防腐涂装常用的施工方法有刷涂法、_____、浸涂法、空气喷涂法、_____等。

6．钢结构防火涂料按其涂料厚度及性能特点可分为_____、_____、_____。

二、简答题

请简述钢结构防火涂装的工艺流程。

钢结构制作与安装

任务 6.5 单层门式刚架结构虚拟仿真安装

引导问题

1. 单层门式刚架结构安装的主要流程有哪些？
2. 门式刚架各构件安装有哪些施工标准和规范要求？
3. 门式刚架安装前有哪些准备工作？
4. 钢柱吊装的顺序是什么？

知识解答

6.5.1 钢结构虚拟仿真软件介绍

单层门式刚架结构虚拟仿真安装

本任务的虚拟仿真安装依托中望钢结构工程施工虚拟仿真软件。该软件为支撑钢结构构件生产与工程施工落地的教学系统，系统内置多种仿真场景和教学资源，真实地还原了主流的钢结构施工场景，最大限度地复刻了钢结构现场安装施工流程，学生可在仿真场景内观看学习视频，进行实操训练，最后完成实训和考核，强化对钢结构安装流程的认知。

6.5.2 操作步骤

Step 01 打开软件，单击主界面中的"门式刚架结构施工"，进入本次虚拟仿真安装实训的学习界面，如图 6-56 所示。

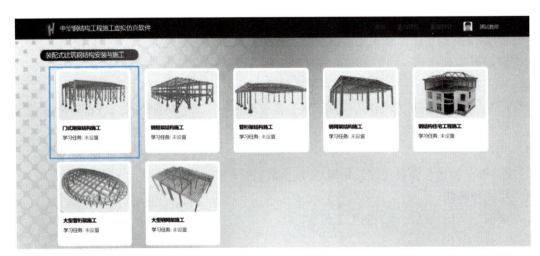

图 6-56 软件主界面

Step 02 在学习界面中,完成"节点模型""施工图纸""施工规范""验收标准""质量通病""操作视频"模块的学习,如图 6-57 所示。

图 6-57 学习界面

Step 03 在学习界面中,单击"启动仿真场景",完成互动操作。仿真场景中三维模型与二维图纸可实现相互联动,单击模型(或图纸)中的某个部件,另一图纸(或模型)会对应高亮显示,如图 6-58 所示。

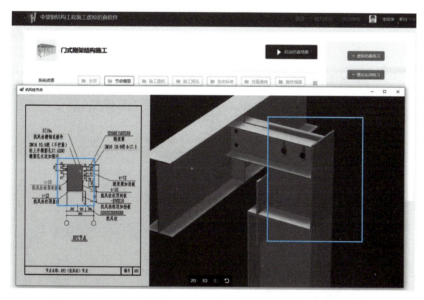

图 6-58 部位点亮操作

下面对仿真场景中的主要功能介绍如下。

(1)知识点:单击仿真场景页面中的某一施工流程,页面中会显示该流程的仿真学习内容和仿真场景动画,单击右下角"知识点"按钮,可以查看对应的知识点讲解,如图 6-59 所示。

(2)视角切换:单击"视角切换"按钮,可切换观察视角,再次单击即可恢复默认视角,如图 6-60 所示。

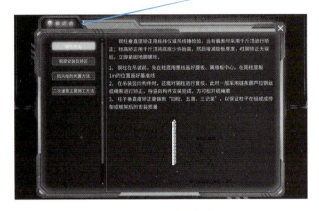

图 6-59　知识点功能演示

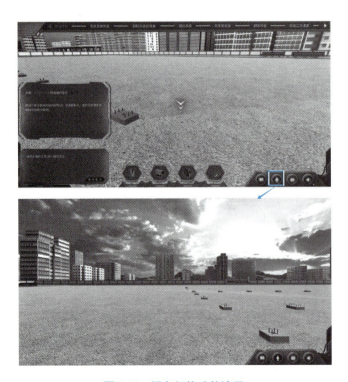

图 6-60　视角切换功能演示

（3）视频：单击"视频"按钮，可观看本次仿真操作内容的动画视频，如图 6-61 所示。

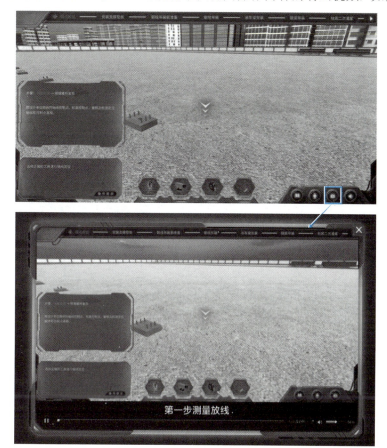

图 6-61　视频功能演示

（4）静音：单击"静音"按钮，会对本次仿真过程静音，再次单击即可打开声音，如图 6-62 所示。

Step 04 完成学习后，返回学习界面，单击"虚拟仿真练习"和"理论实训练习"进入练习环节，巩固所学知识，如图 6-63 所示。

图 6-62　静音功能演示

图 6-62　静音功能演示（续）

图 6-63　虚拟仿真练习和理论实训练习

在虚拟仿真练习环节中，可以根据操作提示选择正确的工具进行施工安装，如图 6-64 所示。在理论实训练习环节中，完成本次实训的相关习题，如图 6-65 所示。

图 6-64　工具安装演示

项目 6 单层门式刚架结构安装

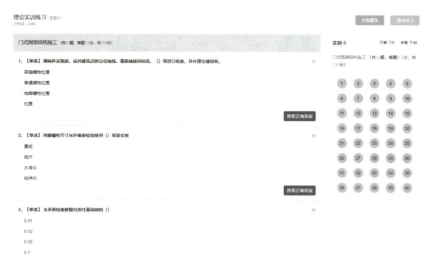

图 6-65 理论实训练习界面

Step 05 单击学习界面中的"能力评价",可查看教师发布的考核任务,完成考核,如图 6-66 所示。

图 6-66 能力评价界面

单击"学习报告",可查看自己的学习数据和积分排名,如图 6-67 所示。

图 6-67 学习报告界面

实训任务

单层门式刚架结构虚拟仿真安装实训任务书

一、实训目的

单层门式刚架结构虚拟仿真安装实训的目的是基于一个虚拟仿真项目案例,学生能够综合运用本项目所学知识,在教师的指导下,完成单层门式刚架结构虚拟仿真安装,全面掌握单层门式刚架结构安装流程的关键点,加深对单层厂房钢结构建筑建造过程的认识,提高对知识的综合运用能力和解决工程实际问题的能力,培养语言思维及综合表达能力。

二、实训任务

根据仿真环境中给出的门式刚架结构施工项目案例,进行节点模型、施工图纸、施工规范、验收标准、质量通病、操作视频等资料的学习,独立完成虚拟仿真练习和理论实训练习,并完成教师发布的能力评价考核任务。

三、实训步骤

打开中望钢结构工程施工虚拟仿真软件,按照 6.5.2 节操作步骤完成单层门式刚架结构虚拟仿真安装的学习和练习。

任务 6.6 单层门式刚架结构施工方案编制

引导问题

1. 门式刚架的钢柱和钢梁的安装顺序分别是什么?
2. 门式刚架宜采用何种安装方法?安装顺序是什么?
3. 在编制单层门式刚架结构施工方案时,如何选择合适的起重机械?

知识解答

6.6.1 单层门式刚架结构施工方案的内容

单层门式刚架结构安装应编制施工方案(施工组织设计),施工方案应包括以下内容。

(1)工程概况及工程重点、难点。
(2)施工总平面布置及临时用房、用水、用电。
(3)主要起重机械的布置及吊装方案。
(4)构件运输、堆放及场地管理。
(5)施工网络计划。

（6）劳动组织及用工计划。
（7）主要机具、材料计划。
（8）技术质量标准。
（9）技术措施及降低成本计划。
（10）质量和安全保证措施。

6.6.2 门式刚架常规安装顺序及方法

（1）施工现场各分节间结构的安装顺序不受限制的门式刚架，宜采用综合安装法安装，先安装一端有刚架支撑的两榀刚架，安装顺序为：柱→柱间系杆、墙梁→柱间支撑→钢斜梁→系杆、屋檩→水平支撑→隅撑。

（2）较大跨度的单跨门式刚架，其安装顺序为：吊升第一榀刚架的一根钢柱，钢柱就位，使其基本保持垂直状态，拧紧全部基础锚栓螺母，用缆风绳临时固定；安装第二榀刚架的同侧钢柱，安装两柱间系杆、墙梁、柱间支撑，校正钢柱，拧紧构件节点处螺栓；重复这个操作过程，安装另一侧钢柱；安装第一榀刚架的钢梁，拧紧梁柱节点上的螺栓，用缆风绳临时固定（一般用4道缆风绳），初校钢梁并拉紧缆风绳；安装第二榀刚架的钢梁；安装系杆、檩条、水平支撑，校正钢梁，安装并校正吊车梁；校正钢柱，拧紧全部螺栓，安装隅撑。这两榀刚架形成的稳定结构单元，是其他刚架结构安装的基准，应适当提高其安装质量标准。以这两榀刚架为起点，顺序安装其他刚架。

对于柱脚有能力承受较大横向弯矩的钢柱，可采用分件安装法顺序安装刚架的其他钢柱的系杆或连梁，再顺序安装钢梁的系杆、檩条、隅撑和吊车梁等，也可逐跨顺序安装钢柱、系杆、墙梁、钢梁、系杆、屋檩、吊车梁和隅撑等，螺栓应在刚架、吊车梁校准后再拧紧。各种支撑和缆风绳的拉紧程度，以不将构件拉弯为原则。檩条和墙梁安装时，应及时设置拉条并拉紧，但不应将檩条和墙梁拉弯。

（3）较大跨度的多跨门式刚架，其摇摆柱应在钢梁安装之前用缆风绳或其他支撑临时固定，此结构钢梁的截面较薄弱，吊装时应采取防止钢梁扭曲的措施。不允许将由摇摆柱和钢梁组成的非稳定框架结构在无支撑、无拉索的情况下留到第二天施工。其他安装方法和要求同单跨门式刚架。

（4）带毗屋刚架的门式刚架，应在安装完主刚架后再安装次刚架。主刚架的安装如前所述，次刚架宜在地面上就将边柱和半截钢梁拼装在一起，然后整体安装就位，再安装系杆、檩条、支撑等，宜采用分件安装法安装，要求如前所述。

（5）较小跨度的单跨门式刚架，可在地面上将梁柱拼装成整体刚架，整体吊升就位，先安装一端有刚架支撑的两榀刚架，安装顺序为：第一榀刚架→第二榀刚架→系杆→墙梁→屋檩→支撑→隅撑，安装方法和要求同大跨度单跨门式刚架。

（6）天窗可与钢梁在地面拼装后同时吊装，也可单独吊装，安装方法和要求同小跨度单跨门式刚架。

实训任务

单层门式刚架结构施工方案编制实训任务书

一、实训目的

单层门式刚架结构施工方案编制实训的目的是通过一项具体工程，学生能够综合运用本项目所学知识，在教师的指导下，全面掌握单层门式刚架结构施工方案编制的关键点，加深对单层厂房钢结构建筑建造过程的认识，提高对知识的综合运用能力和解决工程实际问题的能力，培养语言思维及综合表达能力。

二、实训任务

根据某仓库门式刚架结构施工图（见附录5）、施工平面布置图及吊装分析图（见附录6），分组分角色完成施工方案主要内容的编制，完成单层门式刚架结构施工方案编制任务单。

建议每5人为一组，每组设技术员2名、深化设计师1名、施工员1名、质安员1名。技术员1任组长，负责组织完成本次实训任务。具体分工见表6-11。

表6-11 实训角色分工表

角　色	具体分工内容
技术员1	编制技术方案（工程概况、整体安装思路、施工方法及流程等），负责小组整体进度和成果质量
技术员2	根据施工平面布置图，编制钢柱和钢梁吊装分析方案
深化设计师	根据结构施工图，统计各构件规格、长度及质量等信息，绘制节点详图
施工员	编制钢柱和屋面钢梁的吊装作业指导书
质安员	结合工程特点，梳理钢柱安装环节工程质量控制的内容

参考资料：
《钢结构工程施工质量验收标准》（GB 50205—2020）
《钢结构工程施工规范》（GB 50755—2012）
《建筑施工起重吊装工程安全技术规范》（JGJ 276—2012）
《钢结构设计标准》（GB 50017—2017）

任务6.6 实训任务单

三、实训步骤

1. 项目确定，任务分配与承接
2. 根据施工方案要求，分工编制施工实施细则
3. 小组内进行成果汇总和审查
4. 成果提交，完成实训任务单

四、工程资料

1. 工程简介

本工程为某仓库钢结构，平面尺寸为 42.35m×24.00m，建筑高度 9.65m。仓库采用单层门式刚架结构体系，钢斜梁与钢柱刚接，铰接柱脚。屋面及墙面压型钢板采用镀锌钢板或彩色镀锌（有机涂层）钢板。檩条及墙檩采用冷弯薄壁型钢。基础采用C40现浇混凝土独立基础形式。

本次实训任务重点关注主刚架吊装施工，完成施工方案编制。吊装钢丝绳采用 1770 级别，FC 纤维芯；起重机吊钩、吊索质量均取 0.2t，钢丝绳的拉力通过查《建筑施工起重吊装工程安全技术规范》（JGJ 276—2012）附录A选用。

JGJ 276—2012附录A

2. 施工条件

（1）场地条件：结构中部布置一条施工道路，场地内施工道路与城市道路相通。钢梁和钢柱现场施工平面布置图见附录6附图6-1和附图6-2。

（2）吊装条件：钢柱和钢梁均采用工厂加工、现场吊装的方式，构件按进度提供。本次实训任务中的钢构件吊装均采用 25t 汽车起重机，其性能参数请扫描本页二维码查看。

25t 汽车起重机性能参数

3. 结构施工图和深化图

本工程结构施工图详见附录5相关附图。深化图给出了钢斜梁-1 吊装分析示意图和钢柱 GZ-2 吊装分析示意图，见附录6附图6-3。

任务 6.7　单层门式刚架结构施工方案会审

引导问题

1. 施工方案一般由谁审核？
2. 单层门式刚架结构施工方案主要应包括哪些部分？

知识解答

6.7.1　施工组织设计（专项施工方案）会审制度

建立施工组织设计（专项施工方案）会审制度可以加强项目部的安全管理工作，做好事故预先控制。施工组织设计（专项施工方案）会审制度对钢结构施工方案编制的要求如下。

（1）施工方案要根据工程特点、施工方法、劳动组织、作业环境以及新技术、新工艺、新材料、新设备等情况，在防护、技术、管理上制定针对性的安全措施。

（2）施工方案应由项目经理组织专业人员编制，分公司审查，经公司技术负责人批准并签名盖章后方可实施。

（3）施工方案的内容应包括工程概况、施工方法、施工进度计划、施工准备工作计划、各项资源需用量计划、施工平面图、技术经济指标、安全技术措施等部分。

（4）对专业性较强的工程项目，如打桩、基坑支护、模板、脚手架、施工用电、物料提升机、外用电梯、起重机械吊装等，均要编制专项安全施工方案。

（5）编制施工方案时应尽可能采用新技术、新工艺、新材料、新设备，编制劳动力、材料、机械设备调度平衡计划，以确保工程顺利施工，提高工效和设备利用率，保证工程质量，降低工程成本。

（6）基坑支护、模板、脚手架、起重机械吊装均应有结构计算书。

6.7.2　施工组织设计（专项施工方案）会审内容

（1）施工方案编制依据是否合理，内容是否完整。

（2）施工方案组织措施、技术措施是否满足施工条件，是否符合工程质量、安全生产和文明施工要求。

（3）施工方案实施条件是否符合地形、地貌自然环境特征，设备、机具选型和布置是否符合客观条件和经济条件。

（4）专项施工方案是否具有针对性、专业性和特殊性。

（5）施工方案拟采取的操作流程、工艺技术是否符合施工质量要求和验收标准。

（6）施工方案能否正确反映合同约定的进度、时间、节点规定。

（7）施工方案对合同约定计量、计价及合同变更价款的影响程度。

（8）其他需会审的事项。

实 训 任 务

单层门式刚架结构施工方案会审实训任务书

一、实训目的

单层门式刚架结构施工方案会审实训的目的是通过对上一实训任务编制的施工方案的会审，学生能够合作进行施工方案汇报展示，总结在施工方案编制过程中的收获和不足，深刻认识到安全文明施工和绿色施工的重要性，提高团队合作能力，养成良好的职业操守。

任务 6.7 实训任务单

二、实训任务

针对任务 6.6 实训任务中编制的单层门式刚架结构施工方案，各小组进行汇报展示及评价，完成单层门式刚架结构施工方案评分表。

三、实训步骤

1. 小组内讨论并制作施工方案汇报 PPT
2. 各小组依次进行施工方案汇报，其他小组按照评分标准评分

项目 7　多层钢框架结构安装

知识目标：
- 了解多层钢框架结构的组成和布置原则
- 掌握多层钢框架结构的连接节点构造
- 掌握多层钢框架结构深化设计的基本知识
- 掌握多层钢框架的安装工序和施工工艺

能力目标：
- 能够正确识读多层钢框架结构的连接节点详图
- 能够熟练查阅钢结构设计和验收标准规范
- 能够利用 BIM 软件对多层钢框架结构进行深化设计
- 能够利用虚拟仿真软件进行多层钢框架结构安装
- 能够编制多层钢框架结构施工方案

素质目标：
- 通过开展工作任务，提高团队协作和沟通表达能力
- 通过开展实训任务，养成优秀的职业操守和敬业精神
- 培养严谨求实的学习精神和认真负责的工作态度
- 深刻理解安全文明施工和绿色施工的重要意义

任务 7.1 多层钢框架结构施工图识读

引导问题

1. 多层钢框架结构的组成构件有哪些？
2. 多层钢框架结构的连接节点有哪些？
3. 多层钢框架结构的布置原则是什么？
4. 多层钢框架结构施工图识读内容有哪些？

知识解答

7.1.1 钢框架结构概述

钢框架结构一般由柱、梁、楼盖、支撑、墙板或墙架组成，如图 7-1 所示。随着层数及高度的增加，除了要求承受较大的竖向荷载，抗侧力（风荷载、地震作用等）的承载要求也成为多高层钢框架结构的主要承载特点。按抗侧力体系不同，多高层建筑钢结构可以采用框架体系、框架-支撑体系、框架-剪力墙板体系、筒体体系等。

钢框架结构的优点是：能提供较大的内部空间，建筑平面布置灵活，适应多种类型建筑的使用功能，其中多层厂房最为常用，住宅楼、办公楼、教学楼等也可使用；一般在工厂预制钢梁、钢柱，运送到施工现场再拼装连接成整体框架，结构自重轻、抗震性能好、施工速度快、机械化程度高；结构简单，构件易于标准化和定型化，对层数不多的多层建筑而言是一种比较经济合理、运用广泛的结构体系。但同时也存在一定的缺点，如用钢量稍大、耐火性能差、后期维修费用高、造价略高于钢筋混凝土框架结构。

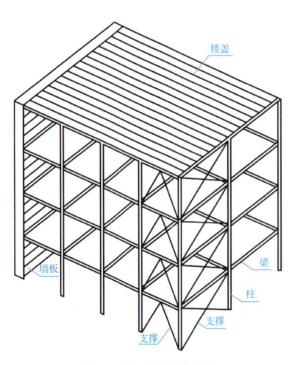

图 7-1 钢框架结构示意图

7.1.2 钢框架结构的组成构件

钢框架结构主要由钢柱、钢梁和楼盖通过一定的节点连接方式组成。

1. 钢柱

(1) H型钢柱。H型钢柱是由三块钢板组成的H形截面承重构件,如图7-2所示。对于房间开间较小的钢框架结构,为降低用钢量和充分发挥截面承重能力,一般采用H型钢柱,型钢强轴平行于建筑物纵向设置。

(2) 箱形截面柱。箱形截面柱是由四块钢板焊接而成的承重构件,在与梁连接部位处还设有加劲隔板,每节柱子顶部要求平整,如图7-3所示。对于房间开间较大的纵横向承重的钢框架结构,为充分发挥截面承重能力,一般采用箱形截面柱。

图7-2 H型钢柱　　　　　　　图7-3 箱形截面柱

(3) 钢管柱和钢管混凝土柱。钢管柱是由圆钢管或方钢管经切割和加工而成的钢柱,如图7-4和图7-5所示。为提高其承载能力,充分发挥钢材和混凝土材料的性能优势,可在钢管中浇筑混凝土,形成钢管混凝土柱,如图7-6所示。

图7-4 圆钢管柱　　　　　　　图7-5 方钢管柱

(4) 十字柱。每根十字柱采用一根H型钢柱与两根由H型钢剖分而成的T型钢焊接而成,如图7-7所示。

图 7-6　钢管混凝土柱

图 7-7　十字柱

（5）型钢混凝土柱。对于高层建筑，可采用由十字柱或者其他截面型钢柱外包钢筋混凝土形成的型钢混凝土柱，如图 7-8 所示。为确保型钢柱与钢筋混凝土协同工作和变形，沿型钢柱高度方向应焊有栓钉，并设置钢筋笼。

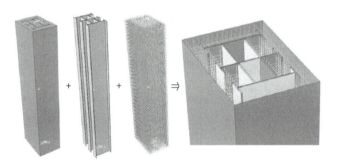

（a）混凝土柱　（b）型钢柱　（c）钢筋笼　（d）型钢混凝土柱断面图

图 7-8　型钢混凝土柱

2. 钢梁

（1）H 型钢梁。对于柱距较小的钢框架结构，其钢梁一般采用 H 型钢梁，型钢强轴平行于水平面设置，如图 7-9 所示。

（2）箱形截面梁。对于柱距特别大的钢框架结构，其钢梁一般采用箱形截面梁，强轴平行于水平面设置，如图 7-10 所示。

图 7-9　H 型钢梁

图 7-10　箱形截面梁

3. 楼盖

钢结构住宅近年来采用较多的楼盖形式,主要有现浇整体钢筋混凝土楼盖、预制钢筋混凝土楼盖(由预应力混凝土空心板制成,如图 7-11 所示)、预应力混凝土钢管桁架叠合楼盖(由预应力混凝土钢管桁架叠合板制成,如图 7-12 所示)、钢筋桁架叠合楼盖(图 7-13)、钢筋桁架楼承板(图 7-14)和压型钢板混凝土楼盖(图 7-15)。

图 7-11 预应力混凝土空心板

图 7-12 预应力混凝土钢管桁架叠合板

图 7-13 钢筋桁架叠合楼盖

图 7-14 钢筋桁架楼承板

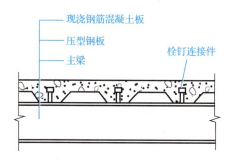

(a)板肋垂直于主梁(不设次梁)

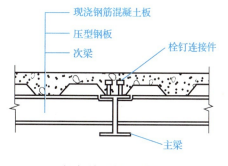

(b)板肋平行于主梁(设有次梁)

图 7-15 压型钢板混凝土楼盖

7.1.3 多层钢框架结构布置

多层钢框架结构布置的总体原则：结构必须有足够的强度、刚度和稳定性，结构整体安全可靠；结构应符合建筑物的使用要求，有良好的耐久性；结构方案尽可能节约钢材，减轻钢结构重量；尽可能缩短制造、安装时间，节约工时；结构构件应便于运输和维护；在可能条件下尽量注重美观，特别是外露结构，应符合建筑美学要求。

1. 平立面布置

多层钢框架结构的平面布置宜规则、对称，具有良好的整体性，宜采用矩形、方形、圆形、梯形及三角形等简单的建筑平面，当采用复杂建筑平面时，应在抗震计算及构造措施方面采取相应措施。

建筑立面和竖向剖面宜规则，高度变化均匀。多层钢框架结构沿竖向布置时可以采用分段变截面的做法，但应防止侧向刚度突变，尽量避免选用不规则截面。

整个结构应设计成刚性框架结构，结构荷载由梁、板、柱承担，柱网及梁系布置合理，柱距宜控制在 6~9m，次梁间距一般以 3~4m 为宜，纵、横向刚度均匀，构件传力明确、类型统一，节点构造简单，便于施工。

2. 楼盖布置

合理选择楼板形式，楼板与钢梁应有可靠连接。对转换楼层楼盖或楼板有大洞口等情况，宜在楼板内设置钢水平支撑。

3. 基础布置

钢框架结构可采用柱下独立基础，不超过 12 层的多层钢框架结构可设置或不设地下室，其基础的埋置深度可适当减小。

4. 内外墙体系布置

钢框架中，墙体为非承重构件，可采用蒸压加气混凝土砌块墙或者蒸压加气混凝土条板墙，如图 7-16 所示。

（a）蒸压加气混凝土砌块墙　　（b）蒸压加气混凝土条板墙

图 7-16　钢框架墙体

7.1.4 钢框架结构施工图基本内容

钢框架结构施工图一般包括结构设计总说明、基础平面布置图、基础详图、柱脚螺栓布置图、结构布置图、节点详图等。具体内容如下。

1. 结构设计总说明

结构设计总说明一般说明设计依据、设计条件、工程概况、设计控制参数、材料的选用、钢构件的制作加工、钢构件的运输和安装、涂装工程、围护结构、维护及其他需要说明的事项。

2. 基础平面布置图和基础详图

基础平面布置图主要说明纵横定位轴线、基础编号、基础底面的形状大小及其与轴线的关系、基础梁的位置和代号、断面图的剖切线、定位尺寸和施工说明等。简单的钢框架结构也可通过首层钢柱平面布置图来反映基础的定位。

基础平面布置图只表达基础的平面布置，而基础各部分的形状、大小、材料、构造及基础的埋置深度等都无法表达出来，这就需要画出不同位置、不同部分的详图，将基础的这些内容表达清楚，作为浇筑基础的依据。基础详图是采用水平局部剖面图和竖向剖面图来表达基础构造的，主要说明基础断面图中轴线及其编号（若为通用断面图，则轴线圆圈内不予编号）、基础断面形状大小及配筋、基础梁的尺寸及配筋、基础断面的详细尺寸、室内外地面标高、基础垫层底面标高、防潮层做法和施工说明等。

3. 柱脚螺栓布置图

柱脚螺栓布置图主要表达柱脚螺栓类型、定位轴网信息、螺栓规格及详图、柱脚防护措施、抗剪键构造、施工注意事项等。柱脚螺栓的布置情况也可通过柱脚节点详图表达。

4. 结构布置图

钢框架结构的结构布置图主要包括钢柱平面布置图、钢梁平面布置图和楼板布置图。钢柱平面布置图主要表达钢柱定位尺寸、钢柱规格表、层高表及结构需特别说明的信息。钢梁平面布置图主要表达钢梁定位尺寸、钢梁规格表、梁柱节点选用表、特殊节点及施工构造注意事项等。楼板布置图主要表达各楼板的厚度、编号、板顶标高，以及结构构造大样和层高表等。

5. 节点详图

节点详图主要表达钢梁、钢柱、支撑、楼板等部位连接节点的构造做法，如详细构造尺寸，螺栓规格、数量和定位，洞口附件配筋及构造，等等。

7.1.5 柱脚节点构造与识图

1. 多层钢框架结构的柱脚构造

柱脚是柱下端与基础相连的部分。柱脚的作用是将柱身的内力可靠地传给基础，并与基础牢固连接。按其受力情况，柱脚可分为铰接柱脚和刚接柱脚两种。铰接柱脚只传递轴心压力和剪力；刚接柱脚除传递轴心压力和剪力外，还传递弯矩。

柱脚按其构造做法不同，可分为外露式柱脚、埋入式柱脚、外包式柱脚及插入式柱脚。多高层结构框架柱的柱脚可采用埋入式柱脚、插入式柱脚及外包式柱脚，多层结构框架柱尚可采用外露式柱脚；单层厂房刚接柱脚可采用插入式柱脚和外露式柱脚；对于荷载较大、层数较多的结构，宜采用外包式柱脚和埋入式柱脚；进行抗震设计时，宜优先采用埋入式柱脚，外包式柱脚可在有地下室的高层民用建筑中采用。

（1）外露式柱脚。外露式柱脚通过底板锚栓将钢柱固定于混凝土基础上。常见钢柱的外露式柱脚构造如图 7-17 所示。

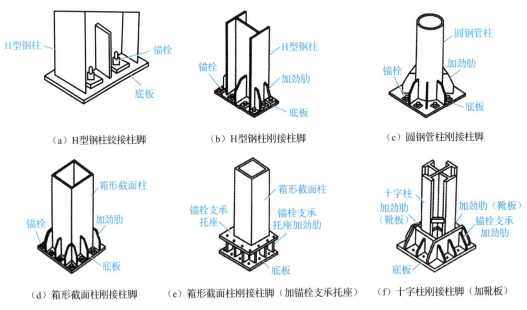

图 7-17　常见钢柱的外露式柱脚构造

外露式柱脚中钢柱轴力由底板直接传至混凝土基础。钢柱底部的剪力可由底板与混凝土之间的摩擦力传递，摩擦系数取 0.4；当剪力大于底板下的摩擦力时，应设置抗剪键，由抗剪键承受全部剪力；也可由锚栓抵抗全部剪力，此时底板上的栓孔直径不应大于锚栓直径加 5mm，且锚栓垫片下应设置盖板，盖板与柱底板焊接，并计算焊缝的抗剪强度。

以 H 型钢柱刚接柱脚为例，其安装过程如图 7-18 所示。

项目 7 多层钢框架结构安装

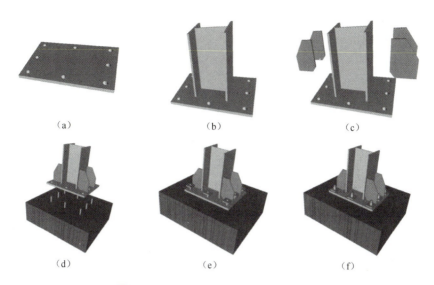

图 7-18　H 型钢柱刚接柱脚的安装过程

（2）埋入式柱脚。埋入式柱脚是将柱脚埋入混凝土基础内，如图 7-19 所示。柱底板应设置锚栓与下部混凝土连接，柱底板常位于基础梁底面。

（3）外包式柱脚。外包式柱脚由柱脚和外包混凝土组成，位于混凝土基础顶面以上，如图 7-20 所示。钢柱脚与基础应采用抗弯连接。

（4）插入式柱脚。插入式柱脚如图 7-21 所示。施工时，先浇筑部分混凝土使锚栓固定，混凝土养护达到规定强度后立首节钢柱，再二次灌入细石混凝土。

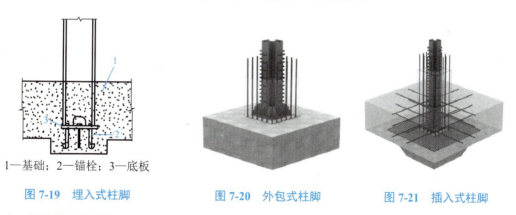

1—基础；2—锚栓；3—底板

图 7-19　埋入式柱脚　　　图 7-20　外包式柱脚　　　图 7-21　插入式柱脚

2. 柱脚节点识图

图 7-22 所示为箱形截面柱刚接柱脚，柱脚构造中有加劲肋、底板、垫板、锚栓等构件。

识读节点详图，钢柱截面规格为箱 300×300×12×12，表示箱形截面柱的高度为 300mm，宽度为 300mm，高度方向板厚度为 12mm，宽度方向板厚度为 12mm。箱形截面柱与底板焊接，底板尺寸为宽 540mm、高 540mm、厚 20mm，柱腹板与底板采用带钝边单边 V 形对接焊缝。

219

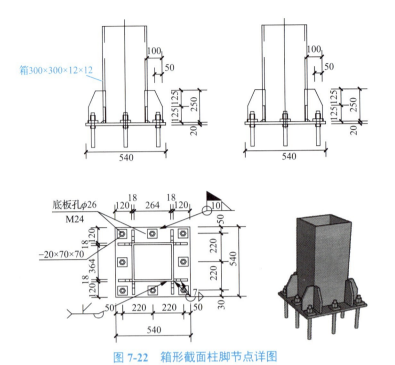

图 7-22 箱形截面柱脚节点详图

底板与基础采用 8 个锚栓连接,锚栓直径为 24mm,孔径为 31mm,锚栓的平面位置从图 7-22 中可以确定。安装螺母前加一个厚 20mm、长 70mm、宽 70mm 的垫板,垫板开孔,孔径为 26mm,垫板与底板采用角焊缝现场围焊连接,焊脚尺寸为 10mm。在钢柱四周加设加劲肋,每侧加设 2 块,细部尺寸在图 7-22 中可确定。加劲肋与钢柱、底板均采用双面角焊缝连接,焊脚尺寸为 7mm。

7.1.6 钢柱连接节点构造与识图

1. 钢柱连接节点构造

(1) 钢柱连接接头形式。钢柱可以采用全栓接连接 [图 7-23 (a)]、栓-焊混合连接 [图 7-23 (b)] 及全焊接连接 [图 7-23 (c)] 三种接头形式。

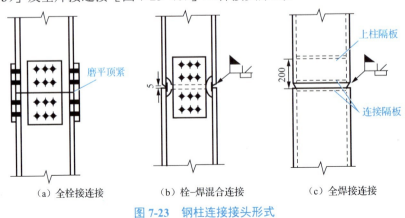

图 7-23 钢柱连接接头形式

（2）钢柱的拼接方式。钢柱的拼接分为工厂拼接和工地拼接两种方式。由于钢材的尺寸限制，必须将其接长或拼长使用，这种拼接常在工厂中进行，称为工厂拼接。由于运输或安装条件的限制，钢构件必须分段运输至工地拼装连接，称为工地拼接。

工厂拼接时，连接接头宜采用全焊接连接，且翼缘和腹板的接头应相互错开500mm以上，以避免在同一截面有过多的焊缝。工地拼接时，理想的情况应是将连接接头设置在内力较小的位置，但是从现场施工的难易程度和提高安装效率方面考虑，通常框架柱的连接接头设置在框架梁上方1.2~1.3m处或柱净高的一半处，取两者的较小值，如图7-24所示。

图7-24 框架柱的连接接头位置

H型钢柱在工地拼接时，翼缘宜采用坡口全熔透焊缝，腹板可采用高强度螺栓连接；当柱的板件较厚时，上柱翼缘应开V形坡口，腹板应开K形坡口。箱形截面柱通常在工厂拼接，其四个角部的组装焊缝可采用V形坡口部分熔透焊缝和全熔透焊缝两种，其中接头的上下侧各1100mm范围内，截面组装应采用坡口全熔透焊缝。箱形截面柱在工地拼接时，应采用全焊接连接。

（3）等截面钢柱连接节点构造。等截面钢柱工厂拼接时，连接节点处应设置隔板，箱形截面柱中设置内隔板，圆钢管柱中设置贯通式隔板。

等截面钢柱工地拼接时，为了确保连接节点的安装质量和构件架设安全，在钢柱拼接处须安装耳板作临时固定，如图7-25所示。现场吊装就位后，用临时螺栓将耳板与连接板连接安装就位后，切除耳板与连接板。

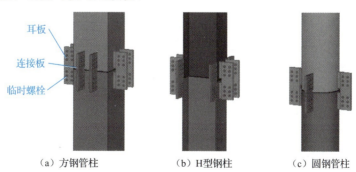

（a）方钢管柱　　　　（b）H型钢柱　　　　（c）圆钢管柱

图7-25 等截面钢柱工地拼接

箱形截面柱工地拼接时，除安装耳板，柱连接处的上下端还应设置隔板，在下节柱的上端设置连接隔板，厚度不宜小于16mm，其边缘应与柱口截面一起刨平；在上节柱安装单元的下部附近设置上柱隔板，厚度不宜小于10mm，如图7-26所示。

图 7-26 箱形截面柱工地拼接

2. 钢柱连接节点识图

图 7-27 所示为工地拼接的箱形截面柱,柱与柱的拼接中有上柱、下柱、连接板、耳板、上柱隔板、连接隔板等构件。

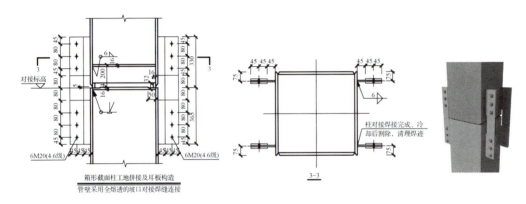

图 7-27 箱形截面柱连接节点详图

识读节点详图,上、下柱管壁采用全熔透坡口对接焊缝连接,连接节点上部耳板长为 250mm,下部耳板长为 285mm,宽度均为 135mm,耳板距箱形截面柱边缘 75mm,与柱管壁采用双面角焊缝连接,焊脚尺寸为 6mm,待柱对接焊接完成、冷却后割除。连接板长为 695mm,宽为 90mm,每对耳板连接处采用 6 个 4.6 级、直径 20mm 的临时螺栓连接。上柱隔板、连接隔板厚 16mm,上柱隔板距柱对接标高 200mm,与柱内壁一圈采用角焊缝连接,焊脚尺寸为 6mm。

7.1.7 钢梁连接节点构造与识图

1. 钢梁连接节点构造

(1)钢梁连接接头形式。钢梁拼接时,翼缘连接接头采用全熔透对接焊缝,腹板连接接头和翼缘与腹板连接接头采用高强度螺栓摩擦型连接。在三、四级抗震和非抗震设计时,可采用全截面焊接连接。

H 型钢梁的拼接通常采用对接焊缝连接,如图 7-28(a)所示,由于翼缘与腹板连接处不易焊透,故有时采用拼接板连接,如图 7-28(b)所示。拼接位置均宜选在弯矩较小处。

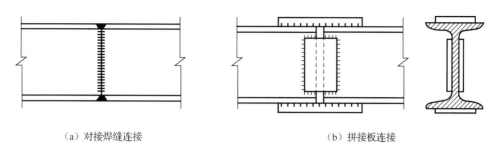

(a) 对接焊缝连接　　　　　　　(b) 拼接板连接

图 7-28　H 型钢梁的拼接

（2）钢梁的拼接方式。按施工条件，钢梁的拼接也有工厂拼接和工地拼接两种。

组合梁的工厂拼接，翼缘与腹板的拼接位置最好错开，并采用直对接焊缝，腹板的对接焊缝与横向加劲肋之间至少相距 $10t_w$（t_w 为腹板厚度），如图 7-29 所示。对接焊缝施焊时宜加引弧板，并采用一级或二级焊缝，使其与板材等强。

为方便分段运输，将钢梁的翼缘与腹板在同一截面处断开。高大的钢梁在工地施焊时不便翻身，应将上下翼缘的拼接边缘均做成向上开口的 V 形坡口，以便俯焊。组合梁的工地拼接如图 7-30 所示，图中注明的数字是施焊顺序。在图 7-30（a）中，为减少焊缝收缩应力，一般将翼缘焊缝留一段不在工厂施焊。图 7-30（b）所示的翼缘和腹板的接头略微错开一些，这样受力情况较好，但运输单元突出部分应特别保护，以免碰损。

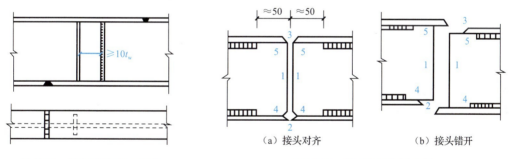

图 7-29　组合梁的工厂拼接　　　　　　　图 7-30　组合梁的工地拼接

（a）接头对齐　　　　　（b）接头错开

由于现场施焊条件较差，焊缝质量难以保证，对于重要或受动力荷载的大型钢梁，其工地拼接宜采用高强度螺栓连接，如图 7-31 所示。

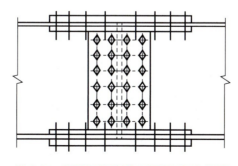

图 7-31　采用高强度螺栓连接的工地拼接

（3）主次梁的连接构造。次梁与主梁的连接形式有叠接和平接两种。

叠接是将次梁直接搁在主梁上面，用螺栓或焊缝连接，构造简单，但需要的结构高度大，其使用常受到限制。图 7-32 所示是次梁为简支梁时与主梁的连接构造，若次梁为连续梁，则次梁在主梁上不断开，连续通过。

平接是使次梁顶面与主梁相平或略高（低）于主梁顶面，从侧面与主梁的加劲肋或在腹板上专设的短角钢或支托相连接。图 7-33 所示是次梁与主梁铰接和刚接的构造。平接虽构造复杂，但可降低结构高度，故在实际工程中应用较广泛。

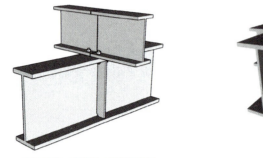

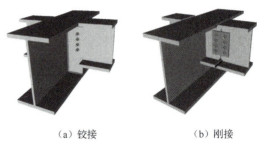

（a）铰接　　　　　　（b）刚接

图 7-32　次梁与主梁叠接　　　　图 7-33　次梁与主梁平接

抗震设计时，框架梁受压翼缘需设置侧向支撑，即隅撑。当梁上翼缘与楼板有可靠连接时，仅在梁下翼缘设置隅撑，如图 7-34 所示。当梁上翼缘与楼板无可靠连接时，梁上下翼缘都应设置隅撑，上翼缘隅撑设置分为两种情况：当次梁高度大于或等于主梁高度的 1/2 时，次梁下不设置隅撑；当次梁高度小于主梁高度为 1/2 时，次梁下设置隅撑，如图 7-35 所示。

（a）不设隅撑　　　　（b）设置隅撑

图 7-34　框架梁下翼缘隅撑设置　　　　图 7-35　框架梁上翼缘隅撑设置

一般来讲，当有管道穿过钢梁时，可以在腹板上开洞，但腹板洞口应予补强，如图 7-36 所示。在抗震设防结构中，不应在有隅撑范围内开洞。补强板应采用与母材强度等级相同的钢材。

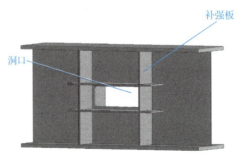

图 7-36　梁腹板开洞补强

2. 钢梁连接节点识图

图 7-37 所示为梁腹板开洞补强构造节点详图，图中给出了方形洞口和圆形洞口的补强措施。识读梁腹板开洞补强构造节点详图，在距离洞口边不超过 12mm 位置处应设置加劲肋补强，加劲肋宽度不宜小于 100mm，纵向加劲肋端部距离洞口 300mm。

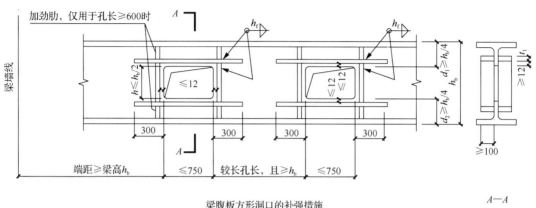

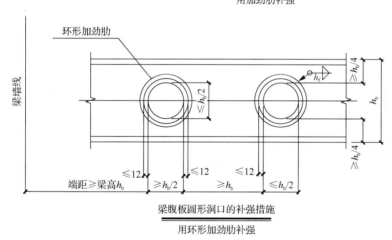

图 7-37 梁腹板开洞补强构造节点详图

图 7-38 所示为主次梁侧向连接节点详图，此连接中有主梁、次梁、连接板等构件，主次梁连接为铰接。识读连接节点详图中，主次梁均为 H 型钢梁，主梁上焊接加劲肋，为了避免焊缝集中，加劲肋切角后与主梁采用双面角焊缝连接，三面围焊，焊脚尺寸为 h_f。为了便于连接，次梁上下翼缘与主梁有 10mm 的间隙，次梁腹板与主梁加劲肋通过 14 个直径为 20mm、孔径为 22mm 的 10.9 级高强度螺栓连接，螺栓间距为 70mm，边距为 45mm。

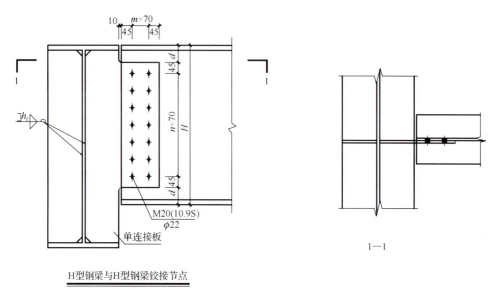

图 7-38 主次梁侧向连接节点详图

7.1.8 梁柱连接节点构造与识图

1. 梁柱连接节点构造

梁与柱的连接节点可以归纳为刚性连接、半刚性连接和铰接三大类，如图 7-39 所示。

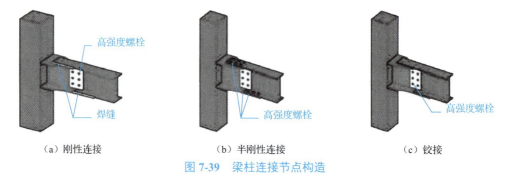

图 7-39 梁柱连接节点构造

（1）梁柱刚性连接。在钢框架结构中，梁与柱的连接节点一般采用刚性连接。梁柱刚性连接要求连接节点能够可靠地传递剪力和弯矩，从而减小梁跨中弯矩，但制作施工较复杂。梁柱刚性连接有栓-焊混合连接、全栓接连接和全焊接连接三种。

① 栓-焊混合连接，即仅在梁的上下翼缘用全熔透焊缝连接，腹板用高强度螺栓与柱翼缘上的剪力板相连，如图 7-40 所示。这种连接通过上下两块水平板将弯矩全部传给柱，梁端剪力则通过承托传递。

② 全栓接连接，即梁翼缘与腹板通过高强度螺栓与柱悬臂端相连，如图 7-41 所示。梁用高强度螺栓连接于预先焊在柱上的牛腿形成刚性连接，梁端的弯矩和剪力通过牛腿焊缝传递给柱，而高强度螺栓传递梁与牛腿连接处的弯矩和剪力。

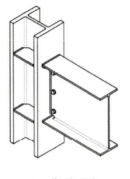 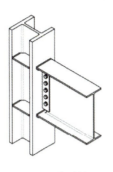 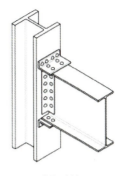 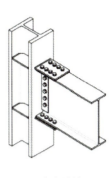

（a）单耳板连接　　　　（b）双耳板连接　　　　（a）角钢连接　　　　（b）钢板连接

图 7-40　栓-焊混合连接构造　　　　　　　图 7-41　全栓接连接构造

③ 全焊接连接，即梁的上下翼缘用坡口全熔透焊缝连接，腹板用角焊缝与柱翼缘连接，如图 7-42 所示。梁通过翼缘连接焊缝将弯矩全部传给柱，而剪力则全部由腹板焊缝传递。为了使连接焊缝能在平焊位置施焊，要在柱侧焊上衬板，同时在梁腹板端部预先留出上下槽口，上槽口是为了让出衬板位置，下槽口是为了满足施焊要求。

（2）梁柱半刚性连接。多层钢框架梁柱组成的刚架体系，在层数不多或水平力不大的情况下，梁与柱可以做成半刚性连接。显然，半刚性连接必须有抵抗弯矩的能力，但无须像刚性连接那么大。

图 7-42　全焊接连接构造

图 7-43 所示为典型的梁柱半刚性连接构造。其中，端板-高强度螺栓连接的端板在大多数情况下伸出梁高度之外（或上边伸出，下边不伸出）；四角钢-高强度螺栓连接由上下角钢一起传递弯矩，腹板上的角钢则传递剪力；也可用连于翼缘的上下角钢和高强度螺栓来连接。

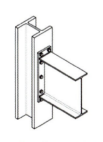 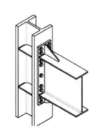 

（a）端板-高强度螺栓连接　　　（b）四角钢-高强度螺栓连接　　　（c）翼缘上下角钢-高强度螺栓连接

图 7-43　梁柱半刚性连接构造

（3）梁柱铰接。轴心受压柱主要承受由梁传来的荷载，一般与梁铰接。梁柱铰接一般有两种方案：梁支承于柱顶和梁支承于柱侧面。

图 7-44 所示为梁支承于柱顶的铰接方案。梁的反力通过柱的顶板传给柱身，顶板一般

取 16～20mm 厚，与柱用焊缝连接；梁与顶板用普通螺栓连接，以便安装就位。图 7-44（a）所示的构造方案是将梁支承加劲肋对准柱的翼缘，使梁的支承反力直接传递给柱的翼缘。图 7-44（b）所示的构造方案是将梁的反力通过突缘加劲肋作用于柱的轴线附近，即使两相邻梁反力不等，柱仍接近轴心受压。格构式柱如图 7-44（c）所示，为了保证传力均匀并托住顶板，应在两柱肢之间设置竖向隔板。

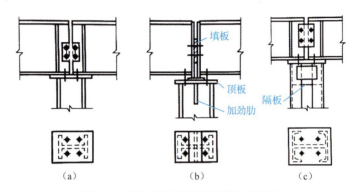

图 7-44　梁支承于柱顶的铰接构造详图

图 7-45 所示为梁支承于柱侧面的铰接方案。图 7-45（a）所示的构造方案用于梁反力较大时，常用承托、端板、连接角钢进行连接，梁的反力由端加劲肋传给承托。图 7-45（b）所示的构造方案只能用于梁的反力较小的情况，该连接中梁可不设支承加劲肋，直接搁置在柱的牛腿上，用普通螺栓连接；梁与柱侧间留一空隙，用角钢和构造螺栓连接，这种连接形式比较简单，施工方便。

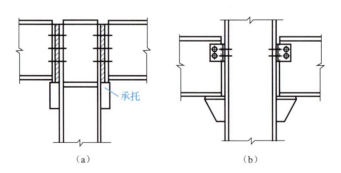

图 7-45　梁支承于柱侧面的铰接构造详图

在实际处理中，还可以采用腹板连接板或者腹板双角钢进行梁柱的铰接，如图 7-46 所示。在多层钢框架的中间梁柱中，横梁与柱只能在柱侧相连，由部分梁与柱刚性连接组成抗侧力结构，而另一部分梁铰接于柱，这些柱只承受竖向荷载。若框架梁柱铰接，应在结构体系中设置支撑等抵抗侧力的构件。设有足够支撑的非地震区，原则上多层钢框架可全部采用柔性连接。

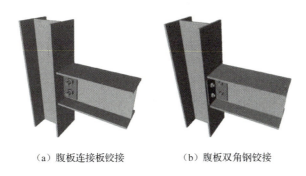

(a) 腹板连接板铰接　　　　(b) 腹板双角钢铰接

图 7-46　多层钢框架中间梁柱的铰接

2. 梁柱连接节点识图

在结构施工图中，梁柱刚性连接（半刚性连接）用符号"━◀"表示，常见于主梁端部；梁柱铰接用符号"━━"表示，常见于次梁和部分主梁端部。

图 7-47 所示为梁柱连接节点详图，此连接中有钢柱、钢梁、连接板等构件，采用栓-焊混合刚性连接。

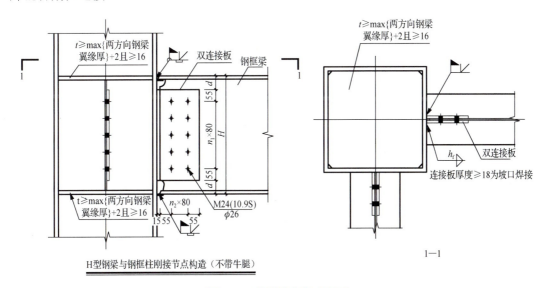

图 7-47　梁柱连接节点详图

识读节点详图，H 型钢梁与箱形截面钢柱采用柱贯通刚性连接。箱形截面钢柱两个方向焊接矩形双连接板，采用双面角焊缝连接，焊脚尺寸为 h_f，若连接板厚度不小于 18mm，则采用坡口焊接。两个 H 型钢梁腹板与钢柱连接板通过直径为 24mm、孔径为 26mm 的 10.9S 级高强度螺栓连接，螺栓采用并列式，栓距为 80mm，边距为 55mm。为了方便连接，钢梁上下翼缘分别内向切角，与钢柱采用现场焊接连接，单边 V 形对接焊缝，加垫板。

工作任务

任务 7.1 工作任务卡

识读某中学实验楼钢框架结构施工图（见附录 1），完成钢框架结构施工图识读任务卡，并对本次工作任务进行考核评价。

【评价要求】完成学生自评、组内互评、组间互评、专业指导教师评价及综合评价。

总结与提高

多层钢框架结构施工图识读技巧和注意事项归纳如下。

1. 钢结构施工图一般识读顺序是，先看图纸目录，了解图纸的基本组成，再按从整体到局部、从下向上、从前往后的顺序识读。

2. 结构设计总说明是对整个项目结构信息的系统介绍，包含的信息量比较大，应根据具体的需要找到对应的小节，以快速获取想要的信息。

3. 钢结构施工图包含的布置图有多种类型，在确定某些构件位置信息时不能将各布置图割裂开来看，而要灵活结合多个布置图来确定。

4. 钢框架结构施工图通过各标高处平面布置图来表达结构构件的种类和定位情况，钢梁和钢柱以编号的形式在平面布置图中表达，不同楼层处钢柱、钢梁和楼板存在很多共性的构件，识图过程中要结合构件材料表以提高识图的效率和正确率。

5. 钢框架结构识图过程中要注意将结构布置图与节点详图相结合，正确区分梁柱刚接、铰接节点，正确理解和选用连接节点的具体施工构造。

课后练习

一、填空题

1. 框架结构体系_____较好，横梁高度也较小。
2. 钢框架结构主要由_____、_____和楼盖通过一定的节点连接方式组成。
3. 多层钢框架结构布置需要考虑平立面布置、_____、_____、内外墙体系布置。
4. 多层钢框架结构的平面布置图包括各层平面布置图、_____和_____。
5. 钢柱连接节点主要有_____和_____两类。

二、简答题

1. 多层钢框架结构布置的总体原则有哪些？
2. 多层钢框架结构布置图的识读顺序是什么？

任务 7.2　多层钢框架结构深化设计

引导问题

1. 钢框架结构与门式刚架结构的深化设计有何不同？
2. 创建不同标高处的钢梁时，如何避免上下层梁段在显示上相互影响？
3. 钢结构深化图与施工图有什么区别？深化设计为何能大大减少现场的施工问题？
4. 钢框架结构横向钢梁与纵向钢梁型材相同时，如何提高建模效率？

知识解答

本任务所使用软件介绍见任务 6.2。

本任务依据附录 1 某中学实验楼钢框架结构施工图的要求建模。

7.2.1　建模准备

Step 01 打开软件。双击 Tekla Structures 图标，进入"Tekla Structures 设置"界面，如图 7-48 所示。"环境"选择"China"，用于钢结构深化设计时，"角色"选择"Steel Detailer"，"配置"按默认即可，单击"确认"进入操作界面。

Step 02 新建/打开模型。选中"新建"选项卡开始建模，名称可以用工程项目名称，也可用简称，放置位置本任务采用默认位置，也可自由更改，如图 7-49 所示。后续在"所有模型"或者"最新"选项卡中可以打开已有模型。

图 7-48　"Tekla Structures 设置"界面

图 7-49　新建/打开模型

Step 03 修改轴网参数。选中轴网，窗口右侧属性对话框将显示轴网的参数，对照施工图修改轴网坐标和标签，如图 7-50 所示。

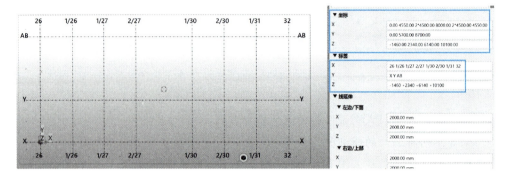

图 7-50 修改轴网参数

Step 04 创建视图。右击视图空白位置，选择"适合工作区域到整个模型"，然后选中轴网，右击选择"创建视图"—"沿轴线"，完成视图的创建，以便后续建模和检查模型，如图 7-51 所示。

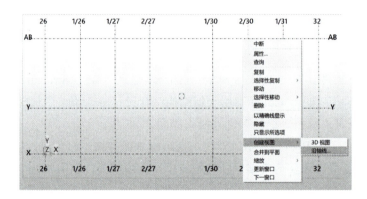

图 7-51 创建视图

7.2.2 钢柱建模

Step 01 新建 X 轴和 26 号轴交点处钢柱。单击菜单栏中的"钢"—"柱"，窗口右侧会显示"钢柱"属性对话框，在"通用性"模块修改其名称、截面型号、材料和等级（显示颜色）等。"编号序列"模块主要对后续的零件编号规则进行了规定。在"位置"模块调整钢柱与轴网的对齐方式，可以通过调整钢柱顶部和底部标高修改钢柱高度。在"变形"模块修改钢柱的扭曲、起拱和减短等特殊构造。

根据结构施工图的要求，本任务钢柱采用 CFRHS500×35 的截面型材，材料采用 Q355B，顶面标高为 10100.00mm，底面标高为-1460.00mm，然后单击 X 轴和 26 号轴交点处，创建钢柱。在"位置"模块"垂直"文本框输入"-150.00 mm"，保证柱对齐方式与图纸要求一致。单击"编辑"—"测量"，可以测出柱与轴线间的间距，重画视图后该尺寸标注消失，如图 7-52 所示。

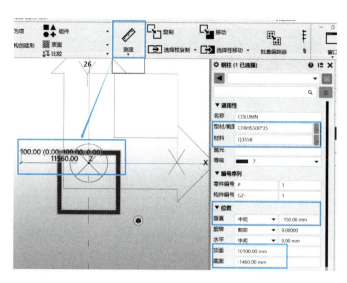

图 7-52 创建钢柱

Step 02 创建栓钉。利用"钢筋"命令创建锚钉。单击"视图"—"视图列表",打开"PLAN-1460"视图。单击"钢筋"—"单个钢筋",在属性对话框中将"级别"改为"Undefined","尺寸"按图纸要求改为"19",单击钢柱边缘中点,完成单个栓钉的创建。选中栓钉,右击选择"复制",单击点①,鼠标放置在点②输入"175",即可完成栓钉的复制,依次完成-1460.00mm 标高处 12 个栓钉的创建,如图 7-53(a)所示。

打开"GRID X"视图,按 Ctrl+P 键切换视图为平面状态,选中所有栓钉,向上移动 50mm。然后右击选择"选择性复制"—"线性"—"dZ"输入"150.00"—"复制的份数"输入"6"—"复制",创建各排铨钉,如图 7-53(b)所示。

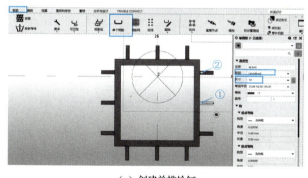

(a)创建单排栓钉　　　　　　　　　(b)复制栓钉

图 7-53 创建栓钉

Step 03 创建柱脚底板。打开"PLAN-1460"视图,根据图纸要求,柱脚底板厚度不小于钢柱壁厚且不小于 30mm,此钢柱柱脚底板应取 35mm。单击"钢"—"梁"—"型材/截面/型号"选择"PL900*35"—"材料"选择"Q355B"—"旋转"改为"前面"—单击点①—鼠标放置在点②输入"900",完成柱脚底板创建,如图 7-54 所示。再选中柱脚底板,向下移动 200mm。单击"钢"—"焊缝",依次选择钢柱、柱脚底板,完成焊接。

钢结构制作与安装

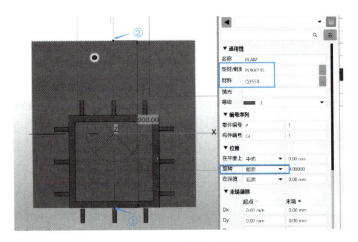

图 7-54　创建柱脚底板

7.2.3　钢柱复制与调整

Step 01　复制钢柱。打开"PLAN-1460"视图，参照图 7-55 右下角设置捕捉方式，框选钢柱上所有零部件（单击点①并按住鼠标左键拖动至点②），右击选择"复制"，依次单击 26 号轴与 X 轴交点（点③）、1/26 号轴与 X 轴交点（点④），完成点④位置处钢柱的复制。以此类推，将 X 轴与 1/26、2/27、2/30、1/31 和 32 号轴交点处的 5 根钢柱复制完成。2/27 和 1/30 号轴间钢柱定位。选中 2/27 号轴处钢柱，右击选择"选择性复制"—"线性"，在左侧 3650mm 处完成复制。

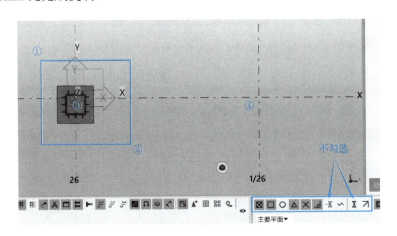

图 7-55　复制单个钢柱

参照图 7-56，框选①处钢柱所有零部件，右击选择"复制"，然后依次选择轴线交点①、②、③、④……完成 X 轴与 26、1/26、1/27、2/27、1/30、2/30、1/31 和 32 号轴交点处的 8 根钢柱的复制。

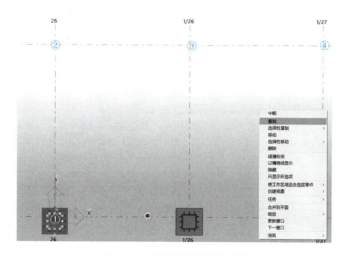

图 7-56　钢柱连续逐个复制

参照图 7-57，框选 Y 轴处的 8 根钢柱，右击选择"选择性复制"—"线性"，在弹出的对话框中将"复制的份数"改为"1"，观察右下角坐标系，竖向为 Y 向，因此在"dY"文本框中输入"9000.00"，完成 AB 轴处钢柱的复制。

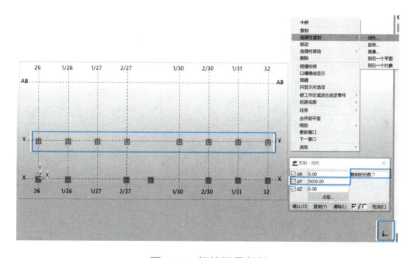

图 7-57　钢柱批量复制

Step 02　调整钢柱位置。打开"PLAN-1460"视图，将 2/27 号轴处钢柱左移 50mm，将 2/30 号轴处钢柱右移 50mm。与图纸对比发现，Y 轴和 AB 轴处钢柱对齐方式满足要求，钢柱调整完成。

7.2.4　钢梁建模

Step 01　新建钢梁。打开"PLAN+2340"视图，单击菜单栏中的"钢"—"梁"，将属性对话框中的"型材/截面/型号"改为"HI430-16-24*350"，"材料"改为"Q355B"，"旋转"改为"顶面",依次单击点①、②,完成钢梁创建,如图 7-58 所示。可以打开"GRID X"视图,核验钢梁顶面标高是否为 2340.00mm。

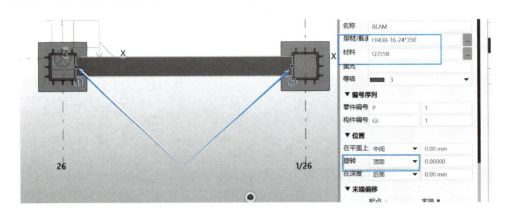

图 7-58　创建钢梁

Step 02　创建钢柱内水平加劲板。打开"PLAN+2340"视图,单击"钢"—"板",修改型材为 PL26,然后依次单击钢柱内侧 4 个角点,鼠标中键确认,完成水平加劲板的创建。

单击板角点①,参照图 7-59 进行形状的修改,完成角点①的倒角。通过格式刷完成后续角点的倒角,具体操作为:选中角点①,双击下部格式刷,选中角点②,单击"修改",完成角点②的倒角,依次完成角点③④的倒角,如图 7-59 所示。

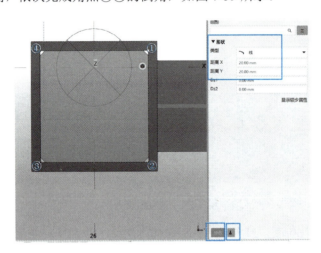

图 7-59　创建钢柱内水平加劲板

打开"GRID X"视图,复制钢柱内水平加劲板至钢梁下翼缘位置,并利用"选择性移动"命令将上部加劲板顶面与上翼缘外表面对齐,下部加劲板底面与下翼缘外表面对齐。

单击"钢"—"焊缝"—"钢柱",框选两个水平加劲板,完成水平加劲板的焊接。

7.2.5 梁柱节点建模

Step 01 钢梁端部切割。打开"GRID X"视图，单击"编辑"—"线切割"—"任意位置创建线切割"，创建线切割，利用"选择性移动"命令将线切割移动至梁端，再次利用"选择性移动"命令将线切割右移 15mm。

注意： 双击视图空白位置—"视图属性显示"—"切割"和"添加材质"后的两项勾选，可以显示线切割。

Step 02 创建连接板。单击"钢"—"梁"，将"型材/截面/型号"改为"PL205*16"，单击点①，鼠标放置在点②输入"350"，并调整位置属性创建如图 7-60（a）所示的连接板。将连接板向下移动 40mm。打开"PLAN+2340"视图，通过"移动"和"复制"命令完成双连接板的创建，并与钢梁腹板两侧贴合，如图 7-60（b）所示。单击"钢"—"焊缝"—"钢柱"，框选两块竖向连接板，完成两块竖向连接板的焊接。

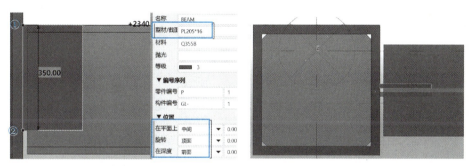

（a）创建单块连接板　　　　　　　　（b）创建双连接板

图 7-60　创建梁柱节点连接板

Step 03 创建螺栓。打开"GRID X"视图，参照图 7-61（a）修改螺栓属性，然后单击"钢梁"，框选两块连接板，完成螺栓的创建。打开"PLAN+2340"视图，参照图 7-61（b），将螺栓控制点移动至钢梁腹板内侧，完成螺栓位置的调整。

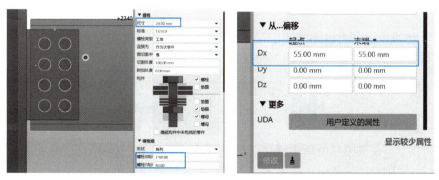

（a）创建螺栓　　　　　　　　（b）调整螺栓位置

图 7-61　创建梁柱节点螺栓

Step 04 镜像复制。沿 1/26 号轴任意两点创建辅助线,左移 2275mm,该辅助线距离 26 号轴和 1/26 号轴相等,可以作为梁柱节点镜像的对称轴。单击"视图"—"工作平面"— "平行于视图平面",单击视图空白位置,框选梁柱节点连接板、螺栓和线切割,右击选择 "选择性复制"—"镜像",选中对称轴上两点,完成镜像复制。

7.2.6 钢梁复制与调整

Step 01 复制钢梁。打开"PLAN+2340"视图,将该楼层钢梁全部复制完成。竖向钢梁与钢柱的节点可以通过"旋转"命令完成。利用钢柱 4 个角点创建两条交叉的辅助线,框选连接板、螺栓和线切割,右击选择"选择性复制"—"旋转",点选辅助线交点,角度修改为 90°,完成竖向梁柱节点的复制,如图 7-62 所示。

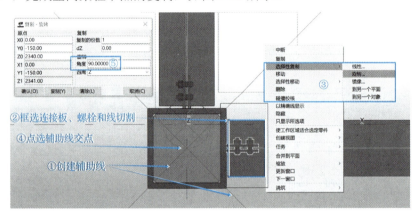

图 7-62　复制梁柱节点

水平方向的梁柱刚接节点可以通过"镜像"命令复制。完成其他梁柱节点的建模。

Step 02 调整其他钢梁。三层及顶层钢梁可以通过复制二层钢梁创建,然后对照施工图完成相应的调整。

7.2.7 生成图纸报告

通过上述操作步骤可以完成多层钢框架结构三维模型的创建。在完成模型创建后,可以利用三维模型生成后续与生产相关的报告和深化图纸。生成图纸报告部分详见 6.2.6 节。

任务 7.2 工作任务卡

工 作 任 务

识读某中学实验楼钢框架结构施工图(见附录 1),完成钢框架结构深化设计任务卡,并对本次工作任务进行考核评价。

【评价要求】完成学生自评、组内互评、组间互评、专业指导教师评价及综合评价。

项目 7　多层钢框架结构安装

总结与提高

多层钢框架结构深化设计的技巧和注意事项归纳如下。

1．深化设计之前，务必认真识读结构施工图，对结构总体体量和特殊构造有一个系统的认识，合理设置轴网参数，减小返工的概率，提高模型质量。

2．建模顺序一般是从左向右、从下往上，在建模之前要完成各视图的创建，建模过程中合理利用多视图切换，提高建模效率。

3．建模过程中要善于总结，建模方法很多，要学会归纳成适合自己的、效率最高的建模方法。

4．深化设计一定要认真细致，对于图纸中不明确的信息要标明和询问，对于设计失误或遗漏应及时反馈，降低因图纸错误导致后续成本浪费或工期延误的可能。

5．检查模型要分层分类进行，尽可能保证出图前模型的正确性，同时想办法降低出图后模型更改对于图纸编号的影响，避免因修改模型导致的生产施工错误。

课后练习

一、填空题

1．为了提高建模效率，正式建立模型前要创建视图，创建视图的主要步骤有_____、_____、_____、_____。

2．钢柱建模过程中，_____模块用于调整钢柱与轴网的对齐方式，可以通过调整钢柱的_____和_____进而修改钢柱高度。

3．钢梁建模时，一般先在平面视图（PLAN 视图）中完成钢梁的创建，再打开立面视图（_____视图）核验钢梁的_____。

4．建模过程中，如果重画视图后线切割消失，而切割仍然有效，可以通过以下步骤重新显示线切割：_____视图空白位置，_____显示，_____和添加材质后的两项勾选。

5．为了提高建模效率，水平方向一部分钢梁创建完成后，剩余的_____梁柱刚接节点可以通过"镜像"命令完成，_____梁柱节点可以通过"旋转"命令完成。

二、判断题

1．钢柱建模时，"变形"模块可以修改钢柱的扭曲、起拱和减短等特殊构造。（　　）

2．通过"编辑"—"测量"可以测出柱与轴线的间距，右击重画视图后该尺寸标注消失。（　　）

3．为了提高建模效率，可以通过"选择性复制"命令将建好的结构复制过来，但是每次只能复制一个构件，不能多个构件同时复制。（　　）

任务 7.3　多层钢框架结构现场安装

引导问题

1. 多层钢框架结构安装前需要进行哪些施工准备？
2. 多层钢框架结构中钢柱的具体施工工艺有哪些？
3. 多层钢框架结构中钢梁的具体施工工艺有哪些？
4. 多层钢框架结构中楼板的具体施工工艺有哪些？

知识解答

7.3.1　施工准备

多层钢框架结构的安装是一项工程量大、控制严格的复杂过程，施工前的准备工作对安装工程的质量有着非常重要的影响。

1. 技术准备

技术准备主要包括设计交底和图纸会审、编制钢结构安装施工组织设计、钢结构及构件验收及工艺试验、计量管理和测量管理、特殊工艺管理等。

（1）参加图纸会审，与业主、设计、监理充分沟通，确定钢结构各节点、构件分节细节及工厂制作图，分节加工的构件是否满足运输和吊装要求。

（2）编制施工组织设计、分项作业指导书。施工组织设计（施工方案）的内容详见任务 7.5，其中吊装机械选型及平面布置是重点内容，图 7-63 为某多层钢框架结构施工平面布置图。分项作业指导书可以细化为作业卡，主要用于作业人员明确相应工序的操作步骤、质量标准、施工工具和检测内容及标准。

（3）依据承接工程的具体情况，确定钢构件进场检验内容及适用标准，以及钢结构安装检验批划分、检测方法、检验工具等，在遵循国家标准的基础上，参照部标或其他权威标准。

（4）确定各专项工种施工工艺，编制具体的吊装方案、测量监控方案、焊接及无损检测方案、高强度螺栓施工方案、吊装机械装拆方案、临时用电用水方案、质量安全方案及环保方案。

（5）组织必要的工艺试验，例如，焊接工艺试验、压型钢板施工及栓钉焊接检测工艺试验。尤其要做好新工艺、新材料的工艺试验，作为指导生产的依据。对于栓钉焊接检测工艺试验，根据栓钉的直径、长度及焊接类型（是穿透压型钢板焊还是直接打在钢梁上的

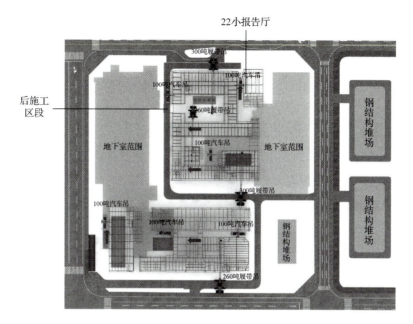

图 7-63 某多层钢框架结构施工平面布置图

栓钉焊接),要做相应的电流大小、通电时间长短的调试。对于高强度螺栓,要做好高强度螺栓连接副扭矩系数、预拉力和摩擦面抗滑移系数的检测。

(6)根据结构深化图纸,验算钢框架安装时构件的受力情况,科学地预计其可能的变形情况,并采取相应的技术措施来保证钢框架安装的顺利进行。

(7)计量管理包括按标准进行的计量检测,按施工组织设计要求精度配置的器具检测,检测按标准中的方法进行。测量管理包括控制网的建立和复核,检测方法、检测工具、检测精度应符合国家标准要求。

(8)与工程所在地相关部门进行协调,如治安、交通、绿化、环保、文保、电力部门等。并到当地气象部门了解以往年份的气象资料,做好防台风、防雨、防冻、防寒、防高温等措施。

2. 材料准备

材料准备工作主要包括以下内容。

(1)确保在安装施工中用到的材料,如焊接材料、高强度螺栓、压型钢板、栓钉等符合现行国家产品标准和设计要求。

(2)根据施工图,测算主要耗材(如焊条、焊丝等)的数量,合理采购和确定进场时间。

(3)确认各施工工序所需的临时支撑、钢结构拼装平台、脚手架支撑、安全防护设施、环境保护器材数量后,安排进场搭设、制作。

（4）根据现场施工安排，编制钢构件进场计划，安排构件制作、运输。对于特殊构件（如有放射性、腐蚀性构件等）的运输，要做好相应的措施，并到当地公安、消防部门登记。对超重、超长、超宽的构件，还应确定好吊耳的设置方案，并标出重心位置。

3．机具准备

（1）起重机械。在多层钢结构安装施工中，起重机械多以塔式起重机、履带式起重机、汽车式起重机为主。

（2）其他施工机具。在多层钢结构安装施工中还会用到其他施工机具，如千斤顶、卷扬机、滑车及滑车组、电焊机、栓钉焊机、电动扳手、全站仪、经纬仪等。

4．钢构件进场验收

（1）按现场实际需要，明确每一种构件、材料进场的精确时间，编制详细的构件进场计划，进场计划精确到日及每种构件编号。构件最晚在吊装前两天进场，并充分考虑安装时现场的堆场限制，尽量协调好现场安装与加工制作的配合，保证安装按计划进行。

（2）构件进场前与现场指挥部联系，及时协调安排好堆场、工人、机具，对于大批、多车一次进场，还应明确所有车辆的进场顺序、进场时间及排队停放位置等。构件的装卸、转运、堆放须对工人、司机做好交底工作，使每名工人、司机明确工作内容以及注意事项等，保证构件进场安全高效。

（3）根据安装进度将钢构件运至现场。构件到场后，按随车货运清单核对构件数量及编号是否相符，构件是否配套。如发现问题，制作厂应迅速采取措施，更换或补充构件。

（4）进场构件的标记应外露，且能经受日照、磨损、风雨冲刷，必要时可打钢印以便于识别和检验。打捆构件时标记应在同一方向，且在外包装上有构件汇总内容，汇总内容应精确到捆内构件及材料的信息。装箱构件应对装箱进行编号，且在箱外有详细信息的标记，标记应清晰可识。注意构件装卸、堆放安全，防止事故发生。

（5）构件运输进场后，按规定程序办理交接验收手续。构件进场验收的主要工作是焊缝质量、构件外观和尺寸检查，质量控制重点在构件制作工厂。构件进场验收及修补方法见表7-1。

表7-1　构件进场验收及修补方法

类型	验收内容	验收工具和方法	修补方法
焊缝质量	构件表面外观	目测	焊接修补
	现场焊接剖口方向	参照设计图纸	现场修正
	焊缝探伤抽查	无损探伤	碳弧气刨后重焊
	焊脚尺寸	量测	补焊
	焊缝错边、气孔、夹渣	目测	焊接修补
	多余外露的焊接衬垫板	目测	切除
	节点焊缝封闭	目测	补焊

续表

类型	验收内容	验收工具和方法	修补方法
构件外观和尺寸	钢柱变截面尺寸	量测	制作工厂控制
	构件长度	钢卷尺丈量	制作工厂控制
	构件表面平直度	靠尺检查	制作工厂控制
	加工面垂直度	靠尺检查	制作工厂控制
	H形截面尺寸	对角线长度检查	制作工厂控制
	钢柱柱身扭转	量测	制作工厂控制
	H型钢腹板弯曲	靠尺检查	制作工厂控制
	H型钢翼缘变形	靠尺检查	制作工厂控制
	构件运输过程变形	参照设计图纸	变形修正
	预留孔大小、数量	参照设计图纸	补开孔
	螺栓孔数量、间距	参照设计图纸	绞孔修正
	连接摩擦面	目测	小型机械补除锈
	柱上牛腿和连接耳板	参照设计图纸	补漏或变形修正
	表面防腐油漆	目测、测厚仪检查	补刷油漆

7.3.2 多层钢框架安装

1. 确定安装流水段和结构安装顺序

合理确定多层钢框架安装流水段和结构安装顺序，对于保证安装进度和安装质量有着重要意义。如果不划分流水段、不按顺序安装构件，而采取由一端向另一端、由下而上整体安装的方法，则易造成构件连接误差积累，焊接变形难以控制，尺寸精度无法保证，构件供应和管理也较为困难、混乱和复杂，从而影响整个钢结构的安装质量。

（1）划分安装流水段。多层钢框架安装，应按照建筑平面形状、结构形式、起重机械数量、吊装位置和吊装能力等划分流水段，划分的流水段还应与混凝土结构施工相适应。流水段分为平面流水段和立面流水段。

① 平面流水段。平面流水段的划分应考虑钢框架安装过程中的整体稳定性和对称性，一般按照从中央向四周扩展的安装原则。

② 立面流水段。立面流水段的划分常以一节钢柱高度内所有构件为一个流水段。钢柱的分节长度取决于加工条件、运输工具和钢柱质量，一般为12m左右。一节柱的质量不应大于15t，高度多为2～3个楼层，分节位置在楼层标高以上1.3m处。

（2）确定结构安装顺序。多层钢框架的安装顺序：平面内从中间的一个节间开始，以一个节间的柱网（框架）为一个安装单元，先吊装柱，再吊装梁，然后向四周扩展；垂直方向由下向上安装，组成稳定结构后，分层安装次要构件，一节间一节间安装钢框架，一层楼一层楼完成安装。多层钢框架安装流程图如图7-64所示。

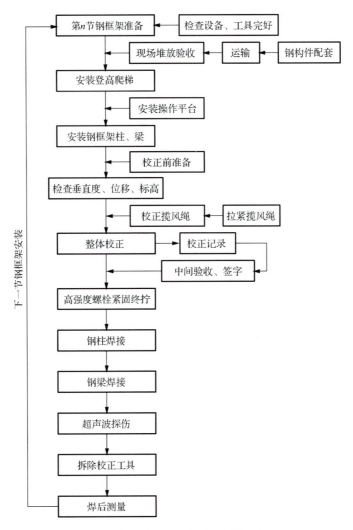

图 7-64 多层钢框架安装流程图

2. 构件接头的现场焊接

钢结构现场接头主要包括柱与柱、柱与梁、主梁与次梁接头，主要采用栓焊结合的方式连接。接头形式、焊缝等级要符合设计图纸的要求。完成安装流水段内主要构件的安装、校正、固定（包括预留焊接收缩量）工作后，方可进行构件接头的现场焊接。现场焊接应根据绘制好的构件焊接工作顺序图，按规定顺序进行。电焊工应严格按照分配的焊接顺序施焊，不得自行变更。当节点或接头采用腹板栓接、翼缘焊接形式时，翼缘焊接宜在高强度螺栓终拧后进行。

（1）柱与柱焊接。钢柱之间常用坡口电焊连接，连接构造如图 7-65 所示。柱与柱接头焊接宜在上节柱和梁经校正及固定后，以及本层梁与柱连接完成之后进行。施焊时，应由两名电焊工在相对称位置以相等速度同时施焊。

（2）柱与梁焊接。柱与梁接头焊接顺序：先焊接顶部梁柱节点，再焊接底部梁柱节点，最后焊接中间部分梁柱节点；同一层柱与梁接头焊接顺序如图7-66所示；单根柱与梁接头的焊缝，宜先焊梁的下翼缘，再焊其上翼缘，上、下翼缘的焊接方向相反。

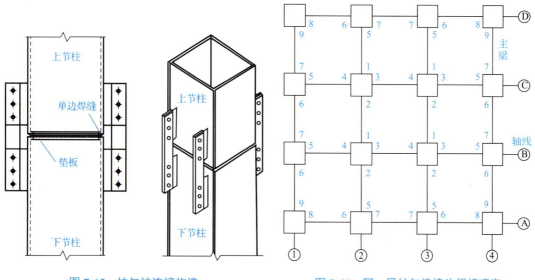

图7-65 柱与柱连接构造　　　　图7-66 同一层柱与梁接头焊接顺序

（3）主梁与次梁连接。主梁与次梁的连接一般为铰接，连接方式是在腹板处用高强度螺栓连接，少量部位在上、下翼缘处用坡口电焊连接，如图7-67所示。

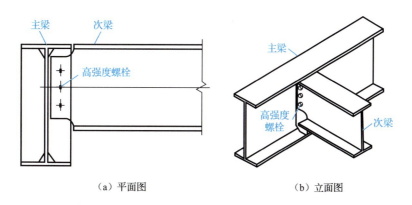

（a）平面图　　　　（b）立面图

图7-67 主梁与次梁连接构造

3. 钢柱安装

为了便于制造和安装，减少柱连接节点数目，一般情况下，钢柱的安装单元以3层为一节，图7-68为某多层钢框架结构钢柱分段示例。特大或特重的柱，其安装单元应根据起重、运输、吊装等机械设备的能力来确定。

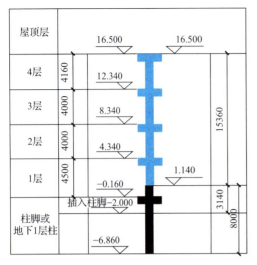
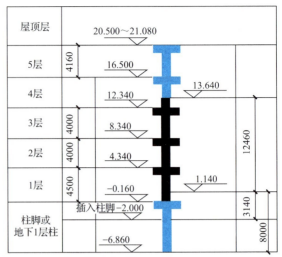

(a) 划分2个安装单元　　　　　　　　　(b) 划分3个安装单元

图 7-68　某多层钢框架结构钢柱分段示例

钢柱安装流程：定位放线→吊装→就位→校正。具体安装步骤如下。

（1）定位放线。依据定位轴线、基础轴线和标高，按设计图纸要求，画出钢柱上下两端的安装中心线和柱下端标高线。

（2）安装爬梯。吊装前，将爬梯安装在钢柱的一侧，同时在钢梁牛腿位置处安装临时操作平台，便于钢柱对接时工人焊接操作，如图 7-69 所示。

（3）吊点设置。吊点设置在预先焊好的连接耳板处，如图 7-70 所示。为防止起吊时吊耳变形，采用专用吊具装卡。起吊前柱底应垫枕木，以避免起吊时柱底在地面上拖拉。

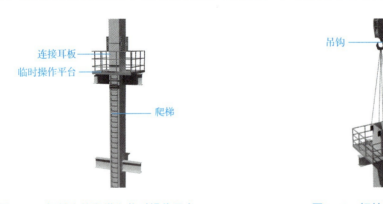

图 7-69　钢柱上的爬梯和临时操作平台　　　　　图 7-70　钢柱吊点设置

（4）钢柱吊装。吊装可采用单机旋转法、单机滑行法和双机抬吊法。吊索应预留有效高度。起吊时，钢柱应垂直，尽量做到回转扶直，在起吊回转过程中避免同其他已经安装的构件相撞，如图 7-71 所示。

（5）钢柱就位。钢柱吊到就位上方 200mm 时应停机稳定，对准柱四边中心线与基础十字线，而后缓慢下落，避免磕碰。钢柱就位后，临时固定柱脚螺栓，松开吊钩，如图 7-72 所示。柱接长时，对准上节柱与下节柱对合线，然后用临时螺栓通过连接板固定上下耳板，如图 7-73 所示。

（6）柱身扭转调整。柱身扭转调整通过在柱上下耳板不同侧夹入垫板（垫板厚度一般为 0.5～1.0mm），拧紧连接板上的临时螺栓来进行。每次扭转调整控制在 3mm 以内，分 2～3 次调整。当偏差较大时，可在柱身侧面临时安装千斤顶调整扭转偏差，如图 7-74 所示。

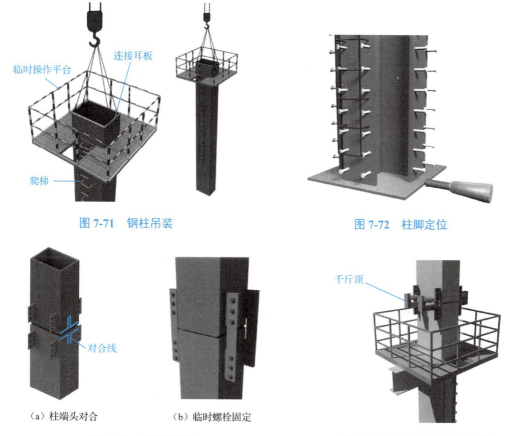

图 7-71 钢柱吊装　　图 7-72 柱脚定位

（a）柱端头对合　　（b）临时螺栓固定

图 7-73 柱接长定位　　图 7-74 千斤顶调整柱身扭转

（7）柱身垂直度校正。柱身垂直度校正是在柱偏斜一侧打入钢楔或用顶升千斤顶控制，采用两台经纬仪在柱的两个方向同时观测，如图 7-75 所示。在保证单节柱垂直度不超标的前提下，注意预留焊缝收缩对垂直度的影响，将柱顶轴线偏移控制在规定范围内，最后固定钢楔与耳板。

（8）钢柱标高校正。通过起落钩与撬棒调节柱间间隙，将上下柱标高控制线之间的距离与设计标高对比校正，并考虑到焊缝收缩及压缩变形量对标高的影响。标高偏差需调整至 5mm 以内，符合要求后打入钢楔，点焊连接。

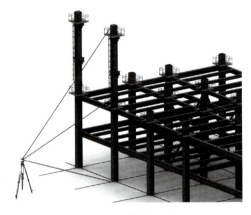

(a) 观测方向示意　　　　　　　　　　(b) 观测控制点示意

图 7-75　经纬仪观测控制柱身垂直度

（9）拉设缆风绳固定钢柱。校正完毕后，拉设并收紧缆风绳，拧紧临时螺栓至额定扭矩，固定钢柱，如图 7-76 所示。

图 7-76　拉设揽风绳固定钢柱

4. 钢梁安装

在钢梁吊装前，应于柱牛腿处检查柱与柱间距，并在梁上装好扶手杆和扶手绳，以便待主梁吊装就位后，将扶手绳与钢柱系牢，以保证施工人员的安全。

钢梁安装顺序总体随钢柱安装顺序进行，相邻钢柱安装完毕后，须在当天安装柱间钢梁，使安装的构件及时形成稳定框架，不能当天安装的应拉设缆风绳进行临时稳固。一节钢柱一般有 2~3 层梁，安装顺序为先主梁后次梁、先内后外、先下层后上层，如图 7-77 所示。由于梁上部和周边都处于自由状态，易于安装和控制质量，在实际操作中，同一列柱的钢梁一般从中间跨开始对称地向两端扩展安装，同一跨钢梁则先安装上层梁，再安装下层梁，最后安装中层梁。

（a）钢柱安装完成

（b）安装钢柱间主梁，形成稳定体系

（c）主梁安装完成后安装次梁

图 7-77　钢梁安装顺序

钢梁安装流程：定位放线→吊装→就位→校正。具体安装步骤如下。

（1）吊点设置。钢梁吊装宜采用专用吊具，两点绑扎吊装，如图 7-78（a）所示。当梁跨度较大时，采用四点绑扎吊装，如图 7-78（b）所示。吊装梁的吊索水平角度不得小于 45°，绑扎必须牢固。在吊点处设置吊耳，待钢梁吊装就位后割除。吊耳采用专用吊具装卡，吊具用普通螺栓与吊耳连接。对于同一层质量不大的钢梁，在满足塔式起重机最大起重量的同时，可以采用一钩多吊（串吊）的方法，以提高吊装效率，如图 7-78（c）所示。

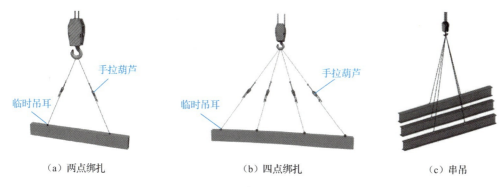

（a）两点绑扎　　　　　（b）四点绑扎　　　　　（c）串吊

图 7-78　钢梁吊点设置

（2）钢梁吊装。钢梁正式起吊前要进行试吊，钢梁吊离地面 30～40cm，检查吊点布置是否合适，钢梁稳定性是否满足要求。主梁起吊到位对正，用撬棍和冲头调整好准确位置，固定主梁。

（3）钢梁校正。待主梁全部吊装完毕后，在钢梁端挂吊篮（图 7-79），先进行上层主梁校正、检查，初拧、终拧高强度螺栓，再进行下层梁校正，初拧、终拧高强度螺栓，最后进行中间梁校正，初拧、终拧高强度螺栓。

图 7-79　钢梁端挂吊篮

（4）整体校正。一个框架内的钢柱、钢梁安装完毕后，及时对钢框架整体进行校正，可借助钢楔、千斤顶、手拉葫芦等工具，如图 7-80 所示。

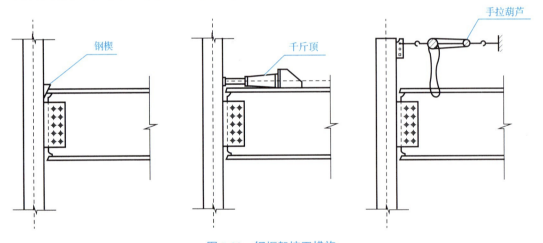

图 7-80　钢框架校正措施

（5）钢梁临时固定。校正结束后，应立即在钢梁各连接节点处用临时定位板进行固定，以适应焊接变形调整的需要，如图 7-81 所示。

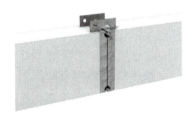

图 7-81　临时定位板固定钢梁

7.3.3 楼板安装

由于钢筋桁架楼承板能显著减少现场钢筋绑扎量,加快施工进度,增加施工安全保证,其在厂房和民用住宅中有着非常广泛的应用。下面以钢筋桁架楼承板为例,介绍多层钢框架结构中楼板的安装施工。钢筋桁架楼承板的安装流程图如图 7-82 所示。

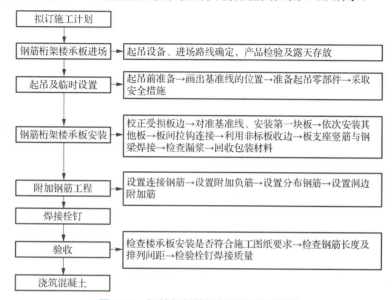

图 7-82 钢筋桁架楼承板的安装流程图

1. 安装顺序

(1)楼承板吊装。楼承板吊装采用两点吊装,当板件较长时,可借助横梁降低吊装高度,如图 7-83 所示。楼承板在装卸过程中严禁用钢丝绳捆绑直接起吊,运输及堆放应有足够支点,以防变形。

(2)楼承板铺设。按图纸所示的起始位置放置基准线,对准基准线,铺设第一块板,将其支座竖筋与钢梁点焊固定,再依次铺设其他板,最后处理边角部分。楼承板连接采用扣合方式,板与板之间的拉钩连接应紧密,保证浇筑混凝土时不漏浆。楼承板铺设完毕、调直固定后,应及时用锁口机具进行锁口,防止由于堆放施工材料和人员交通造成压型板咬口分离,如图 7-84 所示。

图 7-83 楼承板吊装

图 7-84 楼承板铺设

注意排板方向要一致，桁架节点间距为200mm，不同板的横向节点要对齐。在铺设过程中，每铺设一跨板即按图纸标注尺寸进行校对，若有偏差要及时调整。随主体结构安装顺序铺设各楼层楼承板时，适宜在下一节钢柱及配套钢梁安装完毕后进行。

（3）支座钢筋点焊。楼承板铺设完毕后，用点焊方式将楼承板支座钢筋与钢梁固定，如图7-85所示。

（4）栓钉焊接。为了使现浇混凝土层及钢筋桁架楼承板与钢梁连成整体共同工作，在钢梁上焊接栓钉，如图7-86所示。钢筋桁架楼承板底模与母材的间隙应控制在1.0mm以内，以保证良好的栓钉焊接质量。

图 7-85　支座钢筋点焊

图 7-86　栓钉焊接

（5）现场钢筋绑扎。楼承板固定后，按设计要求完成现场钢筋的绑扎，如图7-87所示。钢筋桁架楼承板安装好以后，禁止切断钢筋桁架上的任何钢筋，若确需将钢筋桁架裁断，应采用相同型号的钢筋将钢筋桁架重新绑扎连接，并满足设计要求的搭接长度。

（6）洞口处理。若设计在楼承板上开洞口，施工时应预留，并按设计要求设洞口边加强筋，四周设边模板，如图7-88所示。待楼承板混凝土达到设计强度后，方可切断模板钢筋及底模，宜从下往上切割，防止底模边缘与浇筑好的混凝土脱离，可采用机械切割或氧割。

图 7-87　现场钢筋绑扎

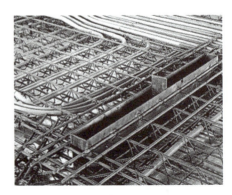

图 7-88　洞口处理

（7）收边板安装。收边板安装时应拉线校直，调节适当后，将钢筋一端与栓钉点焊，另一端与收边板点焊，将收边板固定，收边板底部与钢梁上翼缘点焊间距为 300mm，并让两者紧贴，如图 7-89 所示。安装后，要全面检查，确保所有收边板都按照施工图要求安装完毕，无漏浆部位存在。

（8）混凝土浇筑。浇筑混凝土前，须把楼承板上杂物、灰尘、油脂等妨碍混凝土附着的物质清除干净。浇筑混凝土时，应避免混凝土堆积过高，以及倾倒混凝土时对楼承板的冲击，尽量在钢梁处倾倒并立即向四周摊开，如图 7-90 所示。

图 7-89　收边板安装

图 7-90　混凝土浇筑

（9）成品保护。楼承板安装好后，及时清扫施工垃圾，剪切下来的边角料应收集到地面上集中堆放。做好成品保护，避免人为损坏，禁止堆放杂物。

2. 栓钉焊接工艺

栓钉又称焊钉，是指在各类结构工程中应用的抗剪件、埋设件和锚固件。由于具有施工方便、操作简单、焊接质量稳定等优点，栓钉焊接在建筑工程组合结构领域已得到大量应用，如图 7-91 所示。

（a）栓钉焊接在钢柱中的应用

（b）栓钉焊接在楼承板中的应用

图 7-91　栓钉焊接在建筑工程中的应用

图 7-92　栓钉配套瓷环

与栓钉配套使用的瓷环如图 7-92 所示，瓷环在栓钉焊接过程中起电弧防护、减少飞溅并参与焊缝成型的作用。栓钉焊接时，将夹持好的栓钉置于瓷环内部，通过焊枪或焊接机头的提升机构将栓钉提升起弧，经过一定时间的电弧燃烧，用外力将栓钉顶送插入熔池实现焊接。

栓钉焊接分为两种：栓钉直接焊在构件上，称为普通栓钉焊；栓钉在引弧后先熔穿具有一定厚度的压型钢板，再与构件熔成一体，称为穿透栓钉焊。栓钉焊接过程的瞬间电流大，会产生火花、热量、飞溅物等，易于引发火灾或对焊工的身体造成伤害，因此在施工过程中必须遵守国家现行安全技术和劳动保护的有关规定。

总结与提高

多层钢框架结构现场安装的技巧和注意事项归纳如下。

1. 结构安装前要完成各项施工准备，施工前的准备工作对安装工程的质量有着非常重要的影响。

2. 合理确定多层钢框架安装流水段和结构安装顺序，对于保证安装进度和安装质量有着重要意义。

3. 钢柱的安装单元一般以 3 层为一节，特大或特重的柱，其安装单元应根据起重、运输、吊装等机械设备的能力来确定。

4. 钢柱和钢梁的安装流程：定位放线→吊装→就位→校正。钢梁安装顺序总体随钢柱安装顺序进行，一节钢柱一般有 2~3 层梁，按先主梁后次梁、先内后外、先下层后上层的顺序安装。在实际操作中，同一列柱的钢梁一般从中间跨开始对称地向两端扩展安装，同一跨钢梁则先安装上层梁，再安装下层梁，最后安装中层梁。

课后练习

一、单项选择题

1. 钢柱的常用连接方式不包括（　　）。

A. 全螺栓连接　　　　　　　　B. 栓-焊混合连接

C. 全焊接连接　　　　　　　　D. 铆钉连接

2. 在钢柱拼接处须适当设置耳板作为临时固定，耳板与上节柱和下节柱的连接螺栓数目各为（　　）个。

A. 1　　　　　B. 2　　　　　C. 3　　　　　D. 4

3．在构件堆场，构件应按照分类原则分区域堆放，不同构件垛之间的净距不应小于（　　）m。

　　A．1　　　　　　B．1.5　　　　　　C．2　　　　　　D．2.5

4．钢结构的现场焊接顺序应力求减少焊接变形和降低焊接应力，下列说法错误的是（　　）。

　　A．在平面上，从中心框架向四周扩展焊接

　　B．先焊收缩量大的焊缝，再焊收缩量小的焊缝

　　C．对称施焊

　　D．同一根梁的两端应同时焊接

5．钢梁安装就位，用普通螺栓临时连接，普通螺栓数量按规范要求不得少于该节点螺栓总数的（　　），且不得少于两个。

　　A．10%　　　　　B．20%　　　　　C．30%　　　　　D．40%

二、填空题

1．钢构件的堆放高度一般不应_____其宽度。

2．钢构件进场后可以露天堆放，也可以堆放在有顶棚的仓库里。露天堆放时，场地要平整，并保证堆放场地高于周围地面，在堆放场地四周应留设_____。

3．吊装钢梁的吊索水平角度不得小于_____，绑扎必须牢固。

三、简答题

1．多层钢框架安装流水段如何划分？请具体阐述。

2．请简述多层钢框架结构的安装原则和安装顺序。

任务 7.4　多层钢框架结构虚拟仿真安装

引导问题

1．多层钢框架结构的主要安装流程有哪些？

2．多层钢框架结构各构件在安装过程中有哪些施工标准和规范要求？

3．多层钢框架结构各构件的吊装顺序是什么？有哪些注意事项？

知识解答

本任务多层钢框架结构虚拟仿真安装的操作步骤如下。

Step 01　打开软件，单击主界面中的"钢框架结构施工"，进入本次虚拟仿真安装实训的学习界面，如图 7-93 所示。

多层钢框架结构虚拟仿真安装

图 7-93　学习界面

Step 02 在学习界面中,完成"节点模型""施工图纸""施工规范""验收标准""质量通病""操作视频"模块的学习。

Step 03 在学习界面中,单击"启动仿真场景",完成互动操作。

Step 04 完成学习后,返回学习界面,单击"虚拟仿真练习"和"理论实训练习"进入练习环节,巩固所学知识。

Step 05 单击学习界面中的"能力评价",可查看教师发布的考核任务,完成考核。

多层钢框架结构虚拟仿真安装实训任务书

一、实训目的

多层钢框架结构虚拟仿真安装实训的目的是基于一个虚拟仿真项目案例,学生能够综合运用本项目所学知识,在教师的指导下,完成多层钢框架结构虚拟仿真安装,全面掌握多层钢框架结构安装流程的关键点,加深对钢框架类建筑建造过程的认识,提高对知识的综合运用能力和解决工程实际问题的能力,培养语言思维及综合表达能力。

二、实训任务

根据仿真环境中给出的钢框架结构施工项目案例,进行节点模型、施工图纸、施工规范、验收标准、质量通病、操作视频等资料的学习,独立完成虚拟仿真练习和理论实训练习,并完成教师发布的能力评价考核任务。

三、实训步骤

打开中望钢结构工程施工虚拟仿真软件,按照本任务操作步骤完成多层钢框架结构虚拟仿真安装的学习和练习。

任务 7.5　多层钢框架结构施工方案编制

引导问题

1. 多层钢框架结构平面和立面流水段如何划分？
2. 多层钢框架结构的安装原则是什么？安装顺序是什么？
3. 施工方案一般由谁来编制？

知识解答

多层钢框架结构施工方案应包括以下内容。

（1）工程概况。包括工程总体简介、建筑概况、结构概况、编制依据等内容。

（2）项目实施总体部署及资源投入计划。包括项目管理组织机构、主要施工机械设备配备计划、劳动组织及劳动力、物资配置计划、现场临时用水用电分析及计划、钢结构施工总平面布置等内容。

（3）钢结构现场施工进度计划。包括进度计划编制说明、进度计划控制节点、进度计划横道图等内容。

（4）钢结构现场安装方案。包括钢结构安装前准备、钢框架现场安装方案、楼板现场安装方案、现场焊接方案、高强度螺栓现场施工方案、钢结构现场涂装方案、钢结构现场测量方案等内容。

（5）高空作业安全防护措施。包括高空作业安全措施、高空作业安全要求、起重吊装安全保障措施。

（6）质量保证措施。包括钢结构各工序质量控制程序、现场安装质量保证措施等内容。

（7）安全文明施工。包括确保安全生产的技术组织措施、确保文明生产的技术组织措施等内容。

（8）其他规定。

多层钢框架结构施工方案编制实训任务书

一、实训目的

多层钢框架结构施工方案编制实训的目的是通过一项具体工程，学生能够综合运用本项目所学知识，在教师的指导下，全面掌握多层钢框架结构施工方案编制的关键点，加深对钢框架类建筑建造过程的认识，提高对知识的综合运用能力和解决工程实际问题的能力，培养语言思维及综合表达能力。

二、实训任务

根据某中学实验楼钢框架结构施工图(见附录1)、施工平面布置图及吊装分析图(见附录3),分组分角色完成施工方案主要内容的编制,完成多层钢框架结构施工方案编制任务单。

建议每5人为一组,每组设技术员2名、深化设计师1名、施工员1名、质安员1名。技术员1任组长,负责组织完成本次实训任务。具体分工见表7-2。

表7-2 实训角色分工表

角 色	具体分工内容
技术员1	编制技术方案(工程概况、整体安装思路、施工方法及流程等),负责小组整体进度和成果质量
技术员2	根据施工平面布置图,编制钢柱和钢梁吊装分析方案
深化设计师	根据各节点连接构造,绘制节点详图,并进行简要的识读
施工员	编制钢柱、钢梁和楼承板的安装作业指导书
质安员	结合工程特点,梳理楼承板安装环节工程质量控制的内容

参考资料:
《钢结构工程施工质量验收标准》(GB 50205—2020)
《钢结构工程施工规范》(GB 50755—2012)
《建筑施工起重吊装工程安全技术规范》(JGJ 276—2012)
《钢结构设计标准》(GB 50017—2017)

任务7.5实训任务单

三、实训步骤

1. 项目确定,任务分配与承接
2. 根据施工方案要求,分工编制施工实施细则
3. 小组内进行成果汇总和审查
4. 成果提交,完成实训任务单

四、工程资料

1. 工程简介

本工程为某中学实验楼,平面尺寸为35.1m×14.4m,建筑高度11.56m,共三层。建筑采用钢框架结构体系,钢框架梁与柱刚接,钢次梁与钢框架梁铰接。楼板、屋面板采用钢筋桁架楼承板组合楼板(屋面板)。基础采用C40现浇混凝土条形基础形式。

本次实训任务选取二层结构,重点关注2号钢梁和2号钢柱安装施工,完成施工方案编制。

2. 施工条件

场地条件、吊装条件同任务5.5的实训任务。

3. 结构施工图和深化图

见附录1和附录3相关附图。

任务 7.6 多层钢框架结构施工方案会审

引导问题

1. 多层钢框架结构施工方案主要包括哪些内容？
2. 经过以上实训任务，总结各个角色在实训过程中的收获与不足。

知识解答

施工方案会审内容和要求详见任务 6.7，建立健全会审制度，让项目施工更安全。

多层钢框架结构施工方案会审实训任务书

一、实训目的

多层钢框架结构施工方案会审实训的目的是通过对上一实训任务编制的施工方案的会审，学生能够合作进行施工方案汇报展示，总结在施工方案编制过程中的收获和不足，深刻认识到安全文明施工和绿色施工的重要性，提高团队合作能力，养成良好的职业操守。

二、实训任务

针对任务 7.5 实训任务中编制的多层钢框架结构施工方案，各小组进行汇报展示及评价，完成多层钢框架结构施工方案评分表。

三、实训步骤

1. 小组内讨论并制作施工方案汇报 PPT
2. 各小组依次进行施工方案汇报，其他小组按照评分标准评分

任务 7.6 实训任务单

项目 8　钢结构围护结构安装

知识目标：
- 了解围护结构的基本要求
- 了解墙面围护结构材料的类型
- 了解屋面围护结构材料的选用
- 了解围护结构现场安装过程

能力目标：
- 能够合理选用围护结构的材料
- 能够区分不同围护结构的构造要求和做法
- 能够正确识读围护结构施工图
- 能够完成围护结构的现场安装

素质目标：
- 进一步提高发现问题、思考问题、解决问题的自主学习能力
- 通过识读钢结构细部节点构造，培养求知求实的学习精神和精益求精的工匠精神
- 通过围护结构的现场安装，开阔职业思路，提高质量安全意识

任务 8.1　围护结构材料选用

引导问题

1. 什么是围护结构？围护结构的基本要求有哪些？
2. 墙面围护结构的常用材料和类型有哪些？
3. 屋面围护结构的常用材料和类型有哪些？
4. 压型钢板有什么特点？在工程中有哪些应用？
5. 常见的保温材料有哪些？

知识解答

8.1.1　钢结构围护结构概述

围护结构是指在钢结构中构成建筑空间，分隔建筑室内使用空间、使用功能或室内外环境，抵御环境不利影响的构件（部品部件）。

围护结构可以分为外围护结构和内围护结构。外围护结构主要由外墙、屋面、外门窗、楼板、幕墙以及其他部品部件等组合而成，用于分隔建筑室内外环境。内围护结构主要为板材及内墙，用以分隔室内空间。

钢结构围护结构的基本要求如下。

（1）材料选取：钢结构围护结构的材料应根据建筑结构的类型合理选用，宜优先选用轻质、高强、保温、防火、与建筑同寿命的多功能一体化装配式墙面和屋面材料。

（2）环境与力学特性：钢结构围护结构应根据建筑所在地区的气候条件、使用功能等综合确定其抗风性能、抗震性能、耐撞击性能、防火性能、水密性能、气密性能、隔声性能、热工性能、耐久性能及装饰性能等要求，屋面板还应满足结构性能要求。

（3）使用年限要求：钢结构建筑应合理确定外围护结构的设计使用年限，住宅建筑的外围护结构的设计使用年限应与主体结构相协调。

（4）工艺要求：钢结构围护结构的设计应符合模数协调和标准化要求，并应满足建筑立面效果、制作工艺、运输及施工安装的条件，实现通用性及互换性。

（5）信息化要求：钢结构围护结构的预制、加工、设计均可通过 BIM 技术实现，促进建筑业与信息化、工业化深度融合。

8.1.2　墙面围护结构材料

墙面作为钢结构建筑系统的重要组成部分，不仅起到围护作用，而且影响着整个建筑的美观。随着我国建筑业的发展，人们对建筑外墙面的要求也越来越高，促使各种新型墙面材料不断被研制和开发出来,这些材料除满足轻质、高强、保温隔热、阻燃隔声等常规要求外,还具有造型美观、安装方便的特点。

墙面围护结构材料可以分成砖、纸面石膏板、混凝土砌块或板材、金属墙板、玻璃幕墙以及一些新型墙面材料。混凝土砌块或板材常见的有玻璃纤维增强水泥板、粉煤灰轻质板或砌块、蒸压粉煤灰加气混凝土板或砌块等,金属墙板常见的有压型钢板、铝镁锰板、EPS 夹芯板、金属幕墙板等。

1. 砖

砖是一种传统的墙面材料,既可用作外墙面,也可作为内墙面。砖墙面施工方便,价格便宜,但是由于砖的制作过程会破坏耕地和环境,我国目前已禁止使用实心黏土砖。

2. 纸面石膏板

纸面石膏板作为一种新型轻质的墙面材料,主要用作内墙板,在工程上已被大量使用,如图 8-1 所示。纸面石膏板具有轻质、隔声、隔热、加工性强、施工简单的特点,分为普通、耐水、耐火和防潮四类。

3. 玻璃纤维增强水泥板

板材墙体围护施工现场

玻璃纤维增强水泥(glassfibre reinforced cement,GRC)板目前的主流板材是 GRC 平板和 GRC 隔墙轻质条板。GRC 平板以高强度等级、低碱度的硫铝酸盐水泥为基材,以抗碱玻璃纤维为增强材料,经过先进的流浆碾压复合成型工艺制成。产品具有轻质、高强、高韧、耐火、不燃、防腐等优良性能,不含石棉等污染环境的有害物质,同时具有卓越的加工性能。这种板材彻底地克服了石膏板耐水性差,石棉水泥板容重大、抗冲击性差、加工困难、污染环境等弊端,成为目前国内综合性能优良的一类新型建筑板材。GRC 平板被广泛用作建筑的内墙板,如图 8-2 所示。

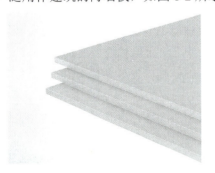

图 8-1 纸面石膏板

图 8-2 GRC 平板

4. 蒸压粉煤灰加气混凝土板、砌块

蒸压粉煤灰加气混凝土(autoclaved lightweight concrete,ALC)板或砌块是以粉煤灰、水泥、石灰为主要原材料,用铝粉作发气剂,经配料、搅拌、浇筑、发气、切割、高压蒸汽养护而制成的多孔、轻质建筑材料,如图 8-3 和图 8-4 所示。该材料具有防火性能好、

容易加工的特点。其表观密度可随发气剂加入量多少而改变,而强度、热导率又随表观密度的不同而不同。作为建筑工程材料,ALC 板、砌块可作为框架结构建筑内外墙、工业厂房围护墙以及各种结构形式建筑的填充墙。ALC 砌块的规格为长×宽×高=600mm×(200～300)mm×(60～250)mm。

图 8-3 ALC 板

图 8-4 ALC 砌块

5．压型钢板

压型钢板是薄钢板经冷压或冷轧成型的钢材。这种墙面材料具有单位质量轻、强度高、抗震性能好、施工快速、外形美观等优点,是良好的建筑材料和构件,主要用于围护结构、楼板,也可用于其他构筑物。

根据不同的使用功能要求,压型钢板可压成波形、双曲波形、肋形、V 形、加劲等。常见的压型钢板截面形式如图 8-5 所示。墙面常用板厚为 0.4～1.6mm,波高一般为 10～200mm。当不加筋时,其高厚比宜控制在 200 以内。用作工业厂房墙板时,在一般无保温要求的情况下,每平方米用钢量为 5～11kg;有保温要求时,可用矿棉板、玻璃棉、泡沫塑料等作绝热材料。

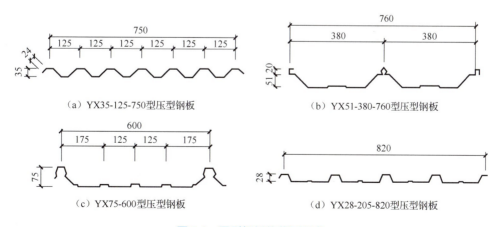

图 8-5 压型钢板的截面形式

由于压型钢板的原钢板很薄,其防腐涂料的质量会直接影响压型钢板的使用寿命,为了适应加工和防锈要求，压型钢板需按有关规定进行各项检验，一般情况下也可根据使用要求，将原钢板压型后再涂防锈油漆，或采用不锈钢薄钢板。压型钢板的原钢板可采用彩涂板、镀锌板、镀铝板及其他薄钢板等。

（1）彩涂板。在连续机组上以冷轧带钢、镀锌带钢（电镀锌和热镀锌）为基板，经过表面预处理（脱脂和化学处理），用滚涂的方法涂上一层或多层液态涂料，再经烘烤和冷却所得的板材即为涂层钢板。由于涂层一般有不同的颜色，习惯上把涂层钢板叫作彩色涂层钢板，简称彩涂板，如图 8-6 所示。由于涂层是在钢板加工成形之前进行的，彩涂板在国外又叫作预涂层钢板。

（2）镀锌板。钢结构工程中采用的镀锌板一般为热浸镀锌钢板，是将薄钢板浸入熔解的锌槽中镀锌而制成的，如图 8-7 所示。墙面材料常用的有镀锌合金化板、电镀锌板，其中电镀锌板一般不用于室外墙面。在建筑屋面和幕墙中最常用的是镀锌彩涂板和镀铝锌彩涂板。

图 8-6　彩涂板

图 8-7　镀锌板

（3）镀铝板。镀铝板常用于耐热要求较高的环境和腐蚀性较强的环境中，前者金属镀层中含有 5%～11%的硅，合金镀层较薄；后者金属镀层几乎全部为铝，金属镀层较厚。

6. 铝镁锰板

铝镁锰板是一种极具性价比的外墙和屋面材料，如图 8-8 所示。铝合金在建筑业中得到广泛的应用，为现代建筑向舒适、轻型、耐久、经济、环保等方向发展作出重要贡献。铝镁锰板质轻、高强、耐腐蚀、表面处理多样、美观、可塑性好、易加工、安装方便、连接形式多样，同时具备环保、100%可循环利用的特点。铝镁锰板广泛用于机场航站楼、车站及大型交通枢纽、会议及展览中心、体育场馆、大型购物中心、商业设施以及民用住宅等建筑的墙面与屋面系统。

7. 玻璃幕墙

玻璃幕墙具有整体性强、结构轻、弹性连接、抗震性好、便于施工及维护方便等优点，在我国得到迅速发展。玻璃幕墙因其独特的整体镜面效果，被大面积运用于多高层建筑的外墙，如图 8-9 所示。玻璃幕墙可分为明框、半隐框、隐框及全玻璃幕墙等，主要材料有铝合金型材、玻璃、密封胶及不锈钢等，选材要适应当地气候情况，兼顾美观、实用、耐久等因素。

项目 **8** 钢结构围护结构安装

图 8-8　铝镁锰板

图 8-9　玻璃幕墙

8.1.3　屋面围护结构的形式与材料

钢结构建筑的屋面有多种形式，尤其是在一些大空间结构中，各种形式的屋面能够很好地满足结构需求。钢结构建筑的屋面不仅要考虑屋面的防水、保温、隔热等功能，还需要考虑一定的承重能力，可以采用金属、玻璃、采光板等材料。另外，各种膜材也越来越多地应用到钢结构建筑的屋面中。常见的屋面系统按材料分类，主要有金属屋面、玻璃屋面及其他材料屋面。本节主要介绍金属屋面的形式与材料。

1. 金属屋面的形式

按板型构造分类，金属屋面可分为低波纹屋面和高波纹屋面，如图 8-10 所示。这两者的区别在于屋面板的肋高不同，从而产生不同的排水效果。低波纹屋面板一般用于坡度较陡的屋面，通常屋面坡度为 1∶10 左右。高波纹屋面板由于板肋较高，排水比较通畅，一般用于坡度比较平缓的屋面，通常屋面坡度为 1∶20 左右，最小坡度可以做到 1∶40。为防止金属屋面漏水，可以采用高波纹屋面板，或尽量使屋面坡度大一点。

（a）低波纹屋面

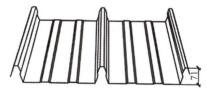

（b）高波纹屋面

波纹屋面

图 8-10　波纹屋面

按连接形式分类，金属屋面可分为螺钉暴露式屋面和暗扣式屋面，如图 8-11 所示。螺钉暴露式屋面由于存在螺钉生锈、密封胶老化、密封胶漏涂等问题，易造成漏水。暗扣式屋面是屋面板侧向连接时直接用配件将屋面板固定在檩条上，而板与板之间以及板与配件之间通过夹具夹紧，从而基本消除了金属屋面漏水这一隐患问题，得到了广泛应用。

265

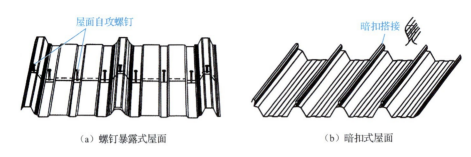

(a) 螺钉暴露式屋面　　　　　(b) 暗扣式屋面

图 8-11　屋面常用的连接形式

2. 金属屋面材料

夹芯板

（1）夹芯板。夹芯板为工厂复合保温板，也称复合板，其形式有工字铝连接式和企口插入式两种，如图 8-12 所示。这种板材外层是高强度镀锌彩涂板或镀铝锌彩涂板，芯材为阻燃性聚苯乙烯（EPS）、玻璃棉或岩棉，通过自动成形机，用高强度黏合剂将二者黏合为一体，经加压、修边、开槽、落料而成。夹芯板既有隔热、隔声等物理性能，又有较好的抗弯和抗剪力学性能。

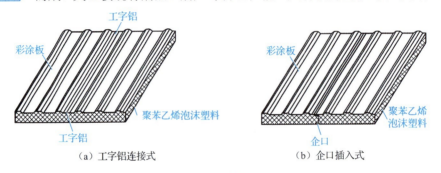

(a) 工字铝连接式　　　　　(b) 企口插入式

图 8-12　夹芯板

（2）压型钢板。压型钢板不仅能够作为墙体围护结构材料，同样也可以作为屋面围护结构材料。压型钢板选择应考虑到屋面坡度，当坡度较小时，由于屋面排水不够通畅，应尽量采用高波纹的压型钢板。压型钢板宜采用长尺板材，以减少板横向搭接数量，有利于屋面防水。压型钢板横向搭接应与檩条有可靠连接，搭接长度须满足规范要求，搭接处须涂密封胶。为防止屋面漏水，有条件时应尽量采用暗扣式连接。屋面板侧向搭接时，搭接宽度应视压型钢板形状、规格而定，一般不小于半波，搭接方向应与主导风向一致。

总结与提高

1. 围护结构是指在钢结构中构成建筑空间，分隔建筑室内使用空间、使用功能或室内外环境，抵御环境不利影响的构件（部品部件）。围护结构可以分为外围护结构和内围护结构。

2. 钢结构围护结构的设置需要从材料选取、环境与力学特性、使用年限要求、工艺要求、信息化要求多方面综合考虑。

项目 8　钢结构围护结构安装

3．墙面围护结构材料除轻质、高强、保温隔热、阻燃隔声等常规要求外，还要求造型美观、安装方便。常见的墙面围护结构材料有砖、纸面石膏板、混凝土砌块或板材、金属墙板、玻璃幕墙以及一些新型墙面材料。

4．屋面围护结构材料不仅要考虑屋面的防水、保温、隔热等功能，还需要考虑一定的承重能力。常见的屋面系统按材料不同分类，主要有金属屋面、玻璃屋面及其他材料屋面。

5．压型钢板具有单位质量轻、强度高、抗震性能好、施工快速、外形美观等优点，是良好的建筑材料和构件，主要用于围护结构、楼板，也可用于其他构筑物。用于围护结构时，既可用于墙体围护结构也可用于屋面围护结构，还可以同保温材料一起组合成复合板材，因此应用最为广泛。

课后练习

一、填空题

1．围护结构可以分为_____结构和_____结构。

2．钢结构围护构件的基本要求有_____、_____、_____、_____、_____五个方面。

3．常见的墙面围护结构材料有_____、_____、_____、_____、_____以及新型墙面材料。

二、简答题

压型钢板用于墙体围护结构和屋面围护结构时，其特点分别有哪些？

任务 8.2　围护结构施工图识读

引导问题

1．围护结构施工图识读的基本要求是什么？
2．墙面围护结构常见的节点构造有哪些？
3．屋面围护结构常见的节点构造有哪些？
4．围护结构施工图识读的步骤是怎样的？

知识解答

8.2.1　围护结构施工图识读概述

在钢结构体系中，通常包含以下组成部分。
（1）主结构：横向刚架（包括中部和端部刚架）、楼面梁、托梁、支撑体系等。
（2）次结构：墙面檩条和屋面檩条。
（3）围护结构：墙面和屋面。

（4）辅助结构：楼梯、平台、栏杆、扶手等。

（5）基础。

钢结构围护结构安装是在钢结构主体施工完毕后进行的。围护结构的主要构件如图 8-13 所示，在实际工程中，围护构件须更加注重节点连接与细部做法，因此节点详图的识读是围护结构识图的重中之重。

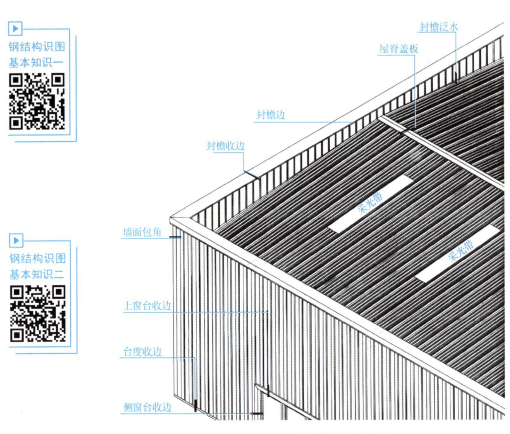

图 8-13 围护结构局部透视图

1. 围护结构施工图基本内容

一套完整的钢结构施工图包括图纸目录、结构设计总说明、布置图、构件详图、节点详图等。本任务所述墙面和屋面围护结构的施工图以结构布置图和节点详图为主。

根据前面的学习我们知道，结构布置图主要供现场安装使用，是依据钢结构设计图，以同一类构件系统（如屋盖、刚架、吊车梁、平台等）为对象，绘制本系统构件的平面布置和剖面布置，并对所有构件进行编号，标明各构件的定位尺寸、轴线关系、标高等，编制构件材料表、设计说明等的图纸。

节点详图表示的是某些复杂节点的细部构造。如刚架端部和屋脊的节点，用节点详图表达连接节点的螺栓个数、直径、等级、位置和螺栓孔直径，以及节点板尺寸、加劲肋位置和尺寸、焊缝尺寸等细部构造情况。

2. 围护结构识图的注意事项

识图时需要注意，布置图和详图往往不会出现在同一张图纸上。在识读详图时，应该先明确详图所在结构的相关位置，往往有两种方法：一是根据详图上所标示的轴线和尺寸判断详图位置；二是利用索引符号和详图符号的对应关系判断详图位置。明确位置后，紧接着要弄清图中所示构件的类型、规格、截面尺寸等，还要清楚为实现连接需加设哪些连接板件或加劲板件。

8.2.2 墙面结构施工图识读

墙面结构施工图主要包括墙面平面布置图、墙面檩条布置图、节点详图三大部分。节点详图主要包括内外板连接示意图、檐口节点图、转角节点图、边墙女儿墙节点图等。

墙面结构施工图

识读墙面结构施工图时应遵循以下基本原则。

（1）整体：从上往下看，从左往右看，先整体后局部，再从局部到整体结合，图样与说明对照看，建筑施工图与结构施工图结合看。

（2）局部：根据平面图索引找到节点具体做法，特别注意各个节点做法对应的位置与轴线，局部的识读要耐心、认真、细致。

（3）细节：对于图纸中未明确或者模糊的做法要及时记录，并向设计单位咨询，确认施工方式，保证每个节点做法准确清晰。

8.2.3 屋面结构施工图识读

屋面结构施工图同样包括屋面平面布置图、屋面檩条布置图、节点详图三大部分。所不同的是，屋面节点详图相对于墙面更加多样。识读屋面节点做法是屋面结构施工图识读中一项重要工作，一般包括以下内容：屋面板与墙板连接节点、天窗端头节点、天窗端头与屋面连接节点、内外屋面板节点、屋面采光板节点、屋面收边节点、门窗洞口收边节点。屋面节点做法工艺复杂，注意事项繁多，在识读时应注意每个细节的要求。

屋面结构施工图

识读屋面结构施工图与墙面类似，要遵循从整体到局部、从局部到细节、从细节再到整体的步骤。

总结与提高

1. 围护结构施工图以结构布置图和节点详图为主。钢结构围护结构安装是在钢结构主体施工完毕后进行的，在实际工程中，围护构件须更加注重节点连接与细部做法，因此节点详图的识读是围护结构识图的重中之重。

2. 识读围护结构施工图时应遵循从整体到局部、从局部到细节、从细节再到整体的步骤。

3. 判断详图的位置有两种方法：一是根据详图上所标示的轴线和尺寸判断详图位置；二是利用索引符号和详图符号的对应关系判断详图位置。

4. 识读节点详图时，不能孤立地看某一张详图，而要将它与建筑施工图、结构施工图联系起来看，此时就要根据索引符号和详图符号关联相关图纸，准确理解图纸表达的含义。

课后练习

一、填空题

1. 围护结构施工图主要包括_____和_____。
2. 墙面围护结构的节点详图主要有_____、_____、_____、_____。
3. 屋面围护结构的节点详图主要有_____、_____、_____、_____、_____、_____等。

二、简答题

请简述围护结构的识图顺序。

任务 8.3 围护结构现场安装

引导问题

1. 围护结构安装前需要做哪些准备工作？
2. 安装工程中需要哪些机械设备？
3. 压型钢板墙面的安装流程是什么？
4. 屋面围护结构常见类型的施工工艺有哪些？

知识解答

围护结构安装示意图如图 8-14 所示。下面分别介绍墙面围护结构安装和屋面围护结构安装。

项目 8 钢结构围护结构安装

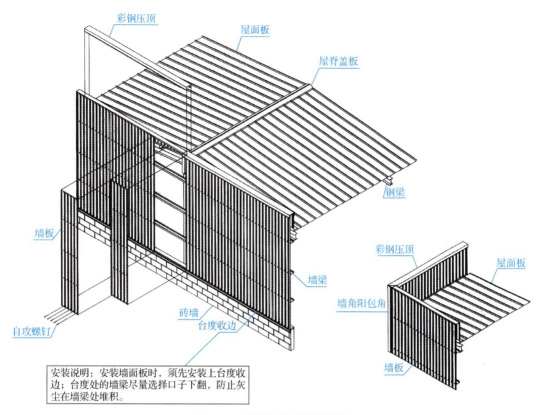

图 8-14 围护结构安装示意图

8.3.1 墙面围护结构安装

围护结构系统的安装施工是整个钢结构主体工程施工的最后一道工序，也是至关重要的一环。围护结构大多是暴露在建筑外的，其施工质量对建筑耐久性有着明显影响，因此对围护结构的安装施工必须给予足够的重视。

砖墙和砌块墙的施工与土建施工的要求一样，本节不再详述。玻璃幕墙和金属幕墙等围护墙体往往进行专业分包，由具有幕墙专业施工资质的公司来完成。本节重点介绍压型钢板墙面、ALC 板墙面和 EPS 夹芯板墙面的安装。

1. 压型钢板墙面安装

（1）材料准备。

① 压型钢板。每批压型钢板都应有原材料质量证明书和出厂合格证。原材料质量证明书应包括钢板生产厂家的产品质量证明书。压型钢板成型后，其基板不应有裂纹。涂层、镀层压型钢板成型后，其涂层、镀层不应有肉眼可见的裂纹、剥落和擦痕等缺陷。钢板表面应干净，不应有明显凹凸和皱褶。

② 压型钢板配件。主要为墙面配件，包括门窗洞口包边件、板顶封边件、转角件、山墙封边件等，如图 8-15 所示。

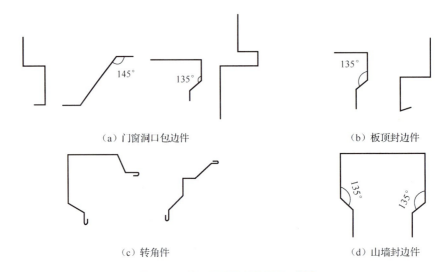

图 8-15 常见压型钢板配件示意图

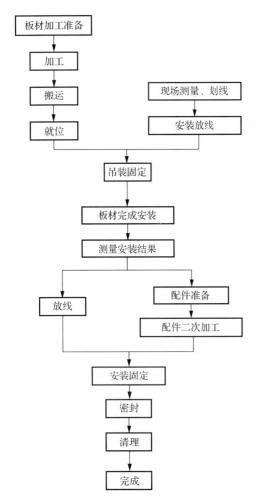

图 8-16 压型钢板墙面安装工艺流程图

③ 连接件。压型钢板墙面所采用的连接件为尼龙头自攻螺钉,其外露部分的颜色应与压型钢板涂层颜色相同,泛水板连接采用开口式铆钉,并在上面涂抹密封胶。连接件应由专业厂家生产供应,收货时应检查出厂合格证、材质单和技术性能书等,使用时须对成箱到货的产品进行规格、型号、数量检查。

(2) 安装工艺流程。压型钢板墙面安装工艺流程图如图 8-16 所示。

① 安装放线。压型钢板墙面是预制装配结构,安装前的放线工作对后期安装质量起保证作用,须有效控制,不可忽视。安装放线前,应先测量墙面檩条,检查整个墙面的平整度和墙面檩条的直线度,保证檩条下挠不超过 5mm。

② 墙面板吊装。墙面板吊装的操作平台为用脚手管搭设的 1.5m×1.5m 井字架,在井字架下面安装轮子,以便水平移动。当井字架移动到位后,应将井字架通过麻绳或钢丝绳在钢柱上每隔 6m 进行固定,固定后才能上人操作。

吊装时应单块板进行,将板在边缘提起,向上吊装时,板下面应由人力托起,避免板与地面产生摩擦而折弯。

③ 墙面泛水板、包边配件安装。墙面泛水板、包边配件安装的重点是做到横平竖直。墙面板安装完毕后应对配件安装进行二次放线，以保证檐口线、门窗洞口和转角线等的水平度和垂直度，应采用线坠从顶端向下测量。安装门窗的垂直包角时，应从上层门窗向下挂线坠，做到上下对齐。

2. ALC 板墙面安装

（1）施工准备。按图纸设计要求制作排板图，列出板安装就位顺序，排板设计宜使墙宽度符合 600 的模数，当隔墙的宽度尺寸凑不成 600 的倍数时，宜将"余量"安排在靠柱或墙的隔墙板一侧，不宜设置在门窗洞口附近。

ALC 板由工厂直接运至施工现场，进入现场后应减少转运。板材的搬运、装卸和起吊使用尼龙带、小推车、塔式起重机等专用机具，运输时应采取良好的绑扎措施。板材进场后，应对其种类、尺寸、外观、含水率等进行检查确认，确保选用外观相同、厚薄一致的板材。根据实际需要，在现场对板材进行适当切割。

（2）安装工艺流程。ALC 板墙面安装工艺流程：清理基层墙体→定位放线→验收→ALC 板吊装就位→安装接缝钢筋→调整墙体垂直度→安装第二块板直至墙面安装完成→墙底部间隙捣入细石混凝土→板顶缝内用聚合物水泥砂浆填实→局部修补→验收→粉刷前板缝勾缝处理。

3. EPS 夹芯板墙面安装

（1）材料准备。彩涂板严格按规格采购，要有材料质检证明、合格证。在彩涂板压型机上把彩涂板和 EPS 泡沫板复合而成板材，根据需要的长度切断，尺寸偏差应符合规范要求。由于岩棉吸水后会导致芯层破坏，施工前应准备足够的塑料布防雨。

包边板、泛水板根据其展开面尺寸，将彩卷板在开卷机上开卷，在包边机上轧制，性能应符合设计要求。复合板、包边板、泛水板成型后按规格包装、标识、堆放。

（2）安装工艺流程。EPS 夹芯板墙面安装工艺流程：确定起始板标高及轴线→安装泛水板及托板→吊装夹芯板→安装竖向金属嵌条→安装门窗收边→安装女儿墙盖帽及打胶→撕除保护膜。

夹芯板吊装时，与吊索接触的板材处需使用软性器具进行保护。对长度较长的夹芯板，应采用三点起吊，上部采用扁担。

8.3.2 屋面围护结构安装

本节着重介绍单层金属板屋面和铝镁锰板屋面的安装。

1. 单层金属板屋面安装

（1）深化加工。施工前，根据施工图及施工要求综合考虑压型钢板的承载力和变形量，确定多跨的最大无支撑间距，深化压型钢板分块大小及排布方向，制作排板图，进行切割加工，如图 8-17 所示。加工后逐板编号，打包成捆运输至现场。

（2）材料进场验收。进场材料应附原厂出厂材质检验证明。检验压型钢板及檩条的规格、尺寸、厚度，各式收边料规格、尺寸、厚度，检验零配件（如自攻螺钉、垫片、止水胶）等。压型钢板外观不得有拖拉伤痕、色斑，表面膜层不得磨损、扭曲、污染、偏色、翘角。

材料进场后应整齐堆放在指定区域，如图8-18所示。材料须分批分类堆放，不能立即使用时应整齐堆放并以帆布或膜布覆盖。施工单位自行负责该部分材料的安全措施，材料应有适当的包装，以免损毁。

图8-17　深化加工

图8-18　材料进场

（3）安装工艺流程。

① 测量放线。在铺板区域弹出钢梁中心线，作为铺设压型钢板固定位置的控制线。安装前清理钢梁表面污物，吊耳切割区域应打磨处理，保证压型钢板与钢梁紧贴。

图8-19　压型钢板吊运

② 压型钢板吊运。吊运前，核对压型钢板捆号及吊装区域是否准确、包装是否稳固。压型钢板应采用软吊索吊运，避免变形，两条软吊索分别捆于钢板两端1/4处，如图8-19所示。吊装应自下而上逐层施工，避免吊放上层材料后阻碍下一楼层的吊放作业。

③ 压型钢板安装。以母肋为起始边，按照排板图从一端向另一端铺设，最后一块作为调节板。相邻跨需板肋对板肋，边铺设边调整，板与板之间的侧面搭接为"公母扣合"，并采用自攻螺钉或点焊固定。铺设过程中应及时固定，防止压型钢板松动、滑落。

④ 压型钢板切割。在平面形状变化处（钢柱角部、核心筒转角处等），需对压型钢板进行切割处理。切割前对切割尺寸弹线复核。现场切割采用等离子切割机，切割面应平整顺直，严禁使用火焰切割，避免损坏压型钢板表面的镀锌层，如图8-20所示。

⑤ 焊接固定。压型钢板垂直于钢梁方向的搭接长度不小于50mm，每肋槽点焊固定一次；平行于钢梁方向的搭接长度不小于75mm，每600mm点焊固定一次，如图8-21所示。

图 8-20 压型钢板切割　　　　　　　　图 8-21 焊接固定

⑥ 边模施工。楼梯边缘、孔洞处以及外框悬挑部位采用边模封堵处理，避免混凝土掉落，边模焊接于钢梁上翼缘，定位尺寸严格按照图纸要求控制。

⑦ 楼板开洞。开圆孔孔径或长方形洞口边长不大于 300mm 时，可不采取加强措施。开洞尺寸在 300~750mm 之间，且孔洞周边有较大集中荷载，或开洞尺寸在 750~1500mm 之间时，应采取有效加强措施。波高不小于 50mm，且孔洞周边无集中荷载时，可在垂直板肋方向设置角钢。

⑧ 栓钉焊接。压型钢板铺设完成后，在压型钢板表面弹出栓钉线，确定栓钉的焊接位置，施焊前应进行焊接试验，确定焊接参数。栓钉焊接完成后，敲破磁环，检查焊接质量，将磁环碎渣清除干净。

⑨ 钢筋绑扎。压型钢板安装完毕经验收合格后，按照设计要求绑扎钢筋，"波谷"部位平行板肋方向铺设一根钢筋加强，并加设混凝土垫块，保证板底加强筋的保护层厚度，上层钢筋网片用马凳筋架起，如图 8-22 所示。

⑩ 浇筑混凝土。混凝土浇筑前应完成封口板、边模、边模补强等收尾工作。浇筑时应避免混凝土堆积过高，导致压型钢板局部出现过大的变形，如图 8-23 所示。混凝土浇筑完成后应及时养护，未达到 75%设计强度前，不得在楼层面上附加其他荷载。

图 8-22 钢筋绑扎　　　　　　　　图 8-23 浇筑混凝土

2. 铝镁锰板屋面安装

（1）深化设计。在经过对屋面分格图、节点大样图、屋面剖面图及施工加工图的整体组织，以及一些特殊的组织实施（如放大样）后，绘制铝镁锰板外形准确尺寸和安装支座位置，组成铝镁锰板屋面节点做法图，如图8-24所示。

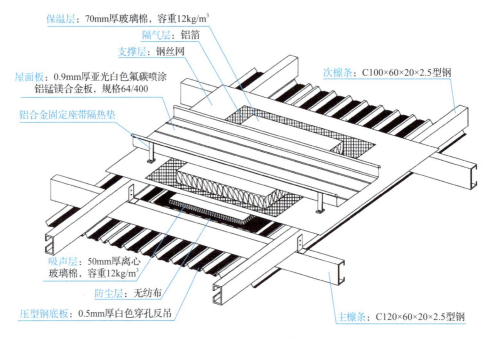

图 8-24　铝镁锰板屋面节点做法图

（2）施工准备。开工前一周进行钢结构屋架移交，移交时如发现超过标准允许误差的部位，必须在屋面结构安装前进行调整。个别顶面不在屋面曲线上时，可通过改变檩托上垫板的高低来调整。面板机运至现场安装就位，在开工前3天进行试生产，反复调整面板机的参数，直到能生产出合格的面板。生产完成的面板吊运至施工现场的面板吊装区域，如图8-25所示。

图 8-25　吊运面板

（3）安装工艺流程。屋面板加工→测量放线→节点支座安装与校对→檩条安装→镀锌压型穿孔钢底板（或镀锌压型钢底板）安装→衬檩及支撑安装→天沟安装→铝合金T型支座安装→无纺布铺设→玻璃吸声棉安装→钢丝网安装→隔气层铺设→玻璃保温棉安装→铝镁锰板安装→天窗安装→阳光板屋面安装→穿屋面杆件、伸缩缝等节点处理。

屋面檩条按柱间在同一坡向内分次吊装。T码用螺栓固定，一般情况下，对于厚度不超过 8mm 的钢板用自攻螺钉固定即可；对于厚度大于 8mm 的钢板，螺钉不具备自攻能力，需先用电钻预钻孔。

总结与提高

1．围护结构安装流程包括材料准备、技术准备、机具准备、主材安装、配件安装、密封清理等。对于板材类（压型钢板）围护结构，在施工前还需进行深化设计，确保承载力和变形量等满足要求。

2．在材料准备阶段，要保证每批材料制作完成后都有原材料质量证明书和出厂合格证，压型钢板成型后基板应无裂纹，涂层、镀层压型钢板的涂层、镀层不应有肉眼可见的裂纹、剥落和擦痕等缺陷，表面干净，无明显凹凸和皱褶。

3．板材堆放应设在安装点的相近点，避免长距离运输，要做好相应的防护，防止板材受损。堆放板材的场地旁应有二次加工场地。

4．正式施工作业前，要做好技术准备及机具准备。安装工程中先定位放线，再安装檩条，然后安装面板，面板安装应按照排板图从一端到另一端铺设，两块板之间拼接严密，铺装过程中及时点焊固定，最后安装包边配件并进行板边修剪等细部操作。

课后练习

一、填空题

1．围护结构材料进场时，除检查其板材质量外，还需要的资料有_____、_____。

2．围护结构安装流程包括_____、_____、_____、_____、_____、_____等。

3．屋面板材进场时，应_____、_____堆放。

4．压型钢板吊装应避免压型钢板变形，起吊时，用两条软吊索分别捆于板材两端_____处。

二、简答题

屋面围护结构安装作业时，檩条安装流程有哪些？

参 考 文 献

《钢结构设计便携手册》编委会，2008．钢结构设计便携手册[M]．北京：中国计划出版社．
《钢结构施工员一本通》编委会，2014．钢结构施工员一本通[M]．2版．北京：中国建材工业出版社．
崔佳，熊刚，2019．钢结构基本原理[M]．2版．北京：中国建筑工业出版社．
杜绍堂，戚豹，2014．钢结构工程施工[M]．重庆：重庆大学出版社．
郭荣玲，2020．如何识读钢结构施工图[M]．北京：机械工业出版社．
侯兆新，陈禄如，2019．钢结构工程施工教程[M]．北京：中国计划出版社．
李燕强，2014．钢结构设计原理学习辅导与习题集[M]．成都：西南交通大学出版社．
刘卫东，刘颖，2019．钢结构[M]．2版．武汉：华中科技大学出版社．
陆宏其，余峰，吴添，2016．钢结构工程施工[M]．天津：天津科学技术出版社．
满广生，2010．钢结构制作与安装[M]．北京：中国水利水电出版社．
申成军，2020．钢结构工程施工[M]．2版．北京：北京理工大学出版社．
盛一芳，2011．钢结构制作与安装[M]．北京：人民交通出版社．
孙韬，李继才，2012．轻钢及围护结构工程施工[M]．北京：中国建筑工业出版社．
唐丽萍，杨晓敏，2022．钢结构制作与安装[M]．4版．北京：机械工业出版社．
张蕾，2013．钢结构制作与安装[M]．哈尔滨：哈尔滨工业大学出版社．
中国钢结构协会，2010．建筑钢结构施工手册[M]．北京：中国计划出版社．

钢结构制作与安装

附 录

附录 1　某中学实验楼钢框架结构施工图

结构设计总说明

一、概述

1　本项目为某中学实验楼，平面尺寸为35.1m×14.4m。
2　本工程地上主结构采用钢框架结构，除规范规定需要采用现浇板和特殊说明外，楼、屋面板采用钢筋桁架楼承板组合楼板（楼盖）。
3　结构设计标准。

设计基准期	设计工作年限	建筑结构安全等级	结构重要性系数	抗震设防类别	建筑物耐火等级
50年	50年	一级	1.1	乙类	二级

4　本说明为本工程钢结构部分的统一说明，未特别注明者，均按本说明要求施工。说明未详之处，请按照相关规范、规程的相关要求执行。
5　本工程结构设计文件中单位除注明外，均以毫米（mm）为单位，标高以米（m）为单位，角度以度（°）为单位。

二、设计主要依据和资料

1　招标方提供的建筑方案、建筑施工图、招标说明。
2　国家及所在行政地区现行设计规范、规程。

建筑结构可靠性设计统一标准	GB 50068-2018
中国地震动参数区划图	GB 18306-2015
建筑工程抗震设防分类标准	GB 50223-2008
建筑结构荷载规范	GB 50009-2012
建筑抗震设计规范	GB 50011-2010（2016年版）
混凝土结构设计规范	GB 50010-2010（2015年版）
钢结构设计标准	GB 50017-2017
钢筋桁架楼承板	JGJ/T 368-2012
钢结构高强度螺栓连接技术规程	JGJ 82-2011
建筑钢结构防火技术规范	GB 51249-2017
钢结构工程施工规范	GB 50755-2012
钢结构工程施工质量验收标准	GB 50205-2020
钢结构焊接规范	GB 50661-2011
金属材料熔焊质量要求	GB/T 12467-2009
优质碳素结构钢	GB/T 699-2015
低合金高强度结构钢	GB/T 1591-2018
建筑结构用钢板	GB/T 19879-2015
电弧螺柱焊用圆柱头焊钉	GB/T 10433-2002
建筑钢结构防腐蚀技术规程	JGJ/T 251-2011
热扎H型钢和剖分T形钢	GB/T 11263-2017
焊接H型钢	GB/T 33814-2017
钢结构通用规范	GB 55006-2021
工程结构通用规范	GB 55001-2021

3　本工程设计所选用标准图集和标准。

多、高层民用建筑钢结构节点构造详图	16G519
多、高层建筑钢结构节点连接	03SG519-1
钢与混凝土组合楼（屋）盖结构构造	05SG522
型钢混凝土组合结构构造	23SG523-1

三、结构荷载

1　除平面图注明外，本工程设计采用的楼面、屋面荷载（单位：kN/m^2）。

序号	荷载类别	活荷载标准值	序号	荷载类别	活荷载标准值
1	不上人屋面	0.5	6	楼梯间、电梯厅	3.5
2	上人屋面	2.0	7	教室走廊	3.5
3	实验室	3.0	8	空调机房、电梯机房	8.0
4	会议室	3.0	9	办公、门卫、值班	2.5
5	有分隔的蹲厕卫生间	8.0	10	阶梯教室	3.5

2　地震作用。

抗震设防类别	抗震设防烈度	设计地震分组	设计基本地震加速度	建筑场地类别	场地特征周期
重点设防类	8度	第二组	0.2g	II	0.4s

本地区抗震设防烈度为8度，设计基本地震加速度值为0.2g，第二组。学校为乙类建筑，抗震措施按提高一度取值，即9度抗震设防。

构件类型	钢框柱	钢框梁
抗震等级	二级	二级

3　风荷载。
基本风压按50年重现期的风压值$0.35kN/m^2$，地面粗糙度B类。
考虑到结构体型较为复杂，结构迎风面体型系数为0.8，背风面体型系数为-0.5，风振系数根据荷载规范确定。
4　雪荷载。
基本雪压按50年重现期的雪压值$0.25kN/m^2$，雪荷载准永久值系数分区为Ⅱ。
5　施工荷载。
施工荷载应严格符合有关施工标准中的要求，特殊情况应与设计方共同解决。
6　温度作用。
结构合拢温度为20±5℃，考虑室内空调系统，温度作用为±20℃。

四、选用的材料及其标准

1　钢板及热轧型钢。
1.1　Q235B、Q355B钢材应符合《钢结构通用规范》（GB 55006-2021）第3.0.2条相关规定：钢结构承重构件所用的钢材应具有屈服强度，断后伸长率，抗拉强度和硫、磷含量的合格保证，在低温使用环境下尚应具有冲击韧性的合格保证；对焊接结构尚应具有碳或碳当量的合格保证。铸钢件和要求抗层状撕裂（Z向）性能的钢材尚应具有断面收缩率的合格保证。焊接承重结构以及重要的非焊接承重结构所用的钢材，应具有弯曲试验的合格保证；对直接承受动力荷载或需进行疲劳验算的构件，其所用钢材尚应具有冲击韧性的合格保证。
1.2　热轧型钢应符合《热扎H型钢和剖分T型钢》（GB/T 11263-2024）和《热轧型钢》（GB/T 706-2016）中的规定，钢管应符合《结构用无缝钢管》（GB/T 8162-2008）、《直缝电焊钢管》（GB/T 13793-2016）及《双焊缝冷弯方形及矩形钢管》（YB/T 4181-2008）的规定。
1.3　钢板厚度等于或大于40mm时，为防止层状撕裂，要求钢板厚度方向截面收缩率不应小于国家标准《厚度方向性能钢板》（GB/T 5313-2023）中规定的相关容许值。
1.4　当采用其他牌号的钢材代换时，须经设计单位认可并符合相应有关标准要求。
1.5　除特别注明外，本工程选用的钢材（包括型钢和板材）。

材质	构件
Q235B	锚栓、角钢
Q355B	钢框柱、钢框梁、次梁、槽钢及以上构件相应节点处加劲板及连接板等

2　焊接材料。
2.1　本工程中所用的焊条、焊丝、焊剂等均应与主体金属强度相适应。
当不同强度的钢材焊接时，可采用与低强度钢材相适应的焊接材料。
2.2　手工焊接用焊条。
焊条型号：Q235钢：E43XX（低氢型焊条）；Q355钢：E50XX（低氢型焊条）。
符合标准：《非合金钢及细晶粒钢焊条》（GB/T 5117-2012）；《热强钢焊条》（GB/T 5118-2012）。
2.3　埋弧自动焊接或半自动焊用的焊丝和焊剂。
焊丝应符合的标准：《熔化焊用焊丝》——GB/T 14957-1994
焊丝的药剂型号为：Q235B钢：H08，H08A，H08E焊丝配合中锰型或高锰型焊剂；
或H08Mn，H08MnA焊丝配合无锰或低锰型焊剂。
Q355B钢：H08A，H08E配合高锰型焊剂；或H08Mn，H08MnA配合中锰或高锰型焊剂；
或H10Mn2配合无锰或低锰型焊剂。
2.4　以上所列焊条、焊剂及焊丝均为选配建议，焊条、焊剂及焊丝最终应根据焊接工艺评定确定。
3　螺栓。
3.1　本工程中"◆"代表高强度螺栓，"◈"代表安装螺栓。
3.2　高强度螺栓。
3.2.1　本工程未注明的高强螺栓连接均为摩擦型连接，采用扭剪型高强螺栓（或者高强度大六角头螺栓），性能等级为10.9级。
10.9级摩擦型高强度螺栓预拉力。

螺栓公称直径/mm	M16	M20	M22	M24	M27	M30
螺栓预拉力/kN	100	155	190	225	290	355

3.2.2　大六角头高强度螺栓及其螺母、垫圈的制作应分别符合中国国家标准《钢结构用高强度大六角头螺栓》（GB/T 1228-2006）、《钢结构用高强度大六角螺母》（GB/T 1229-2006）、《钢结构用高强度垫圈》（GB/T 1230-2006）、《钢结构用高强度大六角头螺栓、大六角螺母、垫圈技术条件》（GB/T 1231-2006）或《钢结构用扭剪型高强度螺栓连接副》（GB/T 3632-2008）的规定。
3.3　普通螺栓。
3.3.1　除注明外，普通螺栓均采用C级螺栓，其性能等级为4.6级。
3.3.2　普通螺栓及其螺母、垫圈的制作应分别符合《六角头螺栓 C级》（GB/T 5780-2016）、《1型六角螺母 C级》（GB/T 41-2016）、《平垫圈 C级》（GB/T 95-2002）的有关规定。
3.3.3　对直接承受动力荷载的普通螺栓受拉连接应采用双螺帽或其他防止螺帽松动的有效措施。
4　栓钉。
4.1　采用圆柱头焊钉；其技术条件须符合现行国家标准《电弧螺柱焊用圆柱头焊钉》（GB/T 10433-2002）的规定。
4.2　栓钉的屈服强度为$240N/mm^2$，最小极限抗拉强度为$400N/mm^2$，抗拉强度设计值为$215N/mm^2$。
5　锚栓。
锚栓采用Q235B钢制作。
6　楼板。
楼、屋面板采用钢筋桁架楼承板组合楼板（楼盖）。
6.1　钢筋桁架楼承板上、下弦采用热轧带肋钢筋HRB400级，腹杆钢筋采用冷轧光圆钢筋。
6.2　钢筋桁架楼承板底模钢板采用镀锌板，板厚度为0.5mm，屈服强度不低于260MPa；镀锌层两面总计不小于$120g/m^2$。
6.3　钢筋桁架楼承板中镀锌板仅作为模板使用，非原工程设计构件，具备防腐作用；无需防火处理。
6.4　钢筋桁架楼承板板厚为100mm时，若需在楼板中埋设设备管道，不得影响楼板厚度。

五、钢结构制造、安装和构件连接

1　总则。
1.1　构件制作、安装允许偏差和验收应符合《钢结构工程施工质量验收标准》（GB 0205-2020）中的有关规定。
1.2　施工详图。
施工详图设计应满足《钢结构设计制图深度和表示方法》（03G102）的要求。
施工详图设计深度应满足构件加工制作的各项需要，如构件布置、板件尺寸、定位、连接件规格、材料表等。
施工详图设计应充分考虑加工制作工艺的技术要求，并考虑到下料、加工工艺引起的偏差。
施工详图设计应充分考虑结构的焊接变形、安装变形及次结构安装顺序等因素，使结构最终尺寸满足设计文件的要求。
2　制造及施工方案。
2.1　焊接钢柱、钢梁、钢支撑、钢骨混凝土中的钢构件均应在工厂采用埋弧自动焊焊接成型，施焊工艺符合国家标准《埋弧焊的推荐坡口》（GB/T 985.2-2008）的有关规定。
2.2　钢梁预留孔洞，按照设计图纸所示尺寸、位置，在工厂制孔，并按设计要求进行补强。未注明的洞口补强做法见16G519页32中节点1～4所示。在工地安装时，未经设计允许，不得以任何方法制孔。
2.3　钢结构加工制作单位应在必要时对结构复杂的构件进行工艺性试验。
2.4　不允许在施工现场临时加焊板件，不允许用气焊扩孔。
2.5　梁柱上的加劲板，支承板等采用手工电弧焊在加工车间完成，施焊工艺及板材上的坡口尺寸，符合GB 985.2-2008的有关要求。
2.6　钢结构构件的制作，其放样、号料、切割、矫正和边缘加工、组装、焊接、制孔、摩擦面的加工、端部加工等均应严格按照《钢结构设计标准》（GB 50017-2017）和《钢结构工程施工质量验收标准》（GB 50205-2020）中相关要求进行。
2.7　梁上翼缘栓钉的施工技术要求梁上翼缘的栓钉间距和边距应符合本工程设计图的有关要求。栓钉顶面的混凝土保护层厚度不应小于15mm。
3　构件连接。
3.1　钢柱宜每二至三层为一节，视具体情况也可一层或四层为一节，工地拼接节点设于主梁顶面以上1.3m附加，拼接接头采用坡口全熔透焊接。拼接接头上下100mm范围内柱腹板与翼缘间应采用全熔透焊接。
3.2　框架梁与框架柱之间的连接采用牛腿悬臂段刚接节点时，需预先在工厂进行柱与悬臂钢梁段全熔透坡口焊接，然后在工地进行梁的拼接，其翼缘为全熔透坡口焊接，腹板为摩擦型高强度螺栓连接。
3.3　次梁与主梁的连接采用铰接，腹板用摩擦型高强度螺栓连接（悬臂梁或图中注明者除外）。
3.4　梁的板件拼接：对于焊接梁、框架梁不宜拼接；楼层次梁可以拼接，但拼接梁数量不应超过次梁总数的50%，其拼接节点位置应距支座的三分之一跨度内，上下翼缘和腹板的拼接缝应错开，并避免与加劲板重合，腹板拼接缝与它平行的加劲板至少相距200mm，腹板拼接缝与上下翼缘拼接缝至少相距200mm。对于热轧型钢梁的拼接应距支座的三分之一跨度内。对接焊缝应符合《钢结构工程施工质量验收标准》（GB 50205-2020）规范要求，焊缝等级不低于一级。
3.5　所有钢梁横向加劲板与上下翼板连接处，加劲板上下端要求刨平顶紧后施焊。
3.6　锚栓及安装螺栓在构件安装校正后应与垫板、底板点焊。
3.7　梁与柱刚性连接时，柱在梁翼缘上下各500mm的范围内，柱翼缘与柱腹板间或箱形柱壁板间的连接焊缝应采用全熔透坡口焊缝。
3.8　钢柱柱脚锚栓埋设误差要求：每一柱脚锚栓之间埋设误差需小于2mm。钢柱脚采用C15混凝土包裹，保护层厚度不小于50mm，并应使包裹的混凝土高出地面不小于150mm；当柱脚底面在地面以上时，柱脚底面应高出地面不小于100mm。
4　高强度螺栓的连接要求。
4.1　高强度螺栓的连接施工按照《钢结构高强度螺栓连接技术规程》（JGJ 82-2011）的规定进行，所有构件连接接触面，经喷砂处理后，其摩擦面的抗滑移系数：Q355钢为0.40，Q235钢为0.40。在施工前应做抗滑移系数试验。
4.2　高强度螺栓拧紧的顺序，应从螺栓群的中部开始，向四周开始逐个拧紧。
4.3　梁、柱、支撑等构件的栓焊混用连接节点施工时，应先安装腹板高强度螺栓并进行初拧，然后进行翼缘的焊接，焊后再将高强度螺栓终拧完毕。安装完毕后应按《钢结构高强度螺栓连接技术规程》（JGJ 82-2011）的要求进行复检。
4.4　安装高强度螺栓时，严禁强行穿入。当不能自由穿入时，该孔应用铰刀进行修整，修整后孔的最大直径不应大于1.2倍螺栓直径，且修孔数量不应超过该节点螺栓数量的25%。修孔前应将四周螺栓全部拧紧，使板迭密贴后再进行铰孔。严禁气割扩孔。

六、焊接要求

1　承包人对所有焊接均应按照《钢结构焊接规范》（GB 50661-2011）的严格要求进行。
2　各部位焊缝要求：
（1）所有原材料对接焊缝、柱体纵向焊缝，现场对接焊缝均为全熔透焊缝，焊缝质量等级为一级；
（2）构件的自身组立焊缝要求：
在梁柱刚接节点主梁上下500mm、应采用全熔透焊缝，焊缝质量等级为一级；
拼接接头左右各100mm范围内，应采用全熔透焊缝，焊缝质量等级为一级；
其他区域采用部分熔透焊缝，焊缝厚度不应小于板厚的1/2，焊缝质量等级为三级；
3　针对厚度小于6mm钢材的对接焊缝，不应采用超声波探伤确定焊缝质量等级。

七、钢构件防腐要求

1　本工程钢结构防腐涂层使用年限为15年，使用单位在使用中应进行定期的检查和维修，并建议制定防腐蚀维护计划。
2　钢构件出厂前不需要涂漆部位：
型钢混凝土中的钢构件；高强度螺栓节点摩擦面；闭口截面内的封闭区；地脚螺栓和底板；工地焊接部位及两侧100mm，且要满足超声波探伤要求的范围。但工地焊接部位及两侧应进行不影响焊接的防锈处理。在除锈后刷涂防护保护漆，如无机富锌底漆，漆膜厚度15μm。除上述所列范围以外的钢构件表面，出厂前应除锈后涂防锈底漆两道，焊接区除锈后涂专用坡口焊保护漆两道。
3　所有构件涂漆前均应严格进行金属表面喷砂防锈处理，其级别达到国家标准《涂覆涂料前钢材表面处理表面清洁度的目视评定 第1部分》（GB/T 8923.1-2011）中的，$Sa2\frac{1}{2}$等级涂防锈漆出厂。面漆涂装时间由施工安装单位协商决定，表面防腐涂装做法如下。

序号	设计要求	干膜厚度	备注
1	环氧富锌底漆	70（2X35）μm	锌粉占干膜的重量比≥80%，体积固体含量≥70%；
2	环氧云铁中间漆	70（2X35）μm	体积固体含量≥70%
3	聚氨酯面漆	60（2X30）μm	与面漆配套

4　上部铺设混凝土板的钢梁顶面不得涂刷油漆，在浇灌混凝土翼板以前应清除铁锈、焊渣、冰层、积雪、泥土和其他杂物。

八、钢构件防火要求

1　本工程钢结构构件的耐火等级为一级，建筑物各承重构件的耐火极限应符合国标《建筑设计防火规范》（GB 50016-2014）的有关规定，见下表。

序号	构件名称	耐火等级	耐火极限/h	防火材料类型	防火涂料厚度	等效热传导系数	等效热阻
1	钢柱	二级	2.5	非膨胀型	30mm	0.10	/
2	楼面钢梁、屋盖钢梁	二级	1.5	膨胀型	≥1.5mm	/	≥0.3
3	楼板	二级	1.0	混凝土组合楼板自防火			
4	钢楼梯	二级	1.0	膨胀型	≥1.5mm	/	≥0.3

2　防火涂料的质量等级及施工均应符合《钢结构防火涂料》（GB 14907-2018）、《建筑钢结构防火技术规范》（GB 51249-2017）、《钢结构防火涂料应用技术规程》（T/CECS 24-2020）的要求。应保证基层涂料、面层涂料与防火涂料之间的相容性、附着力及耐久性，并结合建筑装饰要求做好配色。

九、钢结构构件编号原则

1　钢结构构件代码。

构件名称	构件代码	构件名称	构件代码
钢框架柱	GKZ	梁上柱	LSZ
钢框架梁	GKL	钢梯柱	TZ
钢次梁	GL	钢梯梁	TL

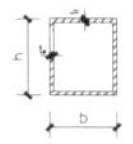
箱形截面标注示意图

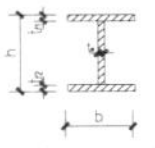
焊接H型钢标注示意图

2　型钢代码。
箱形截面：□ $h\times b\times t_w\times t_f$；
焊接H型钢，热轧H型钢（HW、HM、HN）：H $h\times b\times t_w\times t_f$ 或 H $h\times b\times t_w\times t_{f1}\times t_{f2}$

附图 1-1　结构设计总说明

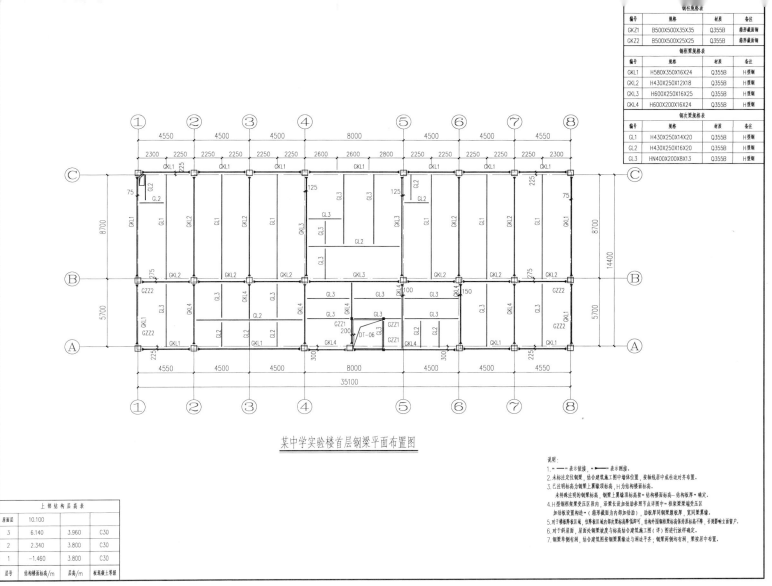

附图 1-2 首层钢梁平面布置图

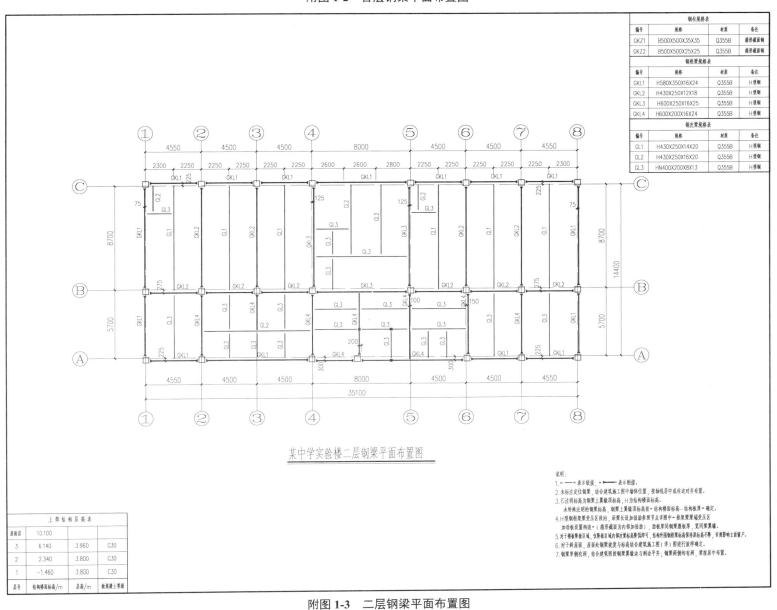

附图 1-3 二层钢梁平面布置图

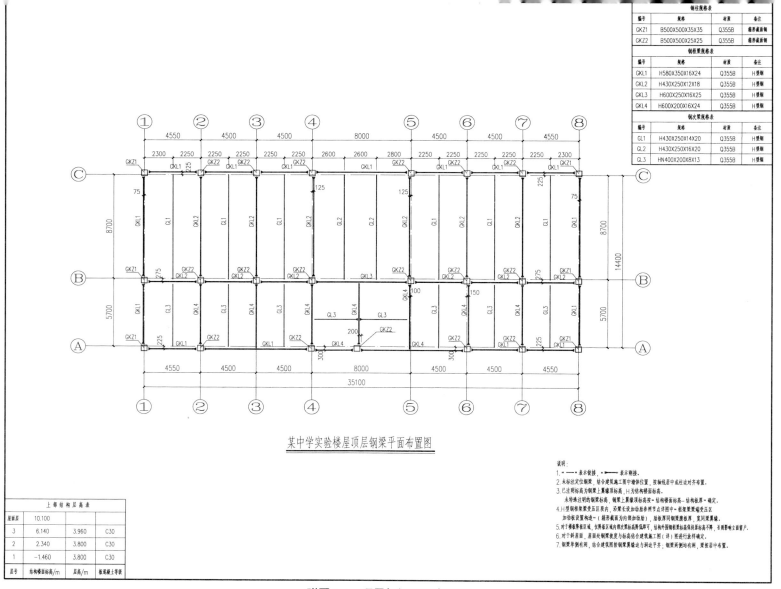

附图 1-4 顶层钢梁平面布置图

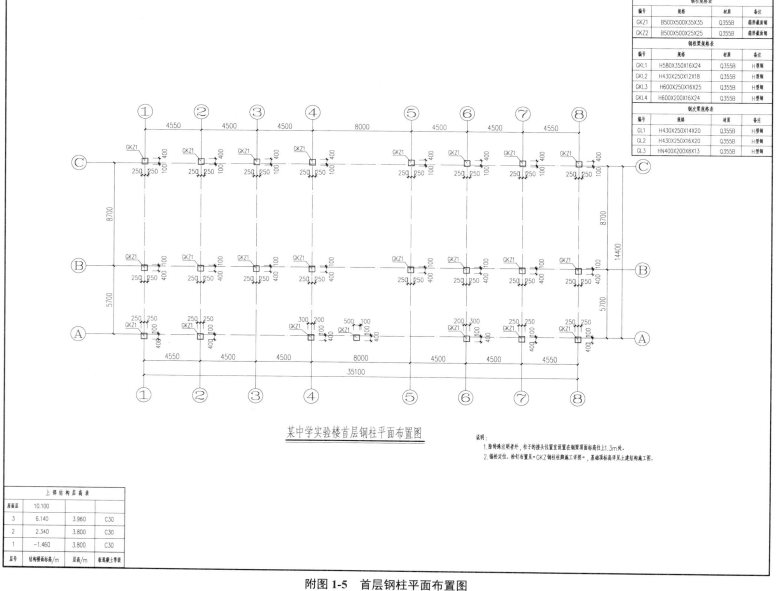

附图 1-5 首层钢柱平面布置图

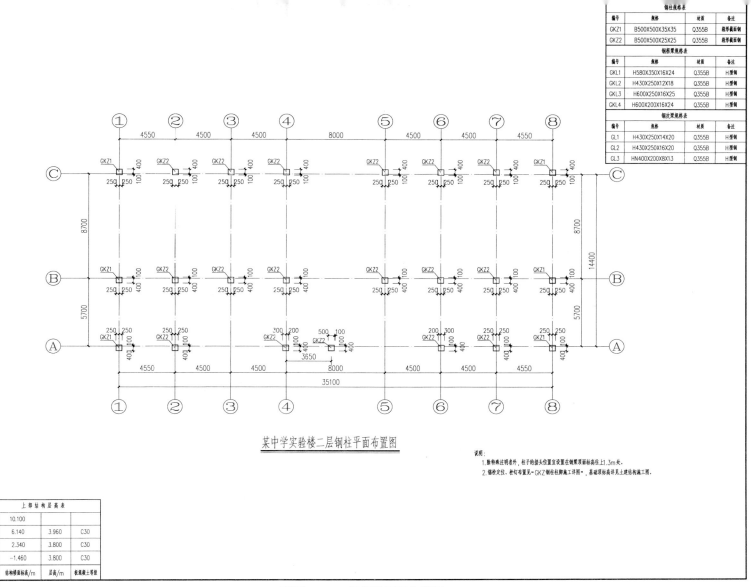

附图 1-6 二层钢柱平面布置图

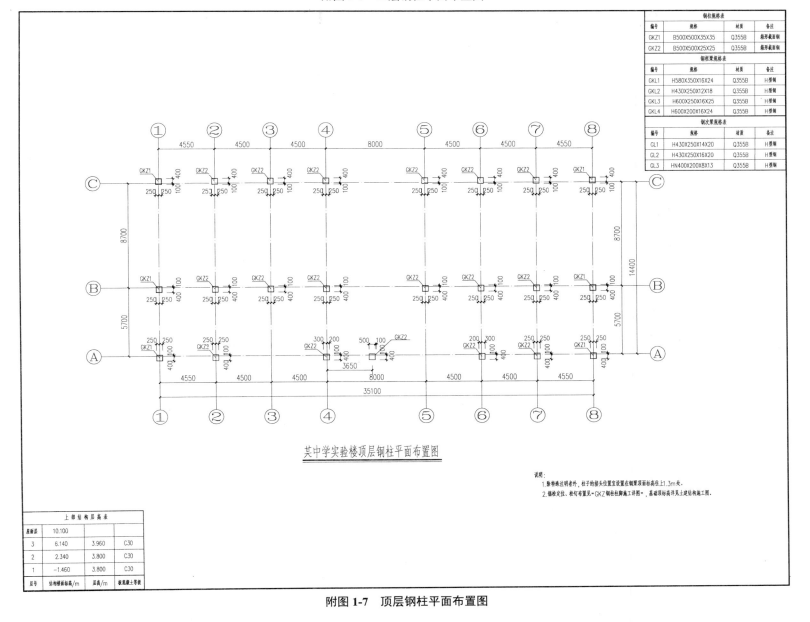

附图 1-7 顶层钢柱平面布置图

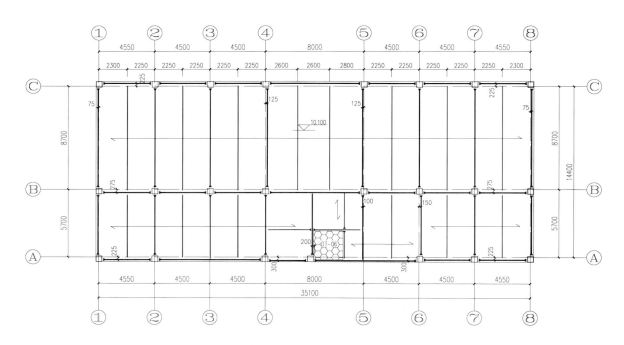

附图 1-8 顶层楼板布置图

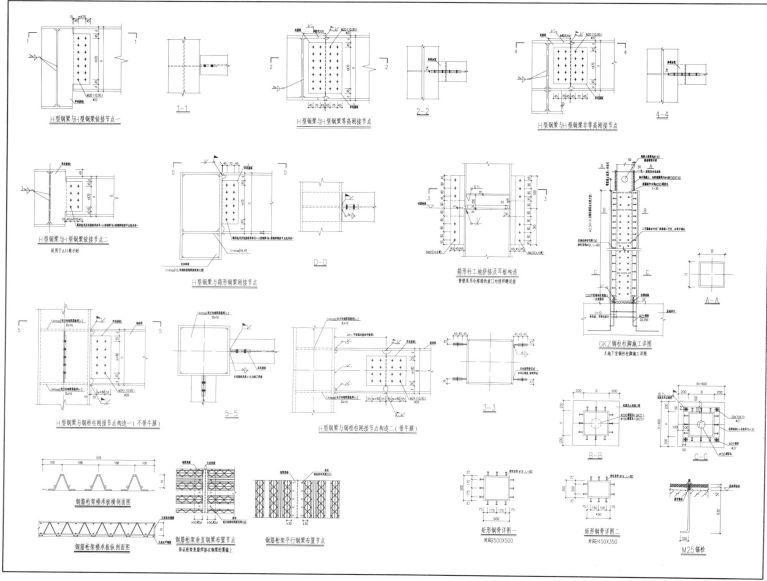

附图 1-9 节点详图

附录 2　屋面钢梁和钢柱深化图

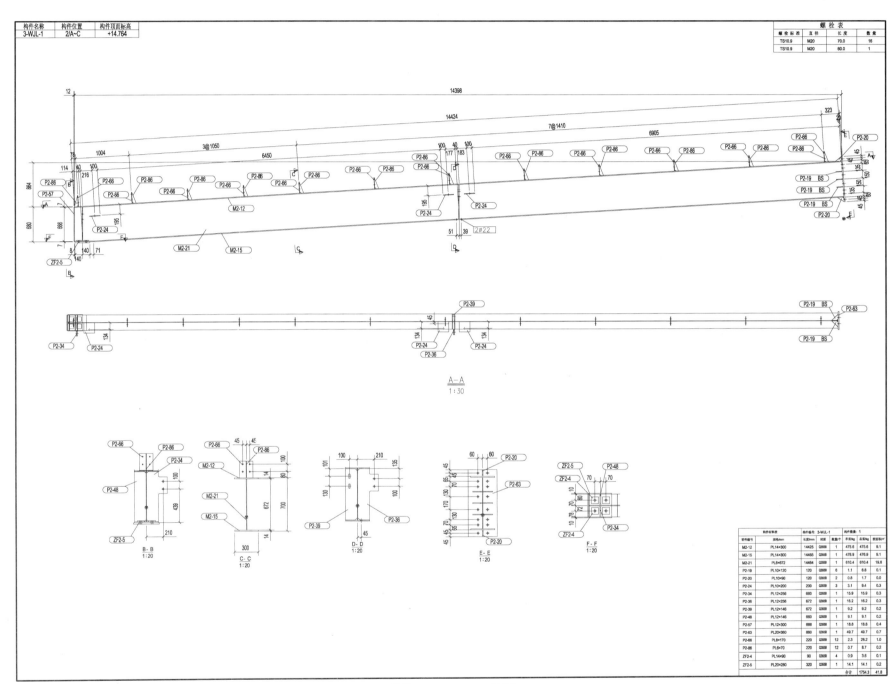

附图 2-1　3-WJL-1 详图

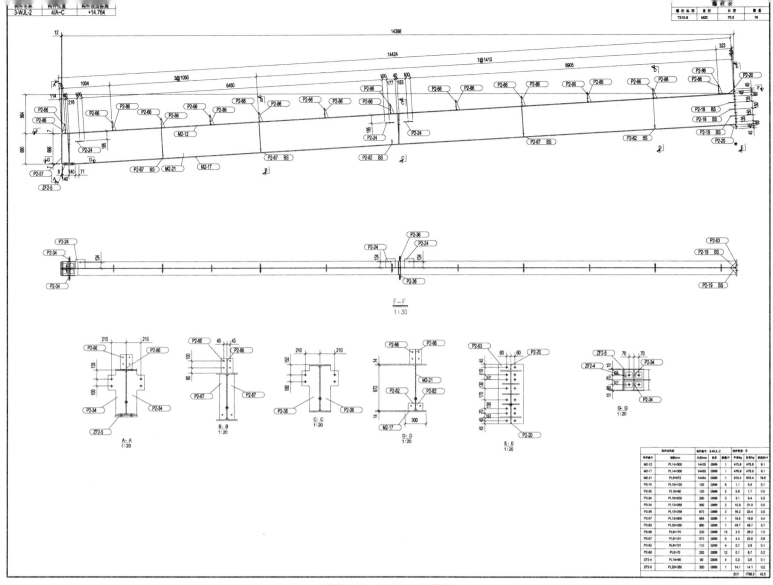

附图 2-2　3-WJL-2 详图

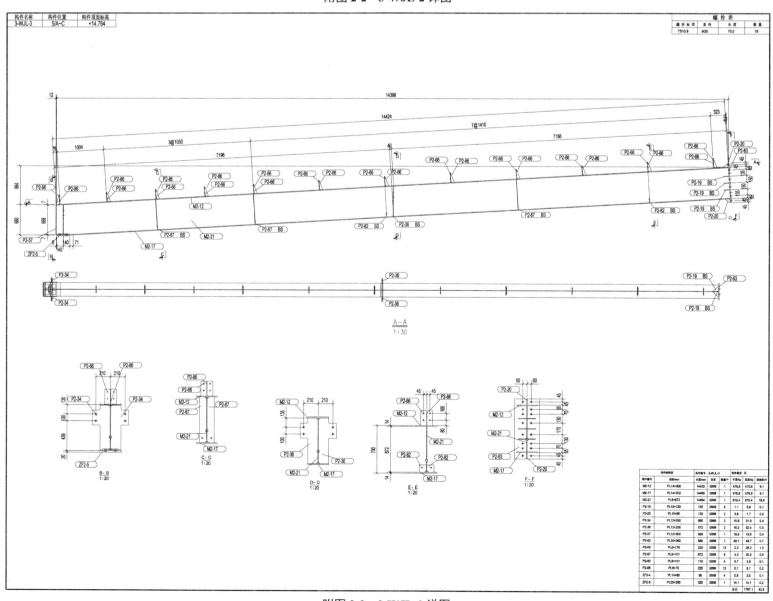

附图 2-3　3-WJL-3 详图

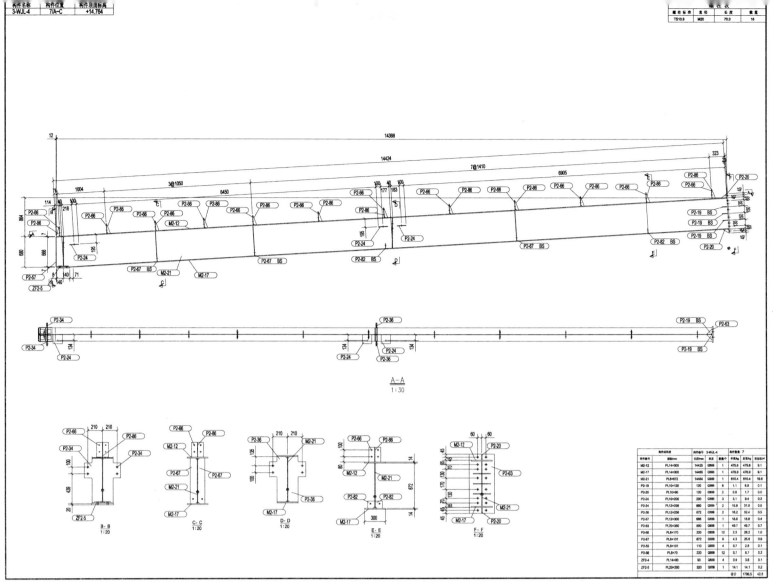

附图 2-4　3-WJL-4 详图

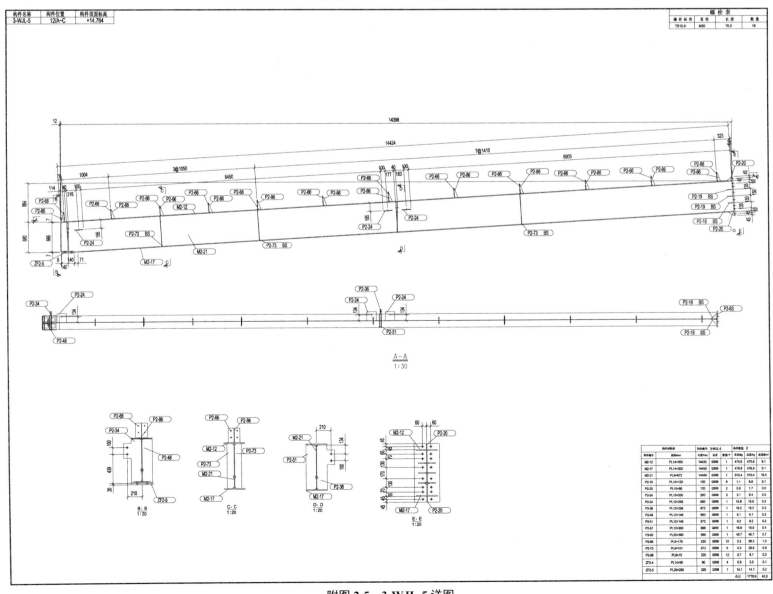

附图 2-5　3-WJL-5 详图

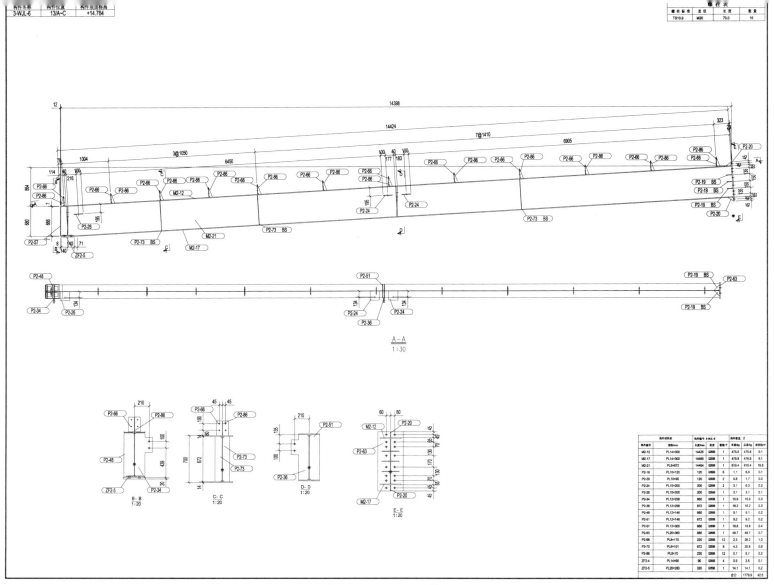

附图 2-6　3-WJL-6 详图

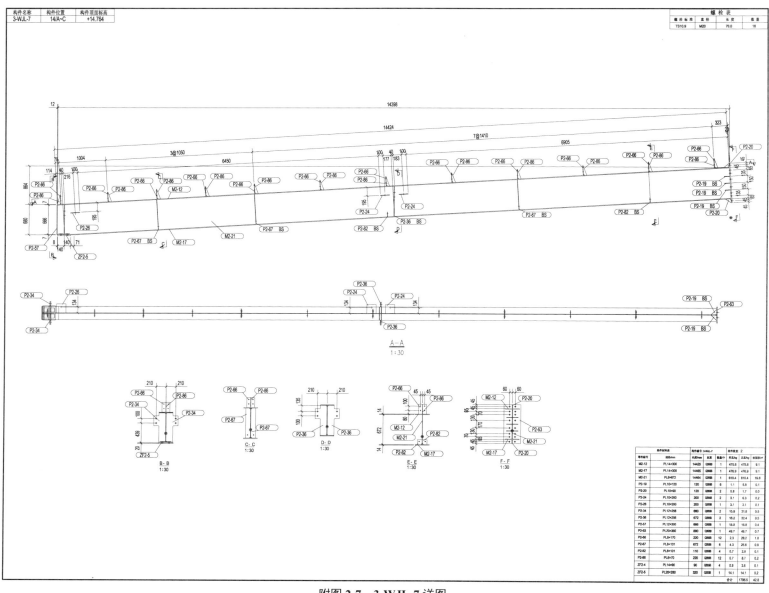

附图 2-7　3-WJL-7 详图

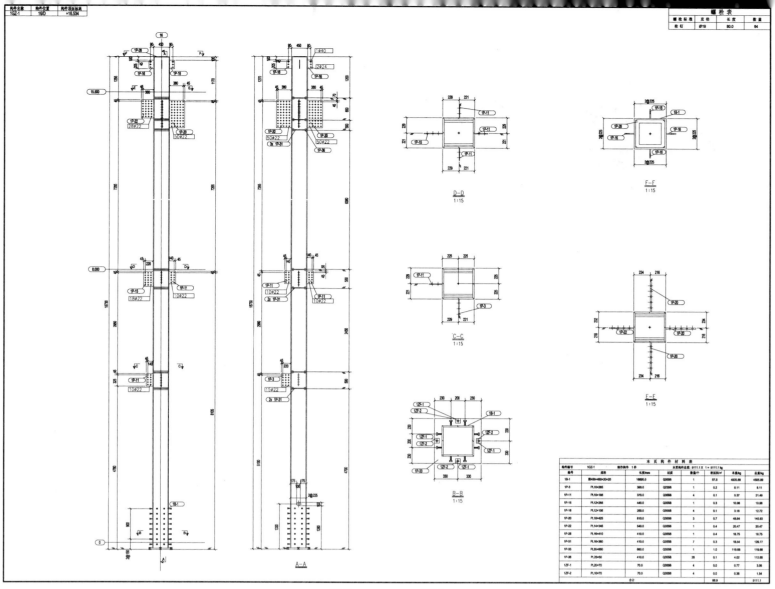

附图 2-8　1GZ-1 详图

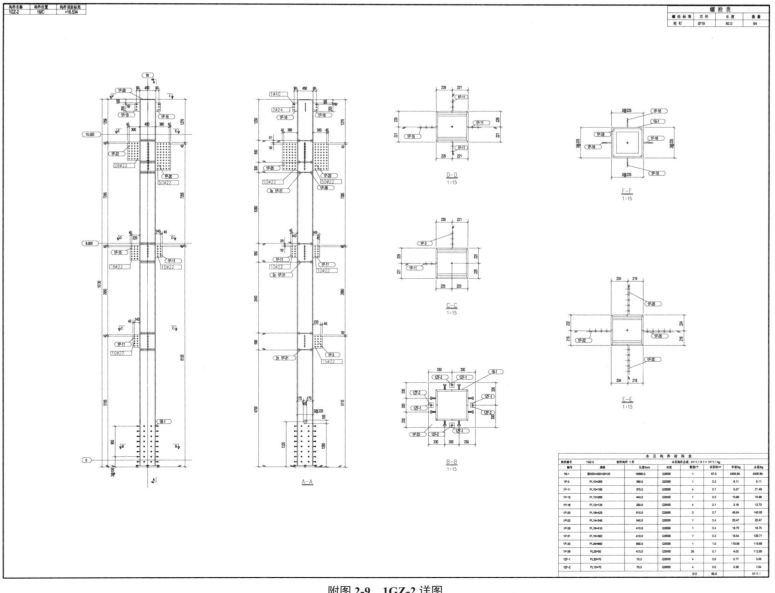

附图 2-9　1GZ-2 详图

附录 3　某中学实验楼钢框架施工平面布置图及吊装分析图

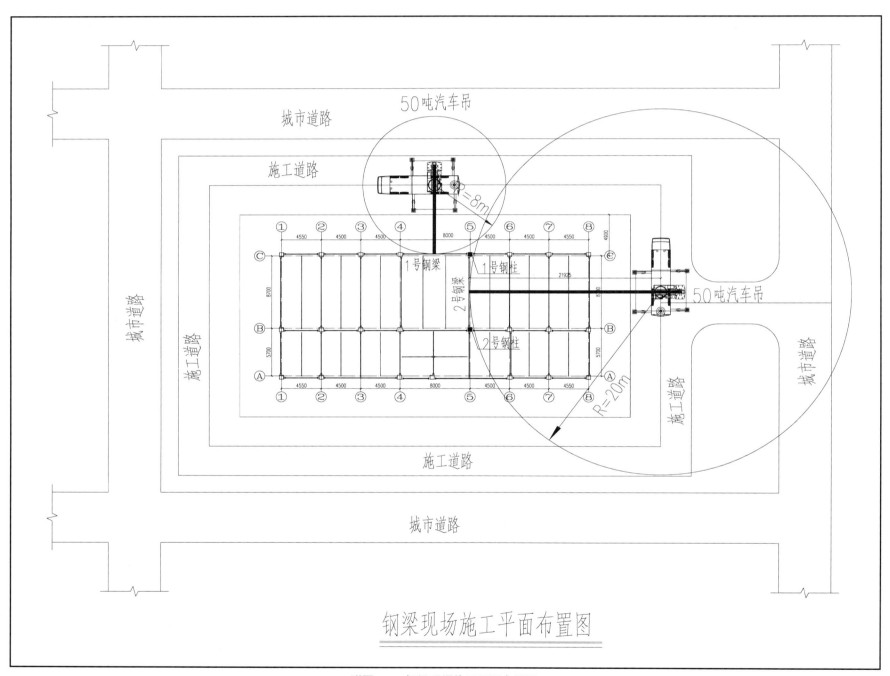

附图 3-1　钢梁现场施工平面布置图

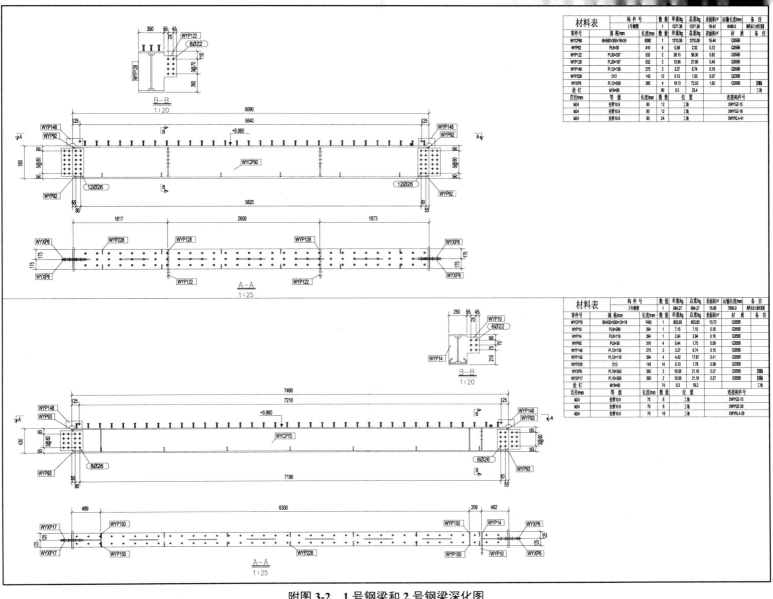

附图 3-2　1号钢梁和2号钢梁深化图

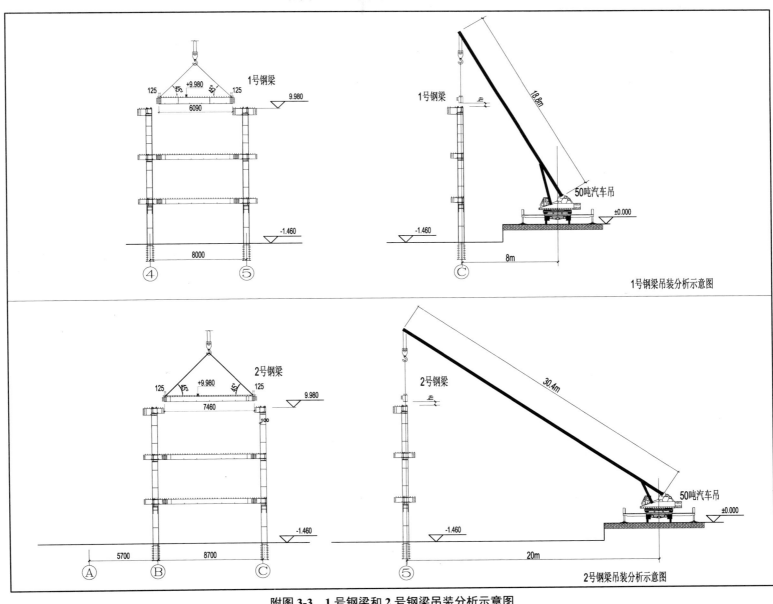

附图 3-3　1号钢梁和2号钢梁吊装分析示意图

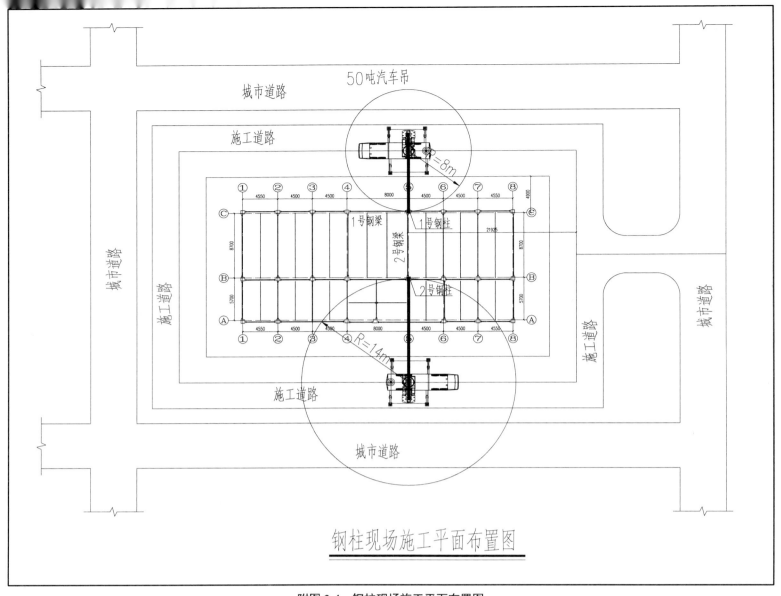

附图 3-4　钢柱现场施工平面布置图

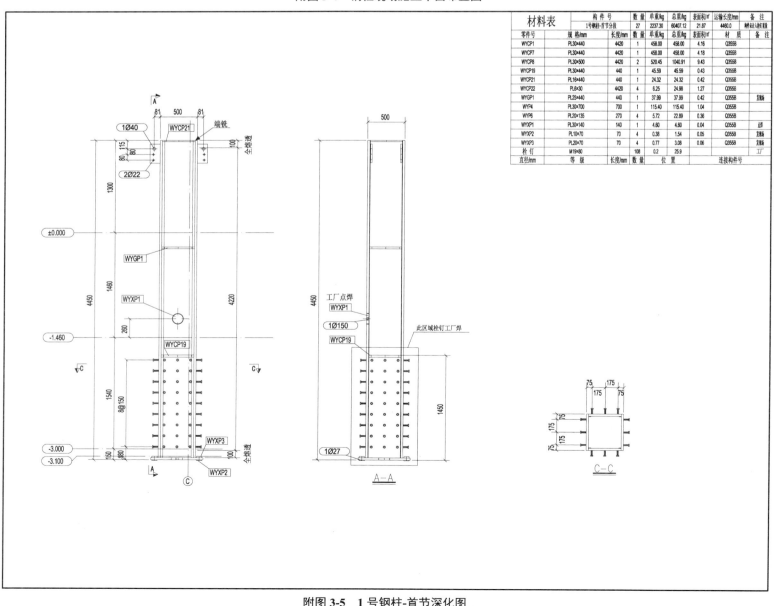

附图 3-5　1号钢柱-首节深化图

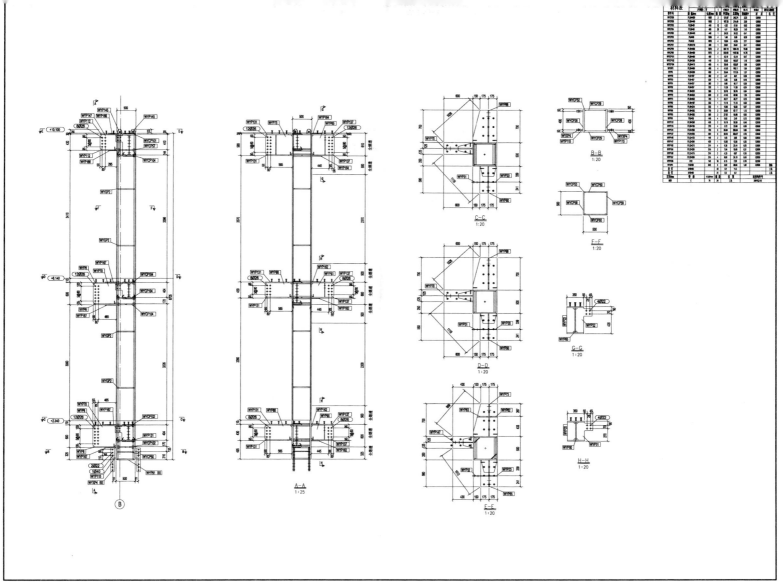

附图 3-6　1 号钢柱-二节深化图

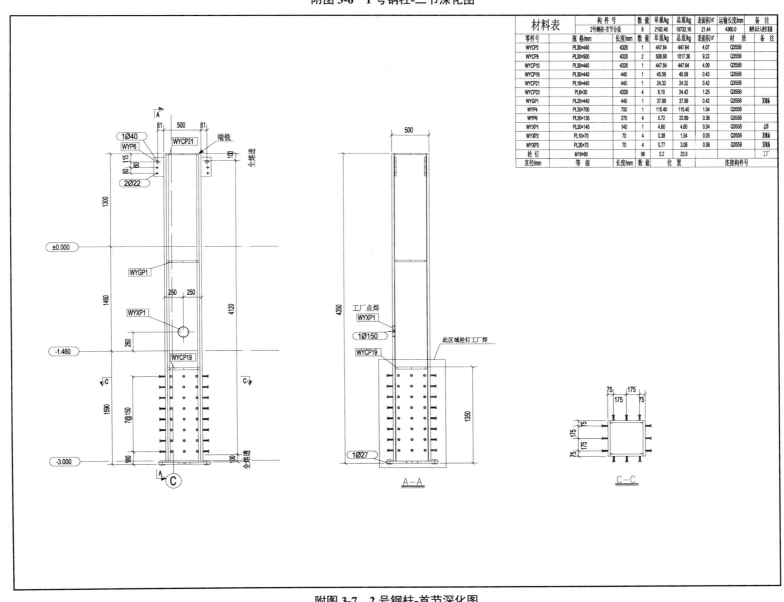

附图 3-7　2 号钢柱-首节深化图

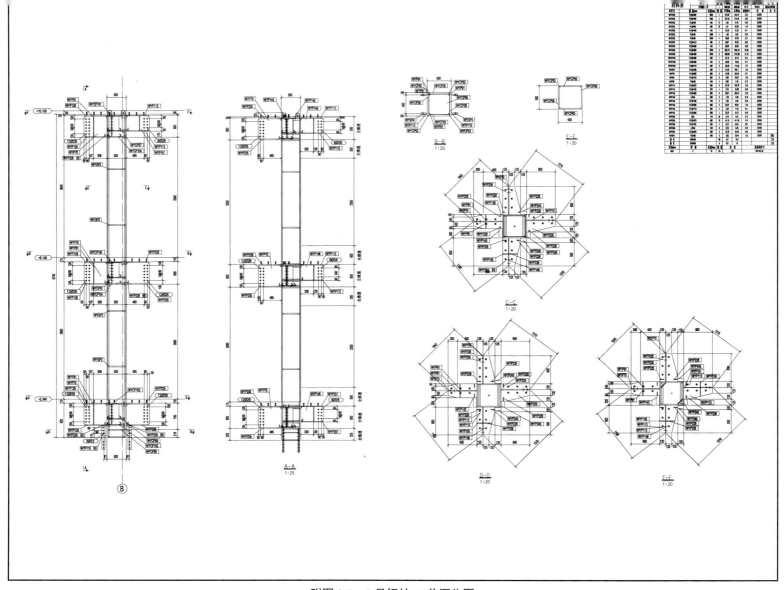

附图 3-8　2 号钢柱-二节深化图

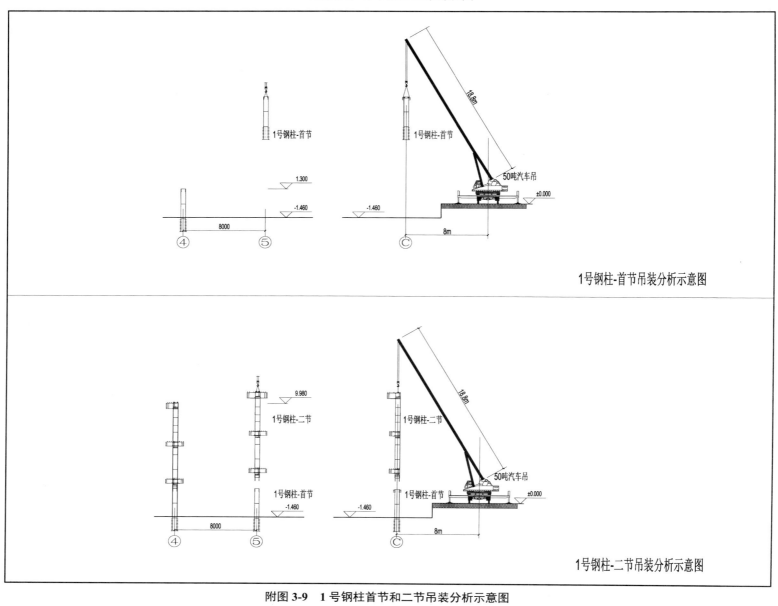

附图 3-9　1 号钢柱首节和二节吊装分析示意图

附录 4　方舱医院门式刚架结构施工图

结构设计总说明

一、设计依据

1.1 本工程施工图按初步设计批文进行设计.

1.2 国家现行建筑结构设计规范、规程.

建筑结构可靠性设计统一标准	GB 50068-2018
建筑结构荷载规范	GB 50009-2012
建筑抗震设计标准(2024年版)	GB 50011-2010
钢结构设计标准	GB 50017-2017
混凝土结构设计标准(2024年版)	GB 50010-2010
建筑地基基础设计规范	GB 50007-2011
钢结构焊接规范	GB 50661-2011
冷弯薄壁型钢结构技术规范	GB 50018-2002
门式刚架轻型房屋钢结构技术规范	GB 51022-2015
钢结构高强度螺栓连接技术规程	JGJ 82-2011

二、主要设计条件

2.1 按重要性分类,本工程结构安全等级为二级.

2.2 本工程主体结构设计使用年限为50年.

2.3 混凝土所处环境类别:基础为二b类,室内构件为一类.

2.4 本地区50年一遇的基本风压值为 $0.40kN/m^2$,地面粗糙度为B 类.

2.5 本工程建筑抗震设防类别为丙类.抗震设防烈度为7度;设计基本加速度为0.10g;
所在场地设计地震分组为第一组.

2.6 本工程为门式刚架结构.

2.7 采用荷载标准值:

屋面活载: $0.30 kN/m^2$(刚架计算) $0.50kN/m^2$(檩条计算)

雪荷载: $0.30 kN/m^2$(刚架计算) 恒载:$0.20kN/m^2$

构件自重由电算程序自行考虑.

三、本工程室内±0.000相当于绝对标高(见规划图).

本工程所有结构施工图中标注的尺寸除标高以米(m)为单位外,其他尺寸均以毫米(mm)为单位.所有尺寸均以标注为准,不得以比例尺量取图中尺寸.

四、材料

4.1 混凝土强度等级及混凝土净保护层厚度:

构造柱、圈梁　C25,25mm;

基础　C30,40mm;　　垫层　C15;

4.2 钢筋:

4.2.1　Φ 表示HPB300钢筋($f_y=300N/mm^2$);

　　　　Φ 表示HRB400钢筋($f_y=400N/mm^2$);

4.2.2　受力预埋件的锚筋严禁采用冷加工钢筋.

4.2.3　施工中任何钢筋的替换,均应经设计单位同意后,方可替换.

4.2.4　严禁采用改制钢材.

4.3 本工程钢结构及连接材料应遵循下列材料规范:

4.3.1 碳素结构钢	GB/T 700-2006
4.3.2 低合金高强度结构钢	GB/T 1591-2018
4.3.3 非合金钢及细晶粒钢焊条	GB/T 5117-2012
4.3.4 热强钢焊条	GB/T 5118-2012
4.3.5 钢结构用高强度大六角头螺栓	GB/T 1228-2006
4.3.6 钢结构用高强度大六角头螺母	GB/T 1229-2006
4.3.7 钢结构用高强度大六角头螺栓、大六角螺母、垫圈技术条件	GB/T 1231-2006
4.3.8 六角头螺栓C级	GB/T 5780-2016
4.3.9 六角头螺栓	GB/T 5782-2016

4.4 本工程所采用的钢材除满足国家材料规范要求外,地震区尚应满足下列要求:

4.4.1 钢材的屈服强度实测值与抗拉强度实测值的比值不应大于0.85.

4.4.2 钢材应具有明显的屈服台阶,且伸长率不应小于20%.

4.4.3 钢材应具有良好的焊接性和合格的冲击韧性.

4.5 本工程钢柱、钢梁采用Q235B焊接H型钢.

支撑构件及型钢采用Q235.

屋面檩条采用冷弯薄壁Z型钢,墙面为冷弯薄壁C型钢(Q235).

4.6 高强螺栓、螺母和垫圈采用《优质碳素结构钢》(GB/T 699-2015)中规定的钢材制作;其热处理、制作和技术要求应符合《钢结构用高强度大六角头螺栓、大六角头螺母、垫圈技术条件》(GB/T 1234-2006)的规定.

4.7 檩条与檩托、隅撑,隅撑与刚架斜梁等次要连接采用普通螺栓,普通螺栓应符合现行国家标准《六角头螺栓 C级》(GB/T 5780-2006)的规定.

五、钢结构制作与加工

5.1 钢结构构件制作时,应按照《钢结构工程施工质量验收标准》(GB 50205-2020)进行制作.

5.2 钢材加工前应进行校正,使之平整,以免影响制作精度.

5.3 除特殊注明外,高强螺栓钻孔直径比螺栓直径大1.5mm($M<20$)~2.0mm($M>20$).

5.4 焊接

5.4.1 焊接时应选择合理的焊接工艺,以减小钢结构中产生的焊接应力和焊接变形.

5.4.2 组合H型钢的腹板与翼缘的焊接应采用自动埋弧焊机焊.

5.4.3 组合H型钢因焊接产生的变形应以机械或火焰矫正调直.

5.4.4 Q345与Q345钢之间焊接应采用E50型焊条;Q235与Q235钢间焊接应采用E43型焊条;Q345与Q235钢之间焊接应采用E43型焊条.

5.4.5 构件角焊缝厚度h/f,不得小于1.5 t(较厚焊件);不得大于$\sqrt{1.2t}$(较薄焊件).

5.4.6 焊缝质量等级:除特殊注明外,端板与柱、梁翼缘和腹板的连接焊缝为全熔透坡口焊,质量等级为二级,其他为三级.

六、钢结构的运输、检验、堆放

6.1 在运输及操作过程中应采取措施防止构件变形和损坏.

6.2 结构安装前应对构件进行全面检查.

6.3 构件堆放场地应事先平整夯实,并做好四周排水.

6.4 构件不宜直接放置于地面上.

七、钢结构安装

7.1 刚架屋面斜梁组装时,应尽量在地面采用立拼,以防斜梁侧向变形,并在吊装过程中有保护斜梁不变形的措施.

7.2 结构吊装就位后,应及时系牢支撑及其他连系构件,保证结构的稳定性.

7.3 必须保证锚固钢筋与预埋钢板的焊接可靠,预埋钢板定位准确.

7.4 不得利用已安装就位的构件起吊其他重物.

7.5 高强螺栓终拧之后,在高强螺栓连接范围之内严禁进行焊接.

7.6 高强螺栓施工.

7.6.1 在钢构件加工、除锈、喷涂过程中,应保证高强度螺栓连接摩擦面干燥、整洁,不得有飞边、焊疤、污垢等,摩擦面不得喷漆.

7.6.2 对于在现场发现的因加工误差而无法进行施工的构件螺栓孔,不得采用锤击等不合理手段将螺栓强行穿入或用气割扩孔,应与设计单位协商处理.

7.7 说明未尽事宜,按照《钢结构工程施工质量验收规范》(GB 50205-2020)的有关要求执行.

八、钢结构涂装

8.1 除锈:

钢构件除锈应符合《涂覆涂料前钢材表面处理》(GB/T 8923)的相关规定.除镀锌构件外,制作前钢构件表面均应进行喷砂(抛丸)除锈处理,不得手工除锈,除锈质量等级应达到国标GB/T 8923中Sa2.5级标准,抗滑移系数为0.50(Q345)或0.45(Q235).

8.2 防腐涂层:同建筑说明.

8.3 下列情况免涂油漆:

8.3.1 埋于混凝土中.

8.3.2 与混凝土接触面.

8.3.3 将要焊接的位置.

8.3.4 螺栓连接范围内,构件接触面.

九、钢结构防火

本工程防火等级及防火涂料做法均依据建筑设计说明.

十、螺栓图例

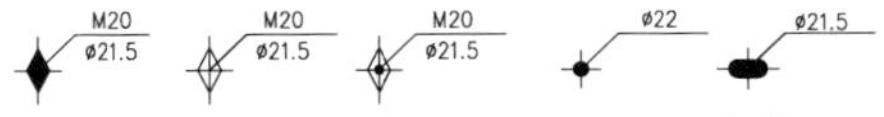

高强螺栓　永久螺栓　安装螺栓　圆形栓孔　长圆形栓孔

注:M20表示螺栓公称直径20mm;ø21.5表示螺栓孔直径21.5mm.

十一、焊缝表示方法

本工程施工图纸中焊缝表示方法依据《焊缝符号表示方法》(GB/T 324-2008)构件加工时应根据其中具体规定进行焊缝安装.

十二、其他

12.1 本结构施工图应与其他专业的施工图密切配合.

12.2 钢结构使用过程中,应根据材料特性,定期对结构进行必要维护,以确保使用过程中的结构安全.

12.3 未经设计允许,业主不得改变结构的使用环境和用途.

12.4 本工程电算软件采用PKPK-STS(07版).

附图 4-1　结构设计总说明

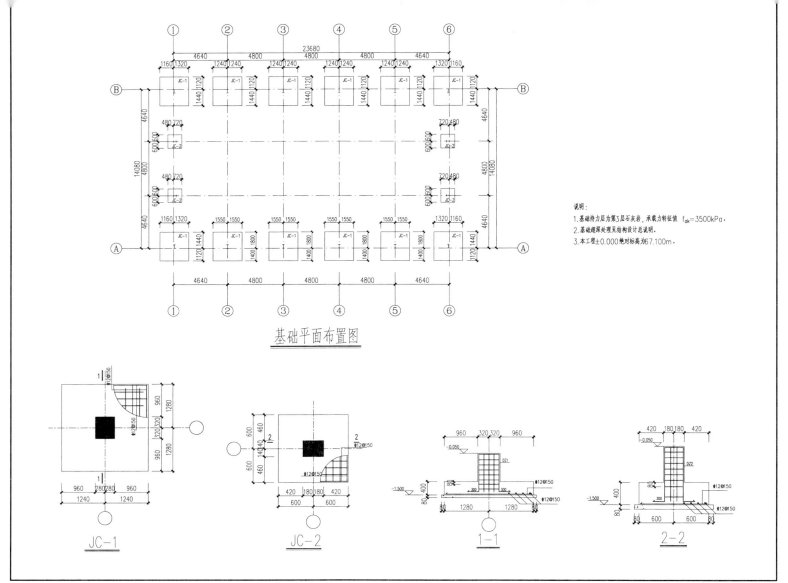

附图 4-2 基础平面布置图

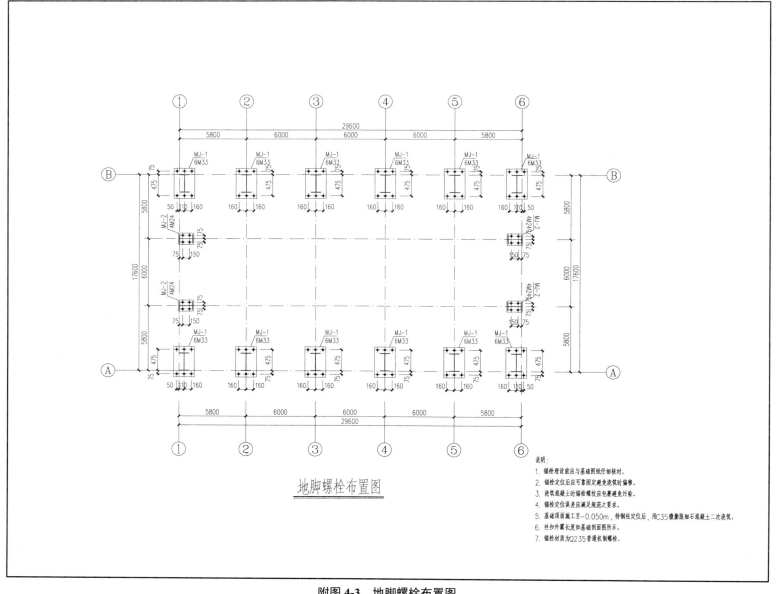

附图 4-3 地脚螺栓布置图

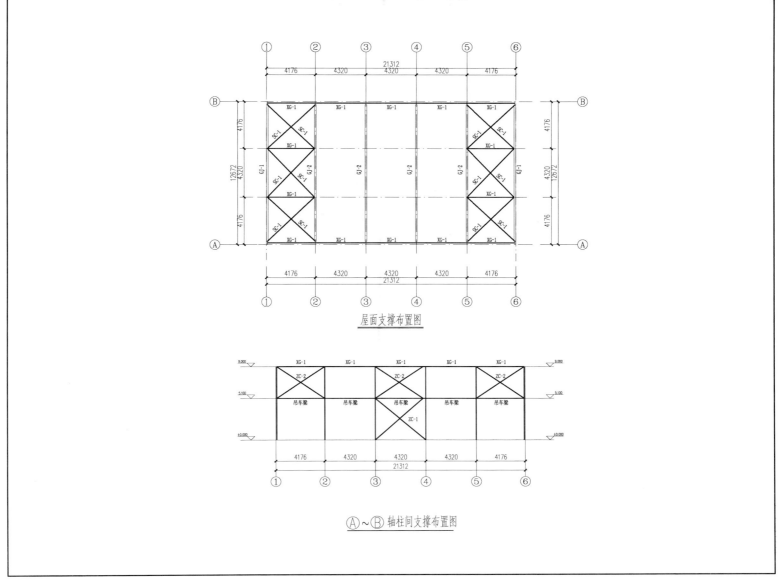

附图 4-4 支撑布置图

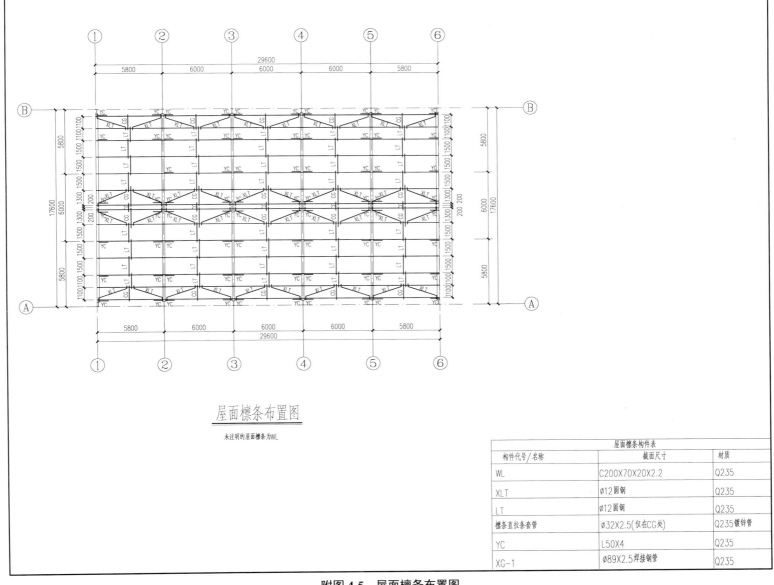

附图 4-5 屋面檩条布置图

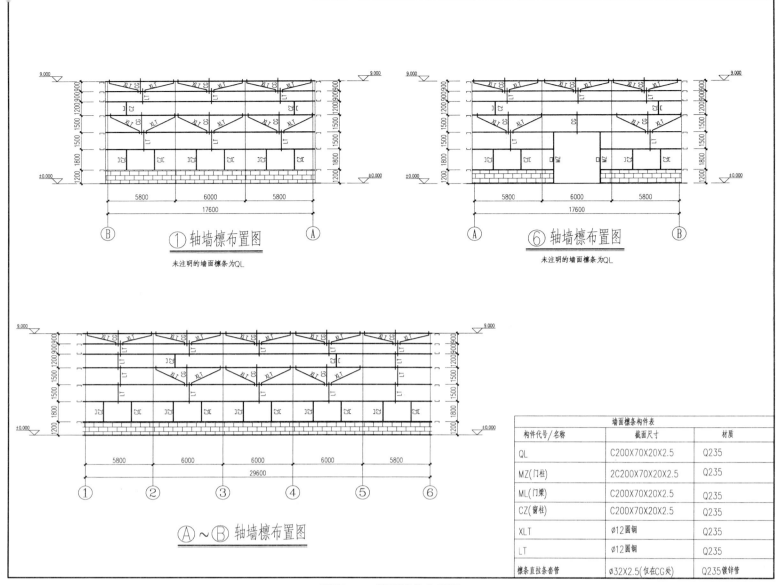

附图 4-6 墙面檩条布置图

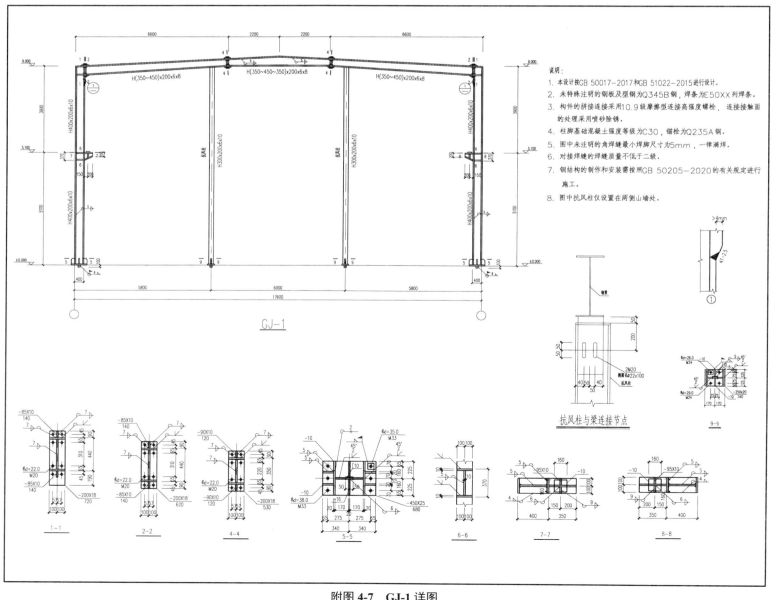

附图 4-7 GJ-1 详图

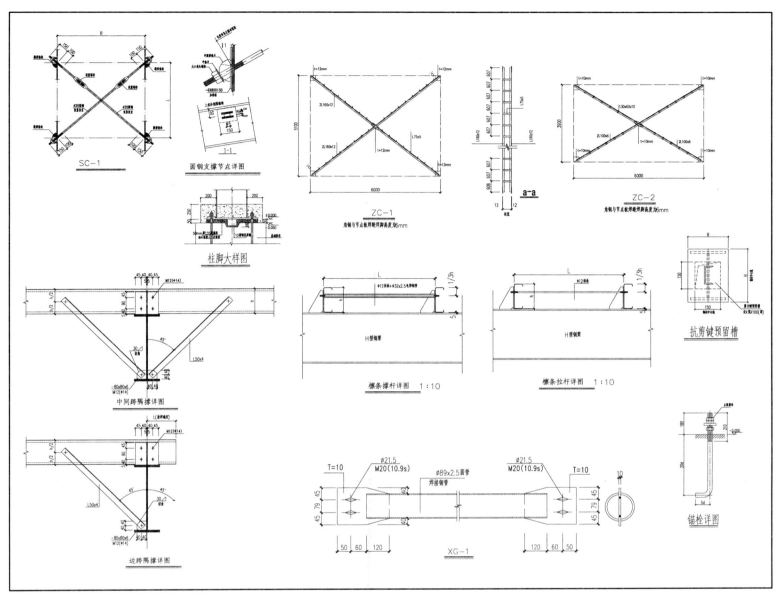

附图 4-8 节点详图

附录 5　某仓库门式刚架结构施工图

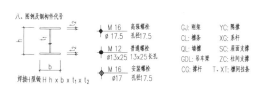

附图 5-1　结构设计总说明

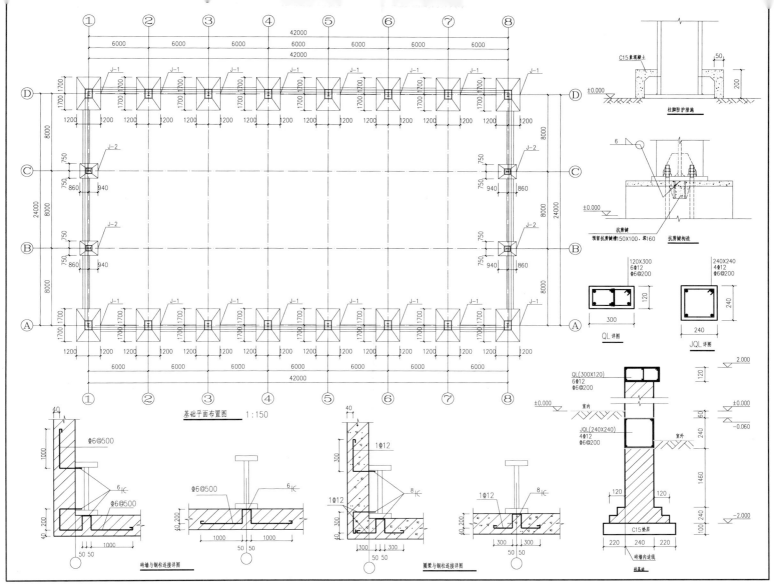

附图 5-2 基础平面布置图

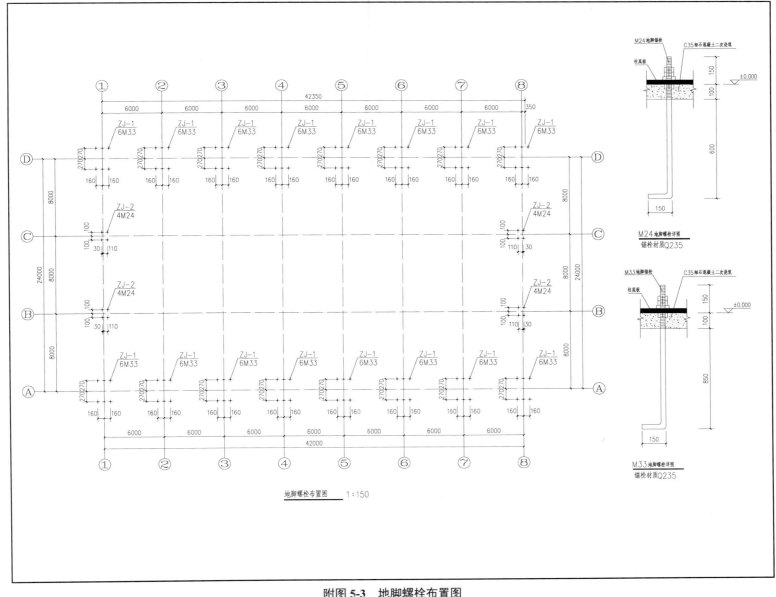

附图 5-3 地脚螺栓布置图

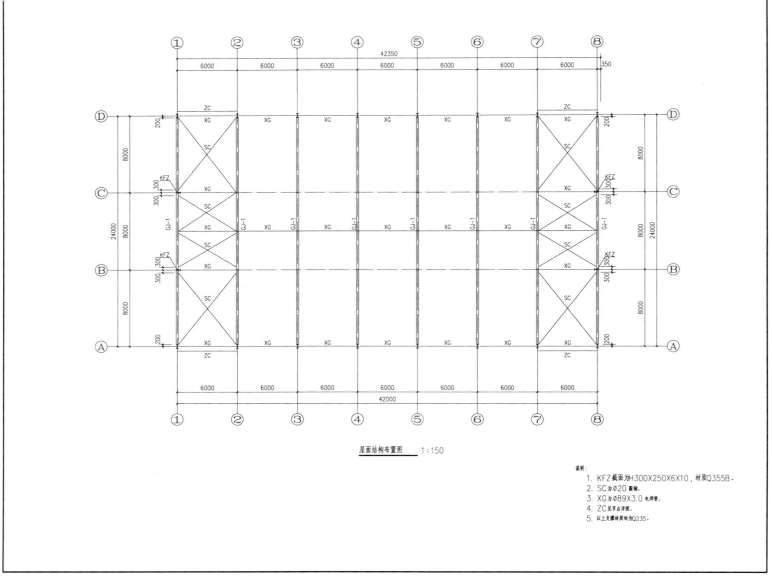

附图 5-4 屋面结构布置图

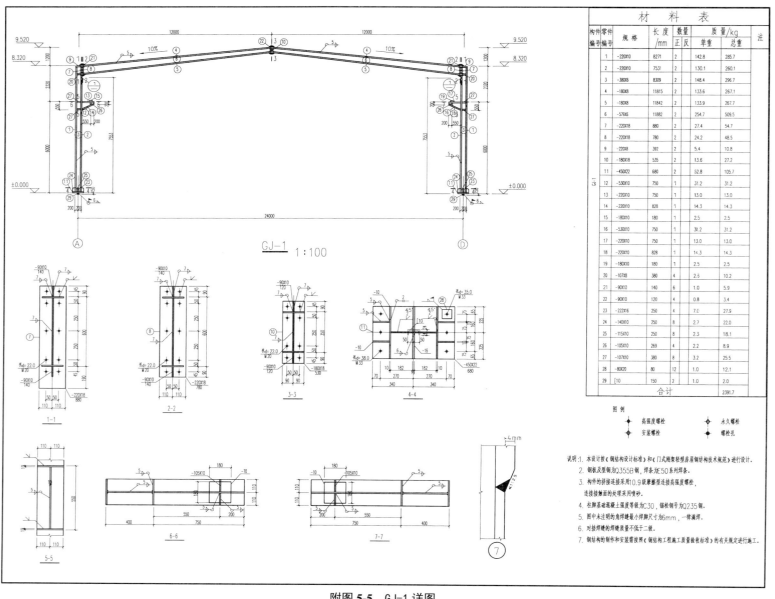

附图 5-5 GJ-1 详图

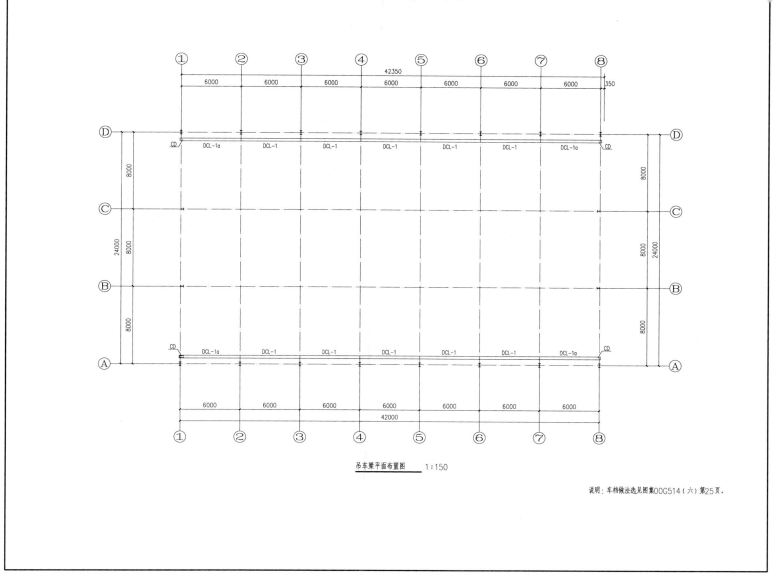

附图 5-6　吊车梁平面布置图

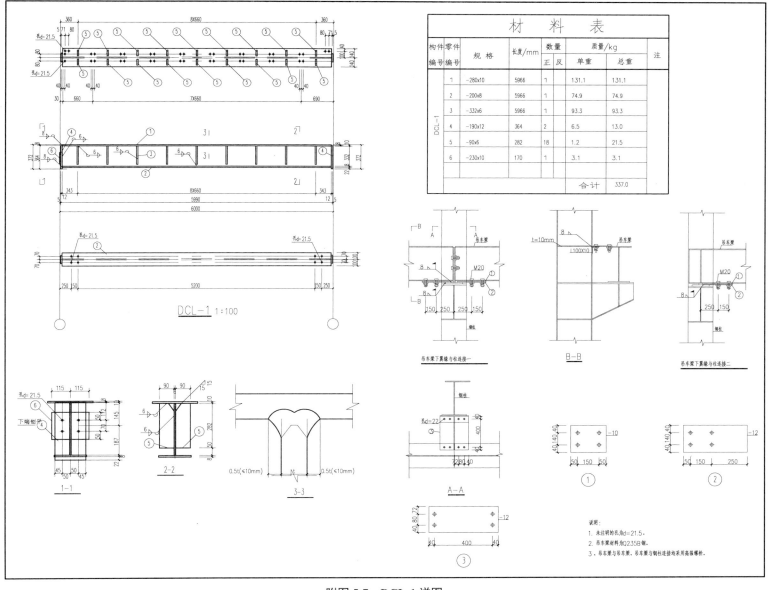

附图 5-7　DCL-1 详图

附录 6 某仓库门式刚架施工平面布置图及吊装分析图

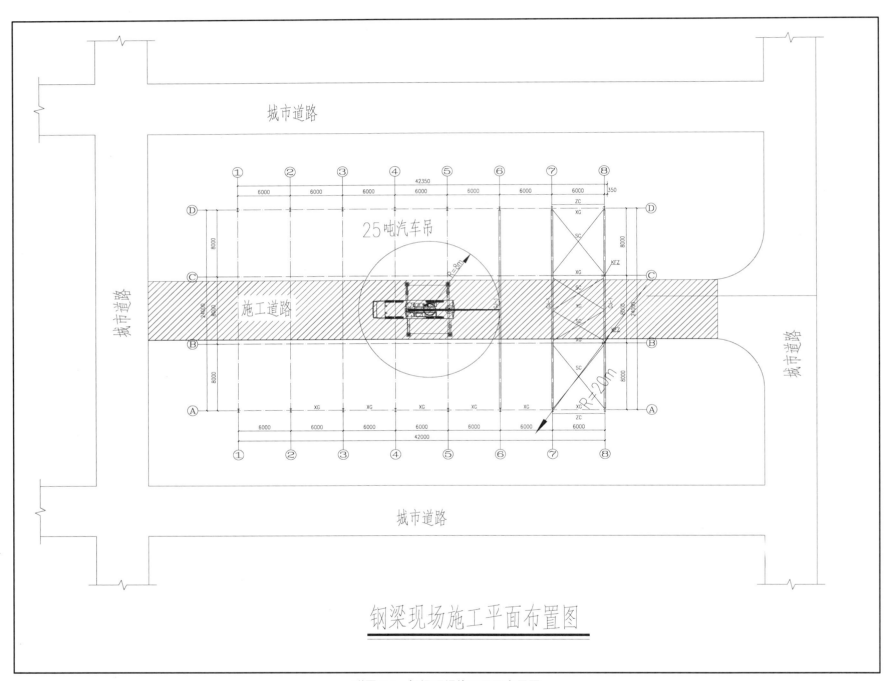

附图 6-1 钢梁现场施工平面布置图

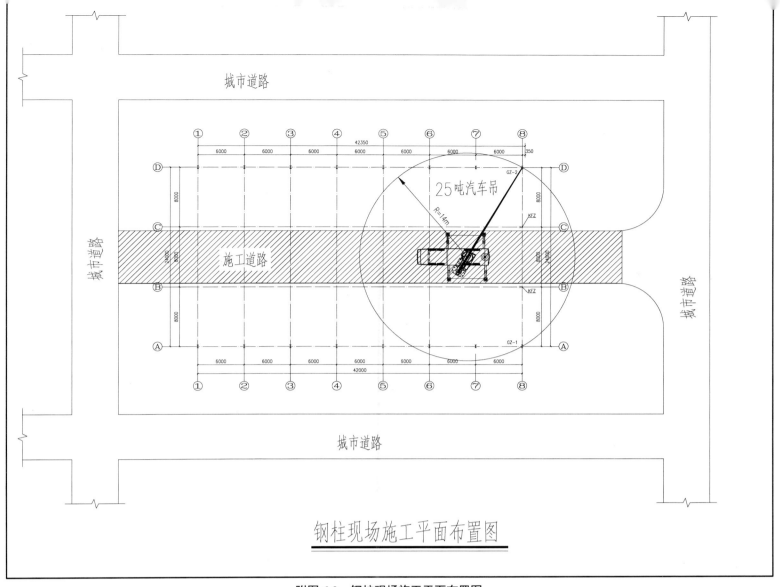

附图 6-2 钢柱现场施工平面布置图

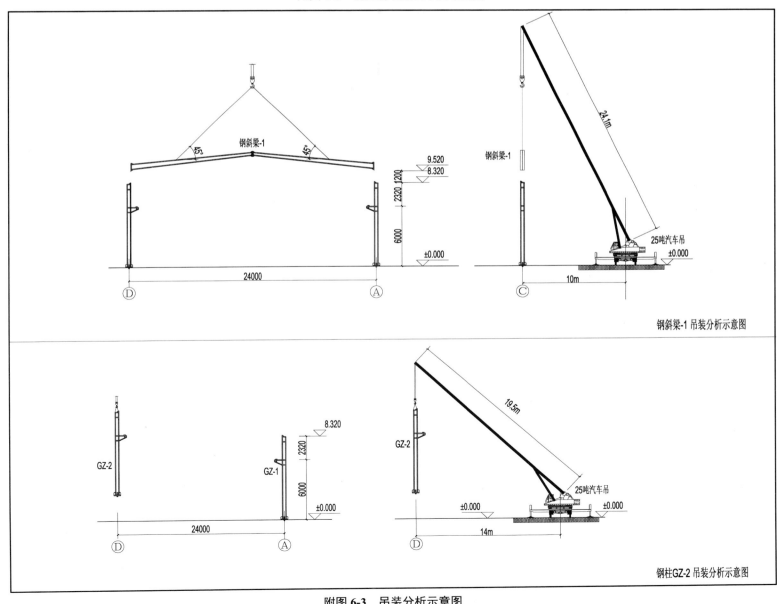

附图 6-3 吊装分析示意图